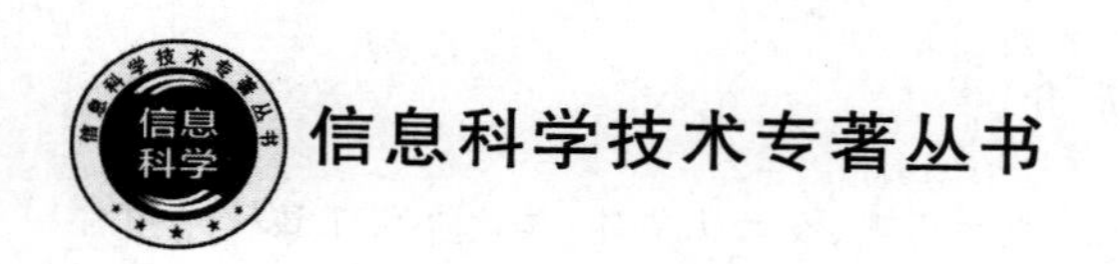

可见光通信技术

张明伦　著

北京邮电大学出版社
www.buptpress.com

内容简介

本书共包含8章，首先介绍了可见光通信的发展历史、技术原理、技术优势等；其次介绍了该技术中常用的光电元件和光学知识，重点阐述了可见光通信中的信道仿真方法、信道特性的分析理论、PSK和OFDM等调制技术、长距离信道衰减的解析计算方法等；最后重点介绍了当下热门的水下可见光通信技术，重点阐述了海水的光学性质及其对信道特性的影响，以及水下信道的仿真技术。

本书适合可见光通信技术领域的研究生或者工程技术人员阅读。

图书在版编目(CIP)数据

可见光通信技术 / 张明伦著. -- 北京：北京邮电大学出版社，2022.8(2023.10重印)
ISBN 978-7-5635-6731-7

Ⅰ. ①可… Ⅱ. ①张… Ⅲ. ①光通信—研究 Ⅳ. ①TN929.1

中国版本图书馆CIP数据核字(2022)第145296号

策划编辑：马晓仟　**责任编辑**：孙宏颖　**责任校对**：张会良　**封面设计**：七星博纳

出版发行：北京邮电大学出版社
社　　址：北京市海淀区西土城路10号
邮政编码：100876
发 行 部：电话：010-62282185　传真：010-62283578
E-mail：publish@bupt.edu.cn
经　　销：各地新华书店
印　　刷：唐山玺诚印务有限公司
开　　本：787 mm×1 092 mm　1/16
印　　张：10.5
字　　数：261千字
版　　次：2022年8月第1版
印　　次：2023年10月第2次印刷

ISBN 978-7-5635-6731-7　　定　价：45.00元

前　言

可见光通信技术从提出至今已经有二十余年的时间，在整个发展历程中有过多次高光时刻，吸引了世人的目光。在世界各国和地区，尤其是日本、欧洲和我国，可见光通信技术吸引了大量研究者，他们每年都发表为数不少的论文，如今可见光通信技术被列为6G潜在技术之一。

从应用的角度看，可见光通信技术的部署并非没有，但是我们少有耳闻。某些无线通信技术肇始得更晚，但已经在全球范围内得到了广泛应用。造成这一现象的原因，与其说是技术，不如说是缺乏恰如其分的应用牵引。

可见光通信技术颇有特点，其中也存在多个矛盾之处。比如，可见光波段频谱资源的确丰富，但是LED带宽有限，光谱又宽，难以有效利用频谱。激光器可有效地改善这一状况。虽然可见光通信是无线通信，但是要求收发端对准，限制了终端的可移动性。

可见光通信的优点是高速，频谱可自由使用，抗电磁干扰能力强，自身不辐射射频电磁波，蓝绿光波段处于水的低损窗口等。其缺点是光源有待进步，接收机的大视场角和大带宽之间矛盾，移动性差等。在引入激光器之后，第二个缺点可能是该技术的一个瓶颈。

广大科研工作者需要努力寻找一个恰如其分的应用场景，这样才能推动可见光通信技术的持续发展。目前，水下可见光通信技术的研究热度持续升高。在水下短距高速通信领域，可见光通信技术确实具有不可替代的地位。其他水下通信技术的速率只能达到千比特每秒的量级，水下蓝绿光通信技术的速率可以达到吉比特每秒的量级，甚至更高。与前者相比，后者的速率提高了百万倍之多，显然，速率已经不是制约该技术得到应用的障碍。解决收发端如何对准，如何设计更高灵敏度的接收机以延长距离等问题更能推动这项技术的发展。工科中的很多问题都来自产业界，科研工作者通过与产业界交流可能会获取一些应用场景。

本书第1章阐述了可见光通信技术的发展历史、原理、优势等内容，介绍了国外的一些研究计划。第2章介绍了这种技术中常用的光电元件和光学知识。第3章和第4章重点介绍了室内可见光通信信道仿真技术。第5章和第6章介绍了BPSK、QPSK、OFDM等调制技术。第7章阐述了室外长距离可见光通信中的问题。第8章阐述了海水的光学特性，以及其对水下信道特性的影响。

本书的内容是作者在实验室多年研究的总结，陈锟、贾银杰、宫树月、林浩然、张雨风、林兴龙、卫晨、王潇正等人对本书的部分章节有贡献，在此一并感谢。

目　　录

第1章 可见光通信技术概述

1.1 可见光通信技术的诞生背景

随着科技的不断发展与社会的不断进步，人们对信息的需求不断增加。伴随着社会信息化程度的不断提高，通信行业已经由一个新兴的行业逐步转化为一个国民经济中的基础行业，由开始的井喷式发展逐步过渡到一个相对平稳的高速发展状态，这些转变标志着通信已经成为现代人最为基本的社会生活需求，通信行业也已经深入了我们社会发展变革中的每一个角落。光通信和无线电通信作为当前通信领域的热门技术，已经得到了广泛的应用。可见光通信(Visible Light Communications, VLC)是在发光二极管(Light Emitting Diode, LED)技术上发展起来的一种新兴的无线光通信技术，是当前的研究热点之一。

可见光通信的起源可追溯到19世纪70年代，当时Alexander Graham Bell提出采用可见光作为媒介进行通信的思想，但是当时既不能产生有用的光载波，也不能把光从一个地方传输到另一个地方。20世纪60年代激光器的发明使光通信有了突破性发展，但是其研究主要集中在光纤有线通信和红外等不可见光的无线通信领域。近年来，随着高亮度发光二极管技术的迅速发展，可见光通信技术逐渐发展起来。2000年，日本的M. Nakagawa教授所在的KEIO大学课题组首先提出了可见光通信这个基本思想[1]，并在2003年成立了可见光通信协会(Visible Light Communications Consortium, VLCC)，在2004年召开的日本高新科技(CEATEC)大会上，可见光通信协会会长M. Nakagawa首次公布了基于白光LED的光无线通信技术，阐述了VLC的基本原理，指出可见光无线通信技术可以产生一个全新的无线通信网络，在无线通信领域具有广阔的应用前景。

1.2 可见光通信技术的原理

可见光通信技术是指利用高速易调制的LED灯将信号经过LED器件调制，发出人眼无法察觉到的高速调制光载波信号并在空气中自由传播，然后利用光电探测器(PD)等光电转换器件将光载波信号接收、解调并获得信息。可见光通信系统由光发射机和光接收机组成，如图 1-1 所示。发射端的调制器负责将数据调制成适合光源传输的信号。Tx 前端依据所传输的比特流，改变光源的发光强度，将信号调制到光载波上。在接收端，光电探测器使用直接检测技术将光载波转换为电信号。Rx 前端含有滤波器和放大器，模拟信号经过滤波和放大，再经过接收端中的解调器，这样就可以处理并恢复出发射端发来的数据。

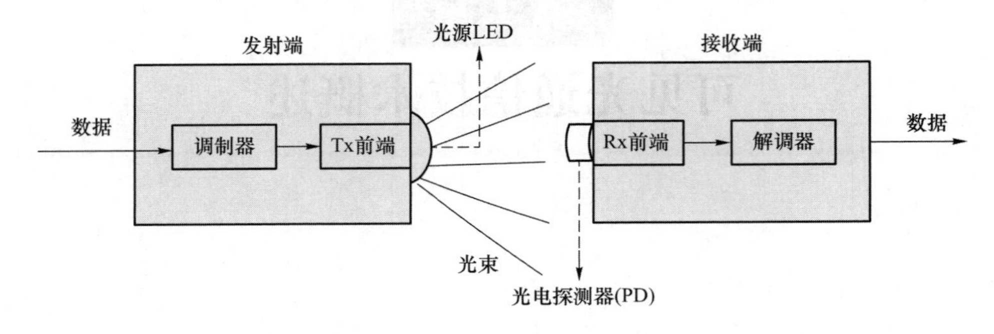

图 1-1　可见光通信系统

1.3　可见光通信技术的优势

现在所使用的无线通信技术主要有 3 种：射频、红外及可见光。相比于前两种，可见光通信有其独特的优势。

与射频通信技术相比，由于光的传播特性，可见光通信技术具有保密性好、安全性高、无电磁辐射伤害、频谱资源丰富等众多优势，并且将通信频段扩展到了可见光频率，有助于缓解无线频谱资源拥挤的状况，是对现有射频技术的一种补充，适合应用于银行、保密机构、医院、机舱等一些对射频信号敏感的领域。表 1-1 列出了可见光通信相对于射频通信技术的优势。

表 1-1　射频通信技术与可见光通信技术的对比

属　性	射频通信技术	可见光通信技术
安全性	能穿墙	不可穿墙，保密性好
可用带宽	受限于连接数	可空间复用
增加带宽的成本	非常高	几乎没有
发射功率	需限制，通信距离受限	通信情况下无须限制
干扰源	使用相同 ISM 频段的其他用户	太阳光、日光灯
多径衰落	时延、相位变化	无
路径冗余	多个接入点 AP	LED 阵列光源
传输速率	100 Mbit/s	1 到几百兆比特每秒(Mbit/s)
搭建成本	<20 美元	<2 美元

同属于无线光通信的红外通信技术与可见光通信技术，前者出现得更早，技术更加成熟。然而，由于红外线可能对人眼造成伤害，因此其发射功率受到限制，从而导致了它的发

射距离短、传输速率低，另外，由于红外线具有很强的指向性，因此其只能进行点对点的传输，而无法在相互移动的通信设备中使用。而可见光通信技术可以兼顾照明和通信，光源为散射光，对方向性要求不高，因此，通信链路不易被阻挡；同时，由于光源为可见光，不会对人眼造成伤害，因此其发射功率通常情况下无须限制。红外通信技术与可见光通信技术的对比如表 1-2 所示。

表 1-2 红外通信技术与可见光通信技术的对比

属　性	红外通信技术	可见光通信技术
信号光源	红外 LED、红外 LD	白光 LED
工作波长	典型波长 800～900 nm	380～780 nm
调制带宽	几十千赫兹到几百兆赫兹	几十千赫兹到几百兆赫兹
室内布局	需另架设红外通信光源和线路	简化了室内线路布局，兼顾照明
阴影效应	容易受其他遮挡物影响	通过安放多个 LED，可消除阴影效应
发射功率	需限制，通信距离受限	通信情况下无须限制

1.4 可见光通信的意义

随着办公环境和家庭中计算机和各种智能设备的普及，室内智能设备之间的高速互联问题成为当前的一个研究热点。RF、红外和 VLC 都是热门的备选技术。可见光通信作为 LED 灯的第二功能，在照明的同时完成通信。与传统的射频通信和其他光无线通信相比，可见光通信具有抗电磁干扰、保密性能好、设备轻便、成本相对低廉、建设周期短、机动性强等优点，既可单独使用，又可与现代常规通信技术相结合，作为其他通信手段的有效补充。

无线频谱资源紧张，可见光通信的引入是对通信频谱的一次巨大拓展。越来越多移动数字终端的使用，尤其是用户对“anywhere, anytime”视频服务的需求，使无线频谱资源即将耗尽。因此需要采用新技术对无线频谱进行扩展，可见光具有 380～780 nm 的巨大带宽(相当于 405 THz)，而且可见光对人体无辐射伤害，可见光通信是一种绿色环保的无线通信技术。

可见光通信是一种理想的无线局域网通信技术。第一，由于白光对人眼的安全性，室内白光 LED 灯的功率之和可以高达十瓦以上，这就使可见光通信具备了非常高的信噪比，为其高速通信打下了良好的基础，非其他技术可比。目前可见光通信的实验速率已高达 530 Mbit/s，理论速率可达 3Gbit/s 以上。第二，由于室内表面对光的漫反射，所以即使在有遮挡的地方，也可以进行高速率的通信。第三，由于白光不可穿透墙壁，甚至窗帘，因此可见光通信具有高度的保密性。第四，由于白光和射频信号不相互干扰，所以它可以应用在电磁敏感环境中，如机舱、医院等。第五，由于频谱无须授权即可使用，所以可见光通信应用灵活，可以单独使用，也可以作为射频无线设备的有效备份。

LED 照明的迅速推广，使用于室内可见光通信的光源无处不在。目前世界主要国家都制定了 LED 替代白炽灯的时间表，如表 1-3 所示，这将为可见光通信的发展提供广阔的应用基础。中国是照明产品的生产和消费大国，节能灯、白炽灯产量均居世界首位，2010 年白炽灯产量和国内销量分别为38.5亿只和10.7亿只。据测算，中国照明用电约占全社会用电量的12%左右，采用高效照明产品替代白炽灯，节能减排潜力巨大。逐步淘汰白炽灯，对室内可见光通信的发展提供了非常广阔的应用基础和巨大的市场空间，对于推动实现"十二五"节能减排目标任务、积极应对全球气候变化具有重要意义。

表1-3　全球各国用LED灯替代白炽灯时间表

亚洲	中国	2011年11月1日至2012年9月30日为过渡期，2012年10月1日起禁止进口和销售100 W及以上普通照明白炽灯，2014年10月1日起禁止进口和销售60 W及以上普通照明白炽灯，2015年10月1日至2016年9月30日为中期评估期，2016年10月1日起禁止进口和销售15 W及以上普通照明白炽灯，或视中期评估结果进行调整
	印度	2010年之前用节能灯替换4亿盏白炽灯
	菲律宾	2010年之后禁止白炽灯的使用
	马来西亚	2014年之后停止生产、进口和销售白炽灯
欧洲	欧盟	2016年之后停用白炽灯和卤素灯
	爱尔兰	2012年之后停用白炽灯
	瑞士	禁止F和G级白炽灯的使用
	英国	2011年之后停用白炽灯
美洲	加拿大	2012年之后禁用白炽灯
	美国	2020年之后禁用45 lm/W以下的白炽灯
	古巴	2005年之后禁止进口白炽灯，用节能灯替代
大洋洲	澳大利亚	2010年之后禁止白炽灯的销售

VLC潜在的应用领域多样，用户数量巨大，它将会有非常高的经济效益。由于LED的节能和低成本特性，所以室内VLC将作为一种新型的绿色通信方式为国家的节能减排规划做出巨大的贡献。

1.5　国内外的一些研究计划

1. OMEGA计划(2008.1—2010.12)[2]

这是全球最著名的可见光通信研究。OMEGA计划是在欧盟第7框架计划下由欧洲委员会资助的一个家庭高速接入研究计划，其目的在于融合多种通信技术，制定超高速家域网(home area network)的全球标准，在不安装新线缆的情况下使每个房间的通信速率都达到1 Gbit/s。参与者包括著名的德国海因里希·赫兹研究所、英国牛津大学、法国电信、西门子公司等欧洲21家单位。

无线光通信技术是该计划中的亮点。可见光通信的计划速率为100 Mbit/s，实现速率为280 Mbit/s。基于红外的无线光通信技术实现了1.25 Gbit/s的传输速率。

2. 海因里希·赫兹研究所(HHI)[3-4]

著名的HHI隶属于德国弗朗霍夫协会。弗朗霍夫协会是欧洲最大的应用科学研究机构,拥有众多的研究所。HHI是其下属的著名通信技术研究机构。HHI是OMEGA计划的参与者,也是曾经的可见光通信领域的引领者,其率先于2010年实现了513 Mbit/s(非实时)的可见光通信试验,又于2011年刷新了自己创造的纪录,实现了803 Mbit/s(非实时)的可见光通信试验。

目前HHI把研究的重点放在实用化上,是这一方面的领导者,其已实现了两种可见光通信的模块:一种模块可以实现100 Mbit/s的20 m传输,或者500 Mbit/s的4 m点对点传输,如图1-2(a)所示;另一种模块可以使用WDM技术实现高达3 Gbit/s的点对点传输,如图1-2(b)所示。

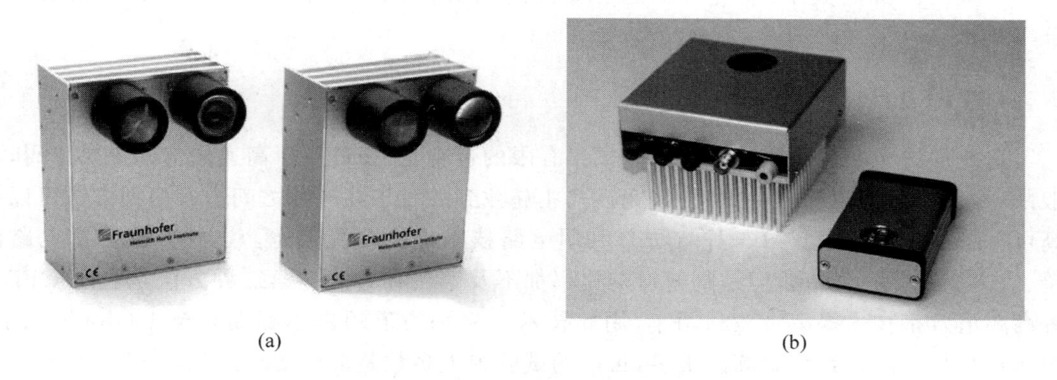

(a) (b)

图1-2 HHI的可见光通信模块

3. UP-VLC计划

UP-VLC(Ultra-Parallel Visible Light Communications)计划(2012.10—2016.9,被资助460万英镑)研究了一种颠覆性的技术——Micro-LED技术,其颠覆性在于研究了新型LED。该技术一方面大幅度地缩小了LED的尺寸,降低了结电容,将LED的带宽提高到了400 MHz以上;另一方面采用LED阵列,弥补了因缩小LED而降低的光通量,可以同时实现照明、高解析度显示和高速可见光通信。

根据2012年1月JLT的报道,J. D. McKendry等人在蓝宝石衬底的外延片上利用标准的制备工艺(standard photolithography techniques)生成了一个8×8的Micro-LED阵列,他们将每个Micro-LED都称为像素,这些像素的中心间距为200 μm。该研究组利用flip-chip bump bonding process工艺将一个CMOS驱动阵列与Micro-LED阵列绑定,每个驱动器都可被单独调制,如图1-3所示。

经测试,450 nm峰值波长像素调制带宽可达435 MHz,远高于照明LED的调制带宽。这是因为每个LED的PN结面积都大大地减小,减小了PN结的寄生电容,而LED阵列的采用弥补了单个LED光通量不足的弱点。据UP-VLC研究组估计,Micro-LED的通信容量可以高达Tbit/(s·mm^{-2})[5]。

与普通的可见光通信技术相比,Micro-LED技术的门槛高出很多,其强大的通信能力正好反映出可见光通信领域日新月异的技术发展。

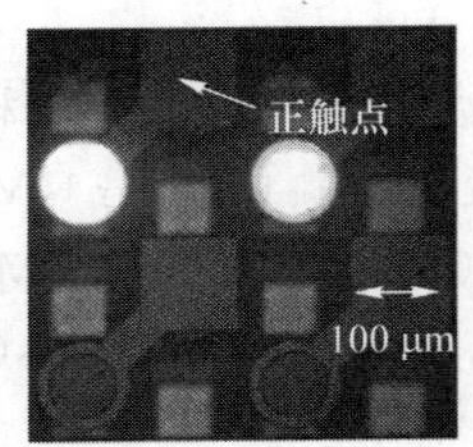

(a) 450 nm峰值发射阵列中的一部分显示，两个像素在工作

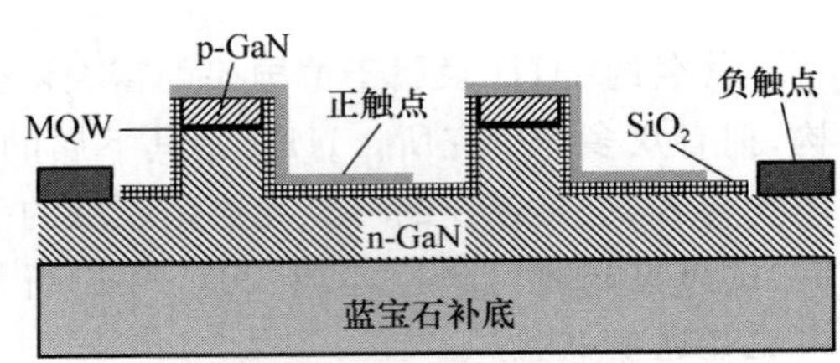

(b) 对应的8×8阵列设计的原理图截面

图 1-3 Micro-LED 结构

除上述研究机构和研究计划外，有影响的研究机构还有美国的 UC-Light 中心、三星电子和一些国际知名大学，研究计划还有英国的 D-Light 计划、日本的 e-Japan 计划的一部分等。

4. Li-Fi(可见光局域网)

这是可见光通信最主流的应用方式。有限的带宽是 LED 用于高速通信的主要障碍，一般来讲，普通照明用 LED 的调制带宽在几兆赫兹到二三十兆赫兹之间。有两种方法可以提高可见光通信的速率。第一种方法是利用电路技术提高系统带宽。这种方法通常电路简单、成本低廉，易于实用，但是每通道的速率都不及第二种方法。第二种方法是利用 OFDM 等高频谱效率技术提高带宽利用率，用此技术可将每通道的速率都提高至 1 Gbit/s 以上。但是这种技术的复杂度要高出很多，目前的试验绝大多数是离线试验。

5. 室外中远距离通信

可见光可以实现几十米到数千米距离上的通信，通信的速率随着距离的增长从数兆比特每秒下降到数千比特每秒。与 FSO 相比，可见光通信的速率要低得多，但是 LED 的发射角度较大(通过透镜可以控制在 2°～4°)，而且处于可见光波段，因此收发两端很容易对准。即使要对准移动的收发端，其跟瞄系统也非常简单，成本低廉。日本海岸警卫队曾在 2 km 的距离上进行了 1 024 bit/s 的通信试验[6]。

Outstanding 技术公司把 1 kbit/s 的通信试验的距离拓展至 10 km 以上，但是所用透镜体积过于庞大[7]。

6. 水下可见光通信

巨大的衰减使 RF 信号不适合在水下使用，水声通信速率低，延时大，其也不是一种理想的水下通信技术。目前大量使用的蓝光 LED 的波长正好处在海水的低损窗口内，所以有研究者提出使用蓝光 LED 进行水下通信。因为蓝光 LED 具备功率大，电光转换效率高，调制速率高，比水声通信中的换能器更节能等一系列优点，所以水下可见光通信已经成为世界范围内的研究热点之一。它的通信速率可达 1.5 Mbit/s 以上，通信距离从几十米到超过百米，理论上可以进行两三百米距离的通信。利用它可以进行海洋观测、潜水者之间的通信、构建反潜传感器网络，日本还研究用它来进行潜艇标识。

本章小结

本章简述了可见光通信的发展历史、技术原理、技术优势和意义，最后介绍了国内外的一些可见光通信的研究计划。

本章参考文献

[1] Tanaka Y, Haruyama S, Nakagawa M. Wireless optical transmissions with white colored LED for wireless home links[C]//Personal, Indoor and Mobile Radio Communications, The 11th IEEE International Symposium on. London: IEEE, 2000: 1325-1329.

[2] 欧洲 OMEGA 项目网站. OMEGA[EB/OL]. (2008-01-21)[2016-03-15]. www.ict-omega.eu/news/view/article/neue-news.html.

[3] Paraskevopoulos A, Vucic J, Voss S H, et al. Optical free-space communication systems in the Mbps to Gbps range, suitable for industrial applications[C]//Optomechatronic Technologies, International Symposium on. Istanbul: IEEE, 2009: 377-382.

[4] Vucic J, Kottke C, Nerreter S, et al. 125 Mbit/s over 5 m wireless distance by use of OOK-modulated phosphorescent white LEDs[C]//2009 35th European Conference on Optical Communication. Vienna: IEEE, 2009.

[5] McKendry J. Visible-Light Communications Using a CMOS-Controlled Micro-Light-Emitting-Diode Array[J]. Journal of Lightwave Technology, 2011, 30(1): 61-67.

[6] Matsumura T, Ogawa O. Visible Light Communications Consortium Success in Long-Distance Visible Light Communication Experiment Using Image Sensor Communication[EB/OL]. (2008-03-21)[2016-06-15]. www.vlcc.net.

[7] Nikkei E. 13 km Transmission with Visible Light Makes High-Speed, Short-Haul Transfer Possible[EB/OL]. (2008-05-20)[2015-06-15]. techon.nikkeibp.co.jp.

第2章
可见光通信中的器件

2.1 发光二极管

发光二极管是一种特殊的半导体二极管。和普通的二极管一样，发光二极管由半导体芯片组成，这些半导体材料在制作时会通过注入或掺杂等工艺以产生 PN 结架构。发光二极管中电流可以轻易地从 P 极（阳极）流向 N 极（阴极），而相反方向则不能流动。两种不同的载流子（空穴和电子）在不同的正向偏压作用下从电极流向 PN 结。当空穴和电子相遇而产生复合时，电子会跌落到较低的能级，同时以光子的模式释放出能量。而发出光的颜色（即波长）与制造 PN 结的半导体材料有关。

VLC 系统中使用的光源主要有单色光 LED 和白光 LED。相比单色光 LED，白光 LED 具有更广阔的市场前景，它是能够代替白炽灯和荧光灯的重要选择。白色光是由多种单色光复合而成的。对于 LED，目前主要有 3 种方式获得白光。

（1） PC-LED

PC-LED 也就是常说的荧光型 LED。这种方法是在蓝光 LED 芯片封装时，在其表面均匀涂一层黄色荧光粉，通过合理控制黄色荧光粉的密度、数量，可以控制蓝色光和黄色光的比例，从而合成白色光[1]，其光谱如图 2-1 所示。采用这种方法产生白光 LED，制备简单易实现，色温稳定，成本也较低，但容易出现荧光粉涂抹不均匀的情况，导致不同方向色温有波动。但是，黄色荧光粉的响应速度较慢，导致 LED 调制带宽很低。

（2） RGB-LED

这种类型的 LED 是最常见的获取白光的方法，即将红光、绿光、蓝光 3 种色光按一定比例混合得到白色光，如图 2-2 所示。这种 LED 由于不需要荧光粉激发，省去了光的转换，因而具有较高的发光效率。且 RGB 三色光芯片可以独立调制，甚至采用波分复用技术，获取更高的通信速率。除了 RGB 三色光组合的方式，还可以添加更多色光的 LED，目前四色 LED 也在研究中心逐渐投入使用，但是随着 LED 数量的增多，光效却会下降。且 RGB-LED 相对 PC-LED 成本较高，调制电路复杂，目前的普及率不及 PC-LED，但非常有希望用于未来的高速信号传输。

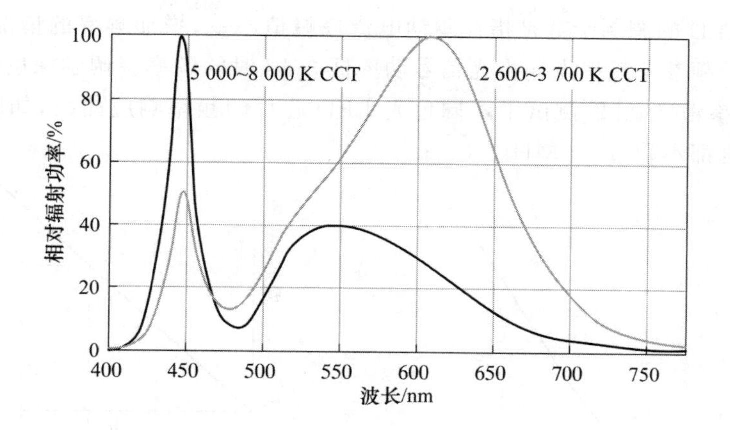

图 2-1　蓝光 LED+荧光粉白光光源相对辐射功率谱

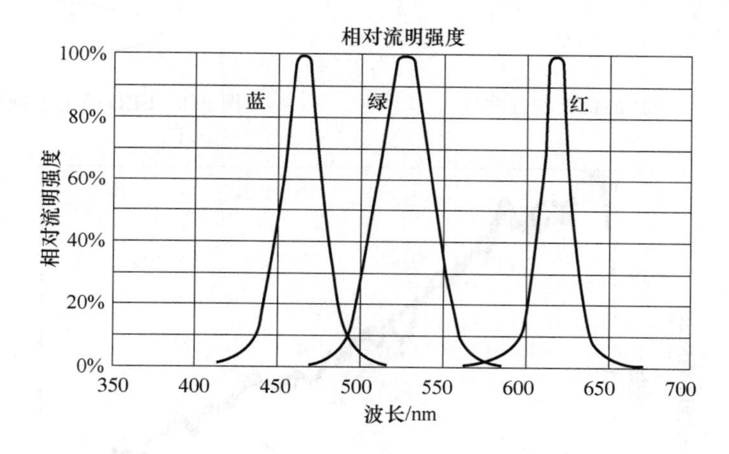

图 2-2　三基色合成白光光源的相对辐射功率谱

(3) UV-LED

这种类型 LED 是通过紫外 LED 与 RGB 荧光粉混合而得到白光的，与传统的荧光型 LED 原理类似。但目前这种方式存在的缺点很多，紫外光转换成白光的过程会有较多的能量损失，光效明显小于 RGB 白光 LED，此外，与之相适应的 RGB 三基色荧光粉不能直接用于此 LED，需要开发适合紫外 LED 芯片光波的荧光粉，另外，最重要的一点，紫外光如果泄漏，将会对人体造成伤害，所以，这种类型的 LED 在可见光通信中很少使用。

2.1.1　LED 的调制特性

LED 的伏安特性曲线如图 2-3 所示。LED 两端加正向电压，电压较小时，外部电场不足以克服内部电场对载流子产生的阻力，LED 呈现较大电阻效应，因此正向电流较小，当电压增大到一定值后，内部电场被大大削弱，LED 电阻变得很小，电流呈指数增长。LED 的调制能力可以由其光功率-电流曲线描述，如图 2-4 所示，LED 的调制深度 m 可定义为 $m=\frac{\Delta I}{I_0}$，其中 ΔI 为偏置电流的交流分量，I_0 为偏置电流的直流分量。调制深度越大，有用光信号功率越大。LED 的调制带宽是指在驱动电流峰峰值不变，增加频率的情况下，LED 输出光信号功率比低频参考频率点输出光信号功率低 3 dB 时的频率。调制深度影响 LED 的 3 dB 频率。本章参考文献[2]测试了不同色光 LED 芯片的频率响应曲线，如图 2-5 所示，可以看到其带宽也都不超过 10 MHz[3]。

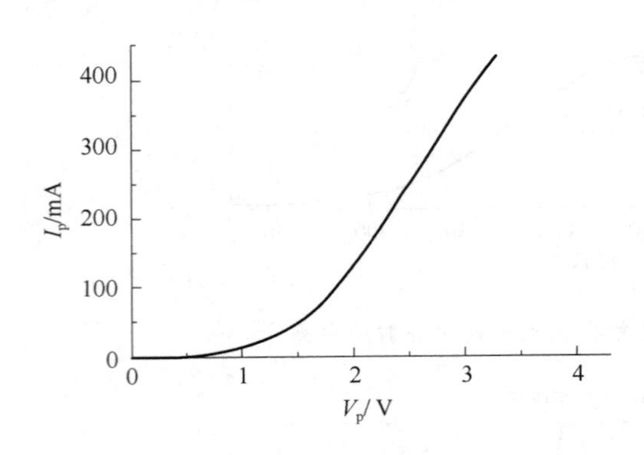

图 2-3　LED 的伏安特性曲线

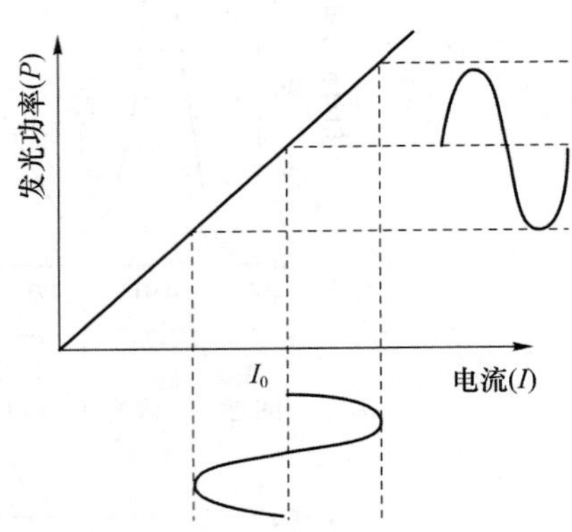

图 2-4　LED 的 P-I 特性曲线

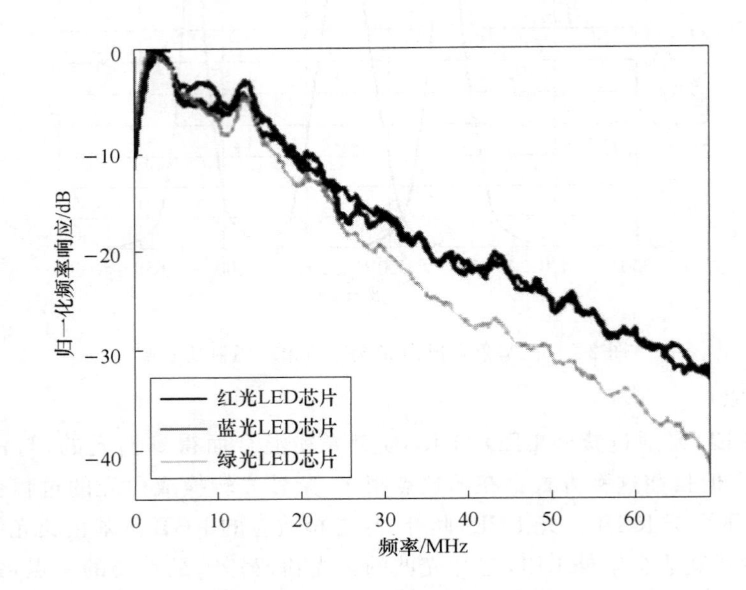

图 2-5　不同色光 LED 的频率响应

从光谱的分布范围来看，白光的光谱大致从 380 nm 到 740 nm。上述两种白光 LED 光谱的功率密度在这一波长范围内分布特征存在差异。在 RGB 方案实现的 LED 中，每种单色光的光谱宽度都比较窄，若按相对辐射功率谱的 60% 来看，不超过 40 nm。而在蓝光 LED 与荧光粉方案实现的 LED 中，存在一个光谱宽度较窄的蓝色光谱和一个光谱范围较宽的黄色光谱。

在室内可见光通信系统中，除了关注白光 LED 的光谱特性、发光效率、色温、成本等特征外，另一项重要指标就是 LED 的调制带宽。在照明领域所使用的 LED，通常调制带宽都不超过 20 MHz，因而无法直接用来传输高速率的可见光信号。LED 的寄生电容对于 LED 的高速调制是一种不利因素。从 PN 结寄生电容的产生来看，PN 结表面积越大，其寄生电容越大，越不利于高速调制。而现有的照明用 LED，为了获得更大的光通量，往往使用较大面积的 PN 结，这样不利于调制速度的提高。解决这一矛盾的一种方法是通过均衡技术弥补，但是这种方法却不能真正解决问题；另一种方法就是使用 PN 结较小的 LED，并且为了提高单个 LED 的照明功率，可以将多个小型发光二极管 PN 结集成在一个芯片上。

2.1.2 LED 选型

从电光转换效率的角度考虑，要选择使用电光转换效率高的 LED。因为虽然与普通白炽灯相比，LED 的发光效率得到了很大的提高，但是驱动 LED 发光的大部分电能还是以热的形式耗散出去的。所以选择更高效率的 LED，一方面可以在相同驱动电流的情况下，得到更高的发光功率，另一方面可以降低 LED 工作中的发热量。

从光路角度上考虑，光线的汇聚效果越好，传输的能量越集中，越利于实现远距离的发射与接收。市场上大功率 LED 的封装基本上以贴片为主，并且集成了一个塑料透镜用来集聚光线。而体现 LED 发射光强度在空间上分布的重要指标就是半功率角。半功率角是指发光强度值为轴向强度值一半的方向与发光轴向（法向）的夹角的两倍。因此半功率角越小，LED 发出的光其指向性越强。在选型中应该考虑使用半功率角较小的型号。

从接收信号的角度考虑，接收端使用的 APD 或者 PIN 二极管，对于不同波长的光的接收效率是不同的。对于白光 LED 而言，由于白光不属于单色光，其中发射出的荧光光谱是对接收不利的。因而要选择色温较高的 LED，这样能使发射光中荧光部分的光谱功率下降，提高蓝光部分功率，这样也就提高了接收效率。

2.1.3 光电探测器

在可见光系统中，光电探测器是接收模块中的重要一部分，普通的半导体光电探测器就是一个加反向偏压的 PN 结二极管。它利用光电效应，当有光照射时，光子被吸收，在耗尽区形成一个电子-空穴对，然后在反偏电场的作用下形成电流，从而将载有信息的光信号转换成电信号[4]。常见的可见光接收机有 3 种：基于 PIN 的接收机、基于 APD 的接收机、基于图像传感器的接收机。基于 PIN 的接收机采用 PIN 光电二极管，线性度较好，价格低廉，且其结电容较小，响应快，灵敏度高。基于 APD 的接收机采用 APD 雪崩光电二极管，具有倍增效应和更高的灵敏度和信噪比，但价格相对较高，目前的高速可见光系统通常采用这两种接收机。而基于图像传感器的接收机响应速度较慢，灵敏度相对较低，但是它可以同时接收多个光源传送的数据，并且传输距离更远。

此外还有光电倍增管（PMT）、硅光电倍增管 SiPM（也称为 SPM）等。PMT 需要千伏以上偏压，价格昂贵，体积大。

SiPM 是一种新型光电探测器，通常用于 PET（正电子发射型计算机断层显像），PET 是核医学领域中的一种先进影像技术。将这种器件应用于光通信领域还处于早期的探索阶段。因为增益巨大，因此使用 SiPM 设计接收机需要对背景光噪声和电路噪声进行充分抑制。SiPM 具备极高的灵敏度，可极大地增强系统的性能。如图 2-6 所示，SiPM 本质上是一组工作于盖格模式的雪崩光电二极管（APD）阵列。它具有极高的灵敏度，比 APD 高 100～

10 000 倍，其增益与光电倍增管接近，但是体积、成本远小于光电倍增管。而且相较于APD，其工作于低电压，硅 APD 往往需要 100 V，甚至 400 V 以上的高压，而 SiPM 通常工作于二十几伏的低压。几种光电探测器的比较见表 2-1。

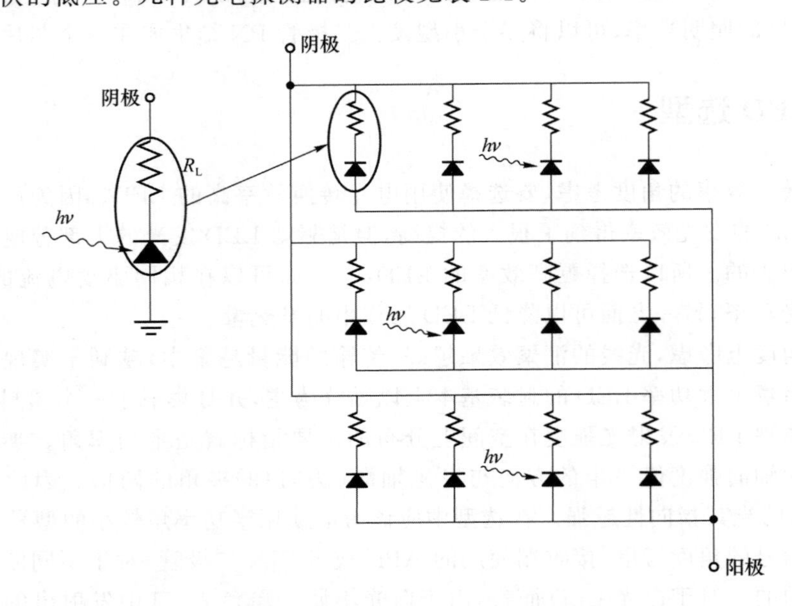

图 2-6　SiPM 特性

表 2-1　几种光电探测器的比较

比较指标	PIN	APD	PMT	SiPM
增益	1	100	10^6	10^6
反偏电压	低	高	高	低
机械强度	高	中	低	高
背景光暴露	可以	可以	不可以	可以
读出电路	复杂	复杂	简单	简单
尺寸	小	小	大	小
电磁敏感	是	是	是	否
噪声	低	中	低	高
上升时间	中	慢	快	快

2.2　可见光通信中的光学

2.2.1　光学天线

光学天线是用来尽可能多地收集大气中的光信号，进行放大和频谱滤波，并汇聚至探测器中，增大探测器的有效接收面积的光学系统。在设计光学天线时，一般要求通光孔径足够大，增益高，能量损失少，让来自目标的光辐射被光学天线最大限度地接收。

2.2.2 光学天线的技术优点

1. 提供较高的光学增益

传统可见光通信系统一般都采用强度调制直接检测，光线经过长距离传输之后，衰减严重，采用直接检测会限制通信距离，使用光学接收天线可以提供部分光学增益，增加通信距离。

2. 限制背景噪声

可见光通信系统的传输会受到背景光噪声的影响，背景光噪声较强会使接收信号不稳定，甚至使探测器饱和，严重劣化系统性能。而光学接收天线可以抑制接收视场角之外的背景光噪声，提升系统性能。

2.2.3 常见的光学接收天线

常见的光学接收天线包括各种透镜（常用的有球面镜、非球面镜、菲涅尔透镜等）、棱镜、光锥，以及各种透镜的组合、相机镜头（由于鱼眼镜头的视场角较大，可达到 180°，因此我们测试了鱼眼镜头作为光学天线的性能）。

2.2.4 光学天线的评价指标

1. 视场角

在光学仪器中，以光学仪器的镜头为顶点，以被测目标的物像可通过镜头的最大范围的两条边缘构成的夹角，称为视场角。在光学天线中，视场角一般指能接收到信号光的最大角度。

视场角示意图如图 2-7 所示。

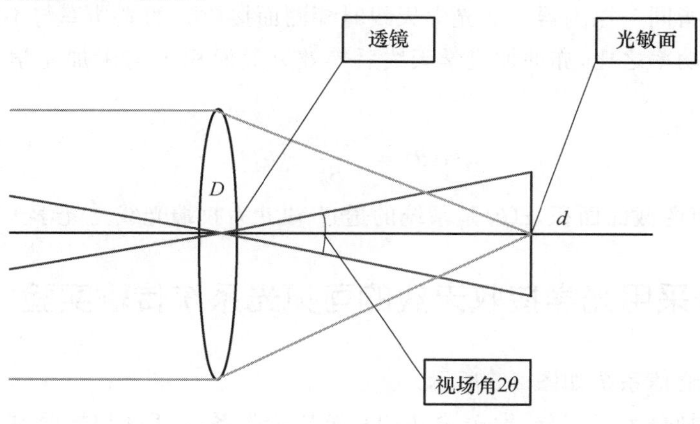

图 2-7 视场角示意图

视场角

$$\theta = A\tan\left(\frac{d}{2f}\right)$$

其中，d 为光敏面的面积，f 为光学透镜焦距。

2. 聚光比(能量收集率)

光学天线系统如图 2-8 所示。

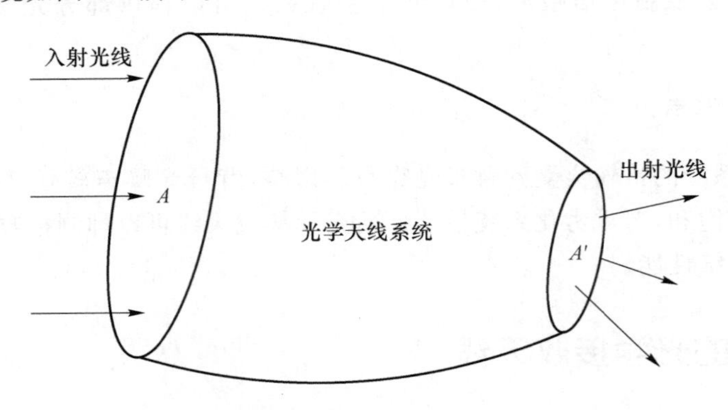

图 2-8 光学天线系统

聚光比

$$C = \frac{A}{A'}$$

其中，A 为光学系统入射口径面积，A' 为光学系统出射口径面积。在实际使用中一般采用如下公式：

$$C = \frac{n_1^2}{\sin^2\phi}$$

其中，n_1 为光学天线的折射率，ϕ 为天线的视场角。

3. 光学增益

光学增益是指同一探测器在加光学天线时探测面接收到的光功率与不加光学天线时探测面接收到的光功率之比，亦即加光学天线后等效有效面积 S 与未加光学天线之前的有效面积 S_0 之比：

$$G(\theta) = \frac{S(\theta)}{S_0}\tau(\theta)$$

其中，$S(\theta)$是光束的截面面积，$\tau(\theta)$是系统的透过率，θ 为收端光线与光学天线的夹角。

2.2.5 部分采用光学接收天线的可见光系统传输实验

实验可见光通信系统如图 2-9 所示。

实验系统可划分为五部分：发送端、LED、光学接收系统、PD 和接收端。发送端负责电域信号的处理，LED 负责光电转换，光学接收系统负责提供相应的光学增益，PD 负责光电转换，接收端负责电域信号的处理。

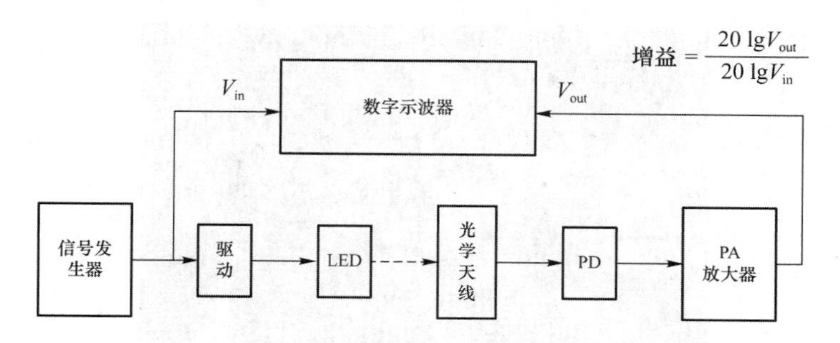

图 2-9　可见光通信实验框图

本系统主要的测试对象为光学接收天线系统，光学接收天线系统为不同光学透镜及其组合。

实验实体图如图 2-10、图 2-11 所示。

图 2-10　可见光通信实验(1)

图 2-11　可见光通信实验(2)

探测器旋转一定角度，如图 2-12 和图 2-13 所示。

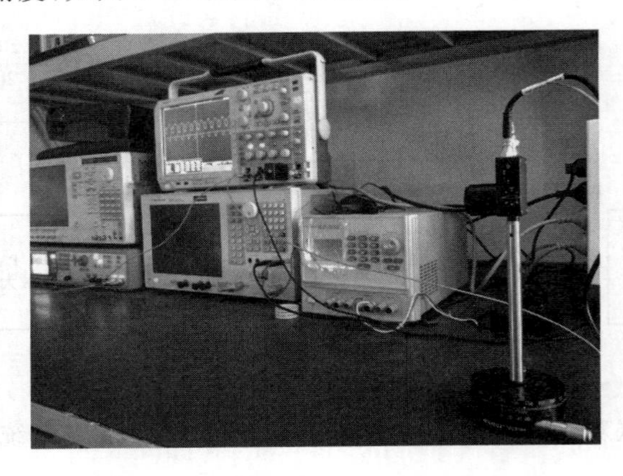

图 2-12　角度测量(1)

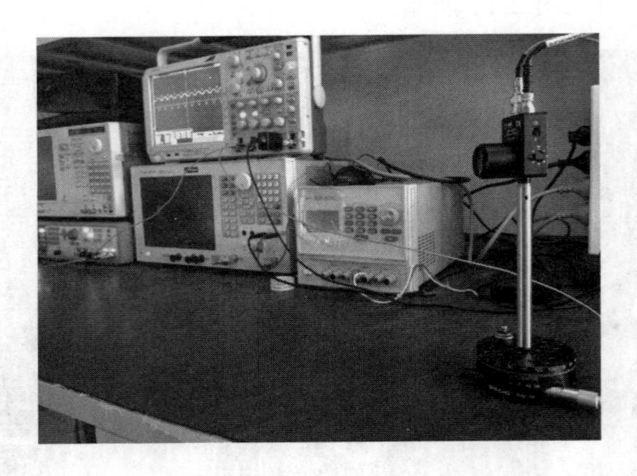

图 2-13　角度测量(2)

实验参数如表 2-2、表 2-3、表 2-4 所示。

表 2-2　发射端信号参数表

发射端信号类型	频　率	幅　度
正弦波	10 kHz	−9.1 dB

表 2-3　探测器参数表

探测器类型	探测器增益	收发端距离
PDA100	40 dB	2 m

表 2-4　接收天线参数表

参　数	非球面镜	负弯月透镜	双凹透镜 1	双凹透镜 2	鱼眼镜头
焦距	16 mm	−100 mm	−25 mm	−50 mm	
直径	25.4 mm	25.4 mm	25.4 mm	25.4 mm	20 mm

备注：非球面镜的放置方式分为 flat-surface 和 curves-surface 两种，两种方式均能达到汇聚光线的效果，两种放置方式如图 2-14 所示。

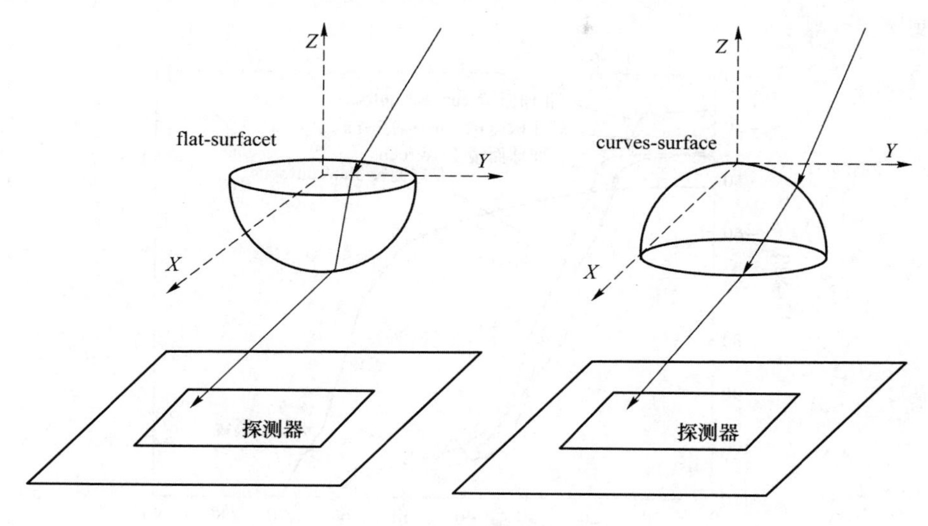

图 2-14　透镜配置

实验结果：我们以信道增益曲线来表征光学天线的聚光能力，实验所测的信道增益曲线(实验结果减去了探测器增益)如图 2-15 到图 2-21 所示。

实验结果显示："负弯月透镜＋非球面镜"组合性能最好(兼具大视场角与高增益)，能在半视场角 25°范围内提供 12 dB 左右的增益，鱼眼透镜受限于进光量较少，提供的信道增益较小，但信道增益曲线最为平坦，若增加鱼眼透镜的进光量，我们可以获得极大的视场角。因此要获得更大视场角接收，鱼眼镜头和直接探测是最好的选择。

由图 2-15 可知：在未使用镜头时，信道增益曲线与 COS 函数形状相似，这是因为 COS 函数对小角度范围内变化不敏感，探测器有效面积在小角度范围内变化不大，而鱼眼透镜由于接收视场角极大，使其在整个视场角之内增益很平坦。

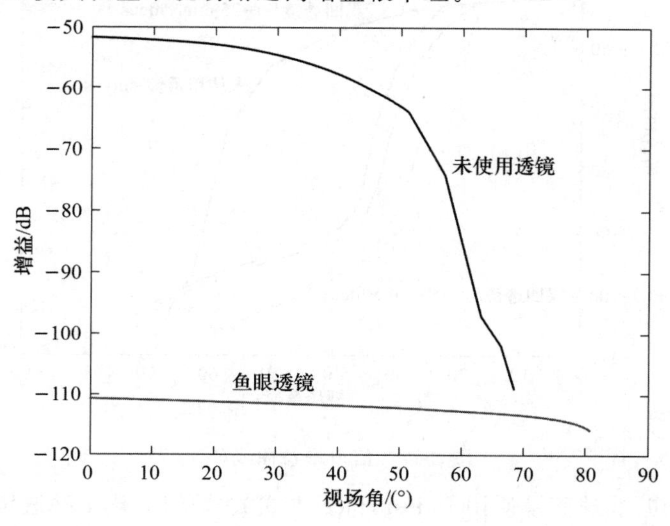

图 2-15　信道增益曲线(1)

由图 2-16 可知：使用非球面镜 curves-surface 方式放置比使用 flat-surface 方式放置可以获得更高的增益，但是使用 flat-surface 方式放置时，视场角更大，获得的信道增益曲线平坦范围更大。

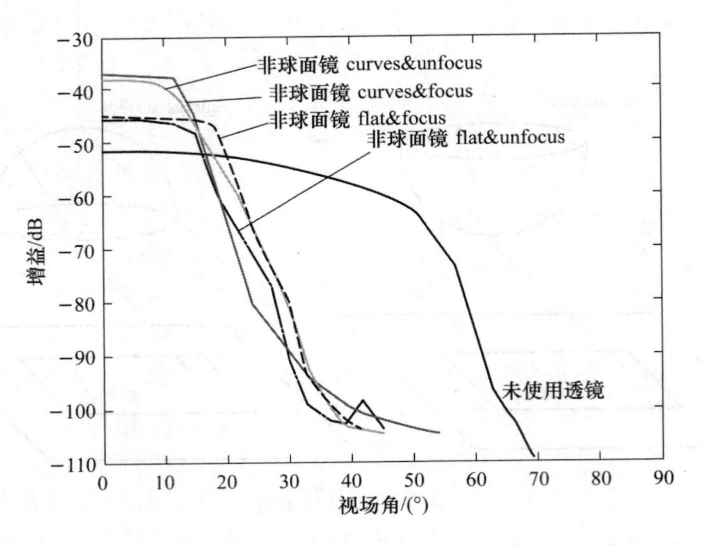

图 2-16　信道增益曲线(2)

由图 2-17 可知：非球面镜使用 curves-surface 方式放置时，使用"$F=-50$ mm 双凹透镜＋非球面镜"组合获得的增益比使用"$F=-25$ mm 双凹透镜＋非球面镜"组合高。同一种透镜之间进行对比可得：透镜组合未准确对焦(探测器与透镜之间的距离小于焦距)相较于透镜组合准确对焦(探测器位于透镜焦平面上)的信道增益曲线更平坦。该组合中综合性能最好的透镜组合是双凹透镜 $F=-50$ mm&unfocus，兼具高增益与大视场角。

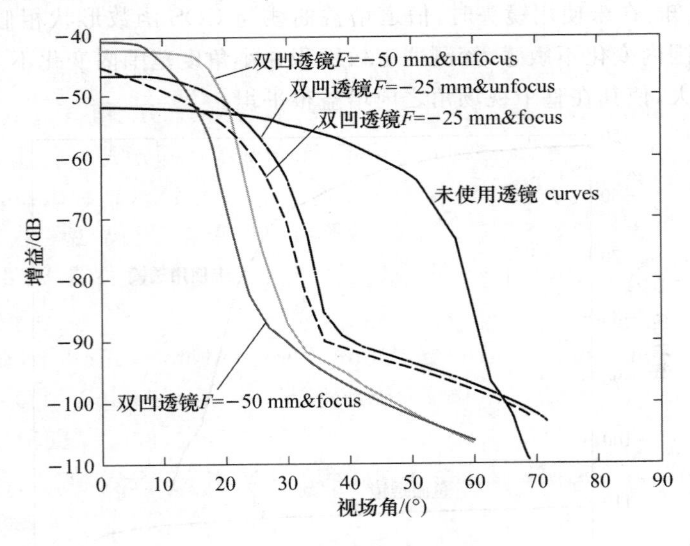

图 2-17　信道增益曲线(3)

由图 2-18 可知：非球面镜使用 flat-surface 方式放置的时候，4 种透镜组合方式所获得的增益和视场角均不如非球面镜 curves-surface 放置方式效果好。因此采用组合透镜作为光学接收天线时，flat-surface 放置方式没有优势。

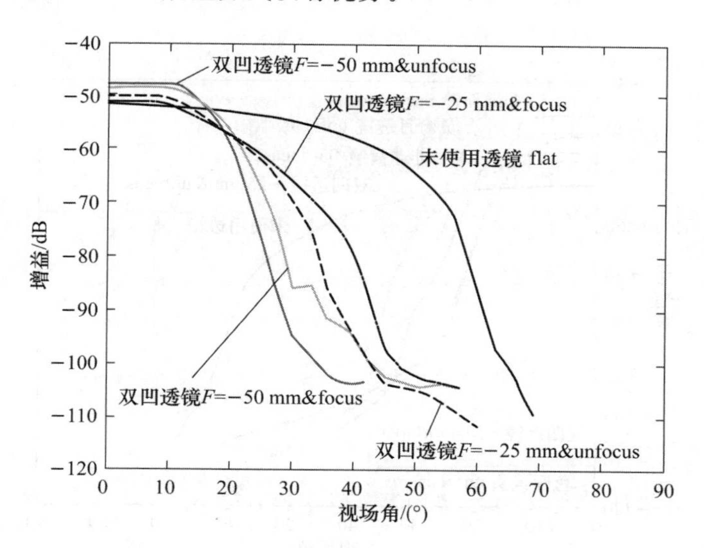

图 2-18　信道增益曲线(4)

如图 2-19 所示：上面 4 种透镜组合之中，“负弯月透镜＋非球面镜”(curves-unfocus)具有更大的视场角和平坦范围更大的信道增益曲线，接收效果最好。

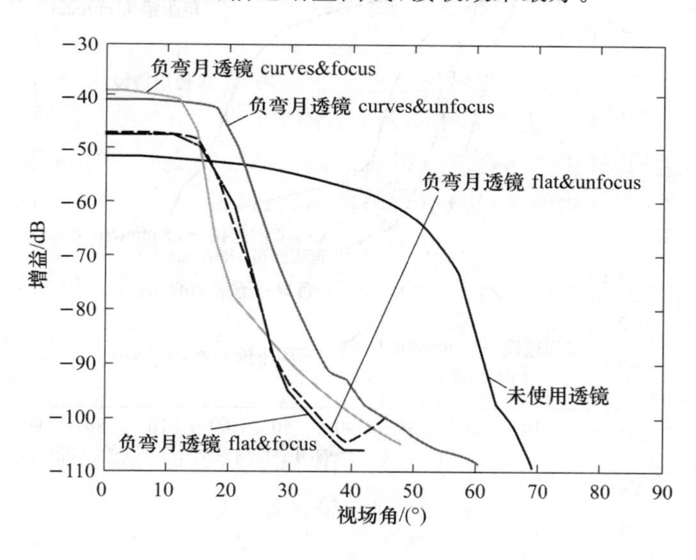

图 2-19　信道增益曲线(5)

如图 2-20 所示：综合对比之后，在现有透镜组合条件下，性能最好的透镜组合方式(兼顾增益和视场角)是“负弯月透镜＋非球面透镜”(curves-unfocus)，其半视场角在 25°左右，信道增益基本维持在−40 dB，相比于直接探测有约 12 dB 的光学增益。同时鱼眼镜头信道增益曲线最为平坦，其增益较低是因为鱼眼镜头面积较小，对光线聚集能力较差。

如图 2-21 所示：根据归一化增益曲线图示，在保证进光量的条件下，视场角最大的光学天线系统是鱼眼镜头，其次是直接探测，最后是“双凹透镜($F=-25$ mm)＋非球面镜

(curves-surface)"组合方式。"负弯月透镜＋非球面镜"组合的视场角要比"双凹透镜＋非球面镜"小。

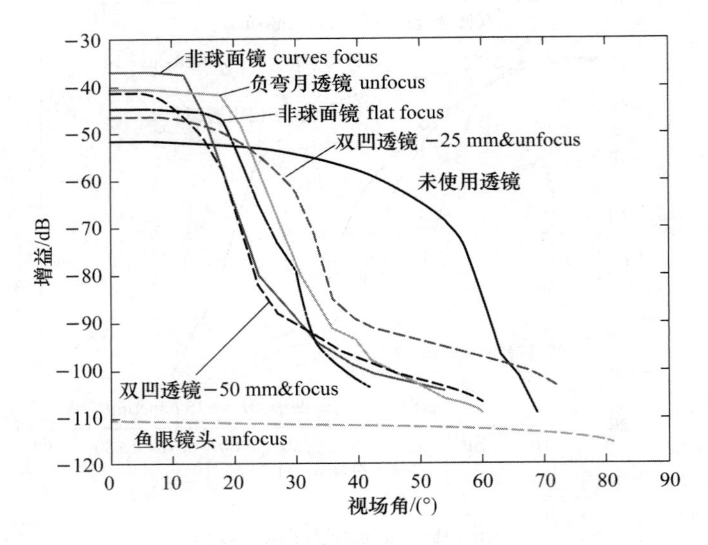

图 2-20　信道增益曲线(6)

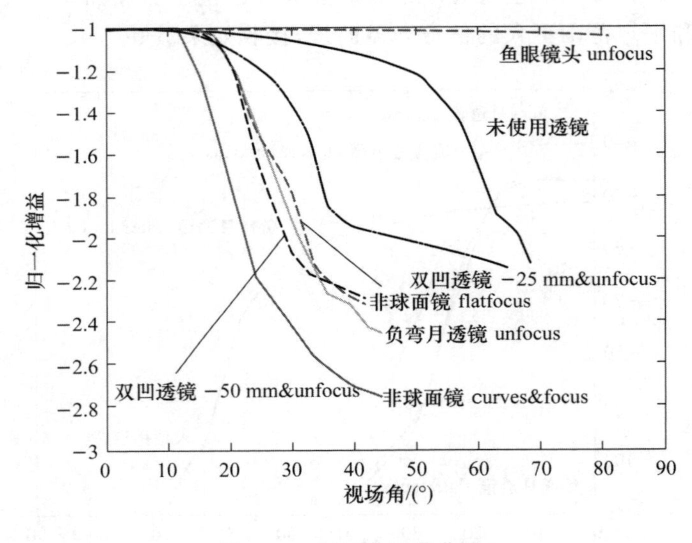

图 2-21　归一化增益曲线

本章小结

本章简述了可见光通信技术中常用到的器件，如 LED 和光电探测器，并且对可见光通信中的光学知识做了简要介绍。

本章参考文献

[1] Kar A，Kar A. New generation illumination engineering-an overview of recent trends in science & technology[C]//Automation，Control，Energy and Systems（ACES），2014 First International Conference on. Adisaptagram：IEEE，2014：1-6.

[2] 迟楠. LED 可见光通信技术[M]. 北京：清华大学出版社，2013.

[3] 卫晨. 可见光通信系统中均衡技术研究及 FPGA 实现[M]. 北京：北京邮电大学，2020.

[4] 黄震亚，管云峰，孙军. 无线信道中的单载波频域均衡技术研究[J]. 通信技术，2007(4)：1-3.

第3章

室内 VLC 信道仿真模型的建立及理论分析

在室内光无线通信中，很多因素都会影响通信信道的特性，如通信链路格局、路径损耗、多径色散产生的时延等。这些信道特性决定了通信系统设计的许多方面，如调制、编码技术的设计、发射功率、接收灵敏度的选取，另外，发射光束形态、接收滤波器、接收面积及接收视角等条件参数也会影响光无线通信系统的实现，而它们也要参考信道特性属性来确定。因此，要实现高速率、高可靠性的通信，VLC 信道特性的研究与分析是不可缺少的一部分。

鉴于可见光通信与红外通信同属于无线光通信范畴，有着相似的信道特性和研究方法，因此室内红外光通信信道的研究方法是 VLC 信道研究的一个重要参考。国外对于室内红外通信信道模型做了大量的研究，其中最著名的当数以美国学者 John Barry 教授为首的研究小组所研究的室内无线通信系统信道模型，具体模型分析可参考本章参考文献[1]与[2]。他们把室内红外通信系统信道的链接方式分为 6 种，即定向视距链接、非定向视距链接、混合视距链接、定向非视距链接、非定向非视距链接、混合非视距链接，如图 3-1 所示[3]。

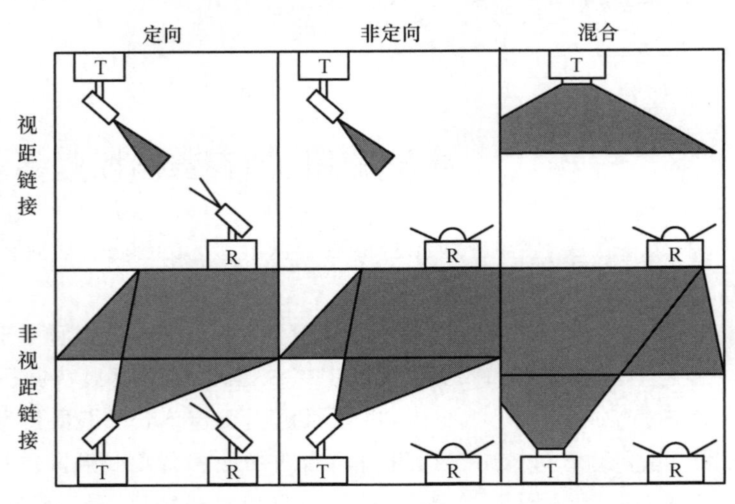

图 3-1 室内红外通信系统信道链接方式

分析这 6 种链接方式不难看出，它们的区别主要在于发射机或接收机是否定向，以及发射机与接收机之间的链接是视距链接还是非视距链接。

借鉴上述红外信道链接模型，在可见光通信系统中，由于光源发射角与探测器接收角都比较大，因此在室内 VLC 中，主要有两种链接方式，即直射信道（LOS 信道）和漫射信道（NLOS 信道），在通信过程中，往往是两种信道共存，如图 3-2 所示。

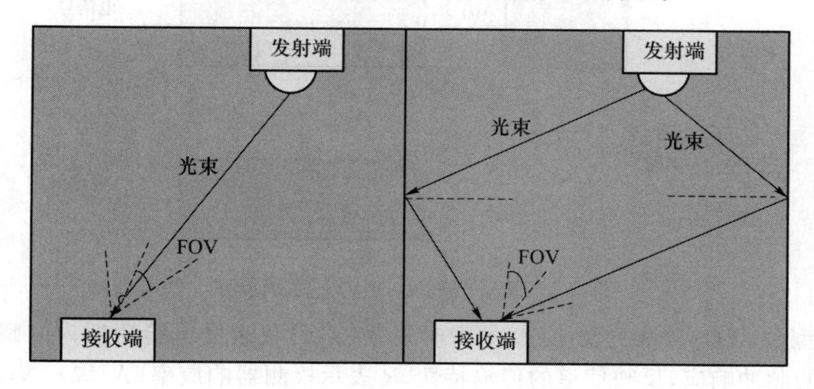

图 3-2 室内可见光通信系统信道链接方式

在直射链路中，接收机指向白光 LED 光源，其优点是功率利用率高，易于实现高速数据链接，其缺点是容易被障碍物遮挡而阻断通信，即存在阴影效应；在漫射链路中，接收机视角比较大，其优点是降低了对指向性的要求，系统不易受阴影效应的影响，其缺点是存在多径效应的影响，从而限制了信号传输速率。本章将分别针对两种链路的不同特性进行分析并仿真，表 3-1 给出了两种链路一些通信性能的比较[4]。

表 3-1 直射链路与漫射链路性能的比较

比较内容	直射链路	漫射链路	比较内容	直射链路	漫射链路
通信速率	高	中等	系统复杂度	小	大
指向性要求	高	低	受背景光影响	小	大
抗障碍物影响能力	低	高	受多径效应影响	无	有
系统移动性	低	高	路径损耗	低	高

本章将针对这两种信道，首先建立室内 VLC 信道模型，其中包括 6 个模型，分别是房间模型、光源模型、接收机模型、反射面模型、LED 模型及 PD 模型，然后再针对信道特性涉及的参数进行理论分析与解析计算。

3.1 室内 VLC 信道建模及仿真分析

3.1.1 建立仿真模型

室内可见光通信系统一般采用强度调制-直接检测技术，其线性基带传输模型如图 3-3 所示，在发射端，电信号经过发射电路进行调制，使光源发出强度变化的光载波信号；在接收端，光载波信号经过光电探测器被转换成与光强度变化成正比的电信号，实现电-光、光-电转换。

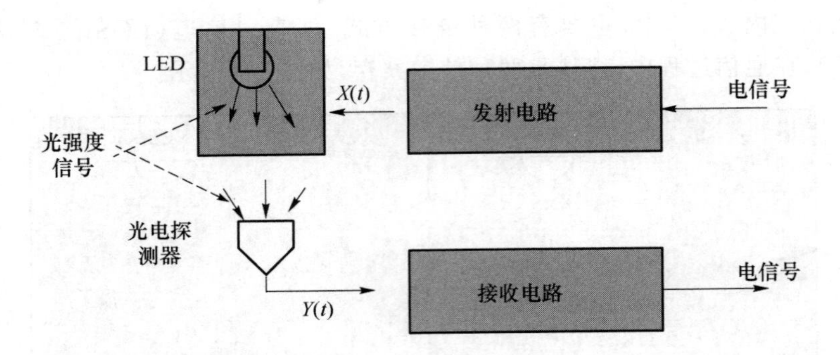

图 3-3　基于 IM-DD 的 VLC 系统模型

在此模型中，$X(t)$代表光源 LED 的瞬时光强，$Y(t)$代表光电检测器内的瞬时光电流，$h(t)$为信道的脉冲响应，反映信道的传输特性，R 表示检测器响应率（A/W），$N(t)$为信道中与信号无关的加性高斯噪声。由图 3-3 可知，$Y(t)$可表示为

$$Y(t) = RX(t) \otimes h(t) + N(t) \tag{3-1}$$

其中$\otimes$代表卷积运算。

下面针对房间、光源、LED、接收端、PD、反射面等分别建立模型。

1. 房间模型

为了方便和已有研究进行对比，本书采用标准房间模型，即 5 m×5 m×3 m 的房间模型。房间仿真环境如图 3-4 所示。LED 灯安装于天花板上，灯的数量和位置可以通过参数进行设置。PD 阵列位于 80 cm 高的桌面上，在该平面上的位置可以通过参数进行设置。选取房间左下角为坐标原点，房间参数为$\{L,W,H\}=\{5\ \text{m},5\ \text{m},3\ \text{m}\}$，其中 L,W,H 分别为房间的长、宽、高。图 3-4 中光源 LED 灯位于天花板正中央，其位置矢量为(2.5 m，2.5 m，3 m)，方向垂直向下；接收端 PD 阵列的位置矢量为(2.5 m，2.5 m，0.8 m)。

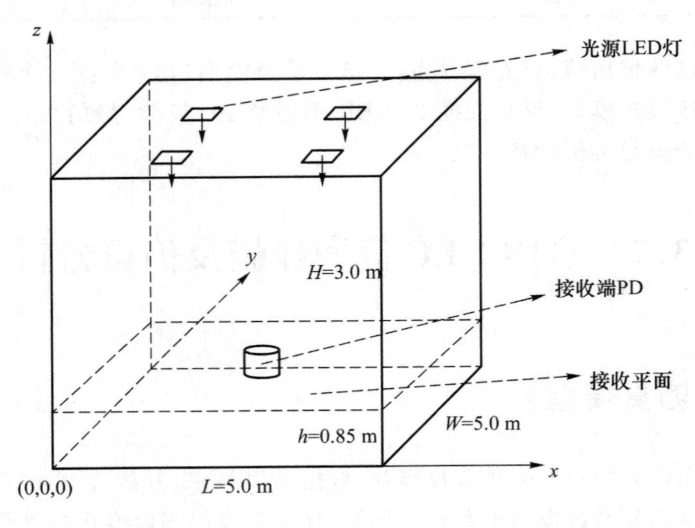

图 3-4　房间仿真环境

2. 光源模型

发射端光源由LED阵列组成，阵列中每个LED的位置、法线方向和模数都可以独立设置。

3. LED模型

设LED为朗伯(Lambertian)点光源S，用一个三元组表示，即$S=\{\bar{\boldsymbol{r}}_S,\hat{\boldsymbol{n}}_S,m\}$，其中$\bar{\boldsymbol{r}}_S$为点光源的位置向量，$\hat{\boldsymbol{n}}_S$为发光面的法线方向，即沿此方向光强最大，$m$为发光方向性的模式参数(mode number)：

$$m=-\frac{\ln 2}{\ln\cos\phi_{1/2}} \tag{3-2}$$

$\theta_{1/2}$是强度为最大光强1/2的光线与$\hat{\boldsymbol{n}}_S$的夹角。

光源的光强分布为

$$R_0(\phi)=\frac{m+1}{2\pi}\cos^m(\phi) \tag{3-3}$$

其中，$R_S(\theta,\phi)$代表(θ,φ)方向的辐射强度，(θ,φ)的含义如图3-5所示。

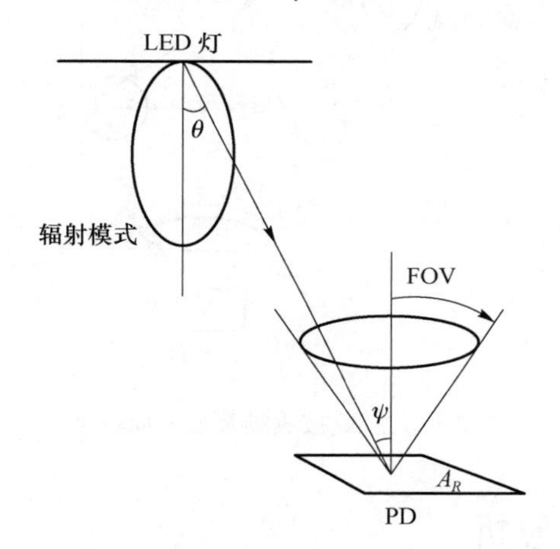

图3-5 LOS信道

光源的照度分布采用专门的照明设计软件Tracepro进行仿真。

4. 接收端模型

接收端是一个PD阵列，由多个PD组成，每个PD的位置、法线方向、光敏面面积和FOV都可以独立设置。

5. PD模型

PD用一个四元组表示，即$R=\{\bar{\boldsymbol{r}}_R,\hat{\boldsymbol{n}}_R,A_R,\mathrm{FOV}\}$，其中$\bar{\boldsymbol{r}}_R$为PD的位置向量，$\hat{\boldsymbol{n}}_R$为PD光敏面的法线方向，$A_R$为PD光敏面的有效面积，FOV代表PD可接收光的入射角度范围。

6. 反射面模型

反射面模型采用冯反射模型(Phong reflection model),该模型既可以对理想漫反射面建模(如墙壁、天花板等),也可以对光滑表面(如光滑的瓷砖地板、硬木家具的光滑漆面)和镜面精确建模。

在这种模型中,入射光线以 $1-\rho$ 的概率被反射面吸收,以 ρr_d 的概率发生漫反射,以 $\rho(1-r_d)$ 的概率发生镜面反射,其中 ρ 为反射面的反射系数,r_d 为发生漫反射的能量占总反射能量的比例。反射光强的空间分布为

$$R_R(\theta_i,\theta_0)=\rho P_i\left[\frac{r_d}{\pi}\cos\theta_0+(1-r_d)\frac{m+1}{2\pi}\cos^m(\theta_0-\theta_i)\right] \tag{3-4}$$

其中,θ_i 为入射角,θ_0 为观测角,ρ 为反射系数,P_i 为入射光功率,m 为表征反射光方向性的模式参数。

光源、接收端、反射面模型如图 3-6 所示。

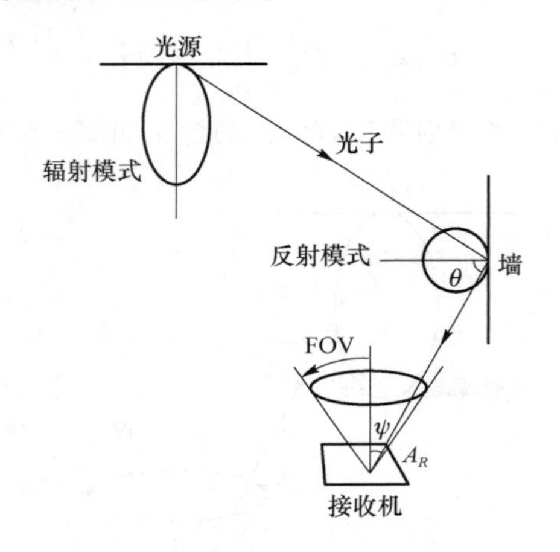

图 3-6 光源、接收端及反射面模型

3.1.2 仿真过程及分析

1. 单位冲击响应的仿真算法比较

在对单位冲击响应进行仿真分析之前,本节先对国内外关于信道冲击响应的各种经典算法进行比较分析,通过对算法的比较分析,选取合适的算法进行仿真。有关无线光通信漫射信道的算法已经在前文中进行了详细的说明。1979 年 Gfeller 首次提出并分析了单次反射信道;1993 年 Barry 提出了一种经典的递归算法;1997 年 Perez Jimenez 提出了一种统计模型,可直接对均方根时延扩散(RMS delay spread)进行估计;同年 Lopez Hernandez 提出了一种更快的算法——DUSTIN 算法;1998 年 Perez Jimenez 改进了自己之前的算法,提出了速度更快的 MMCA(Modified Monte Carlo Algorithm);2002 年,Carruthers 提出了一种基于定点的迭代算法来估计信道的脉冲响应;2010 年,Zhang Minglun 等人提出了一种更快的算法——光子跟踪算法(Photon Tracing Algorithm,PTA)。关于这几种算法的详细

内容可以参考本章参考文献[5]。表 3-2 对上述几种算法就以下几方面进行了比较：算法复杂性、计算机存储要求、仿真所需时间、最多反射次数、算法适应性、算法精确度与算法提出年份等。

表 3-2 单位冲击响应的仿真算法比较

算法名称	递归算法	统计算法	DUSTIN 算法	MMCA	迭代算法	PTA
算法复杂性	必须重复计算 N^k 次	没有递归算法复杂	没有递归算法复杂	需计算 N^k 次	远没有递归算法复杂	远没有 MMCA 复杂
计算机存储要求	$8\times N^2$ bytes	少于递归算法	N^2 bytes	少于递归算法	少于递归算法	少于递归算法
仿真所需时间	$N^k\times 4\times 10^{-6}$ s	比递归算法少	比递归算法少	比递归算法少	比递归算法快 92 倍	比 MMCA 少
最多反射次数	3 次	反射次数不限	反射次数不限，但受限于发射功率	反射次数不限	可能达到 10 次	反射次数不限
算法适应性	不强	不强	不强	不强	强	较强
算法精确度	不精确	不精确	较精确	较精确	较精确	较精确
算法提出年份	1993.4	1997.7	1997.7	1998.9	2002.5	2010.8

由上述几种算法的比较可知，光子追踪算法是一种复杂性低且精确度高的比较实用的算法，本节将采用这种算法来计算可见光通信信道的单位冲击响应。

2. 单位冲击响应的计算

由 n_1 个 LED 和 n_2 个 PD 构成的信道的单位冲击响应是 n_1n_2 个单 LED 单 PD 信道的单位冲击响应之和。

单 LED 单 PD 组成的室内无线光信道的单位冲击响应可以分解为

$$h(t;S,R)=h^{(0)}(t;S,R)+\sum_{k=1}^{\infty}h^{(k)}(t;S,R) \tag{3-5}$$

其中 S 表示 LED，R 代表 PD，h 上标中的字母 k 表示光线从光源到接收机经过的反射次数。式(3-5)的第一项代表 LOS 信道对单位冲击响应的贡献，式(3-5)的第二项代表 NLOS 信道对单位冲击响应的贡献，其中 $h^{(k)}(t;S,R)$ 表示第 k 次反射的贡献。

当 LED 与 PD 之间的距离远远大于 PD 光敏面的尺寸时，$h^{(0)}(t;S,R)$ 可以近似表示为

$$h^{(0)}(t;S,R)\approx\frac{m+1}{2\pi}\cos^m(\theta)\frac{A_R}{d^2}\cos(\psi)\operatorname{rect}\left(\frac{\psi}{\text{FOV}}\right)\delta\left(t-\frac{d}{c}\right) \tag{3-6}$$

其中，θ 为 $\hat{\boldsymbol{n}}_S$ 与 $\bar{\boldsymbol{r}}_R-\bar{\boldsymbol{r}}_S$ 的夹角，ψ 为 $\hat{\boldsymbol{n}}_R$ 与 $\bar{\boldsymbol{r}}_S-\bar{\boldsymbol{r}}_R$ 的夹角，d 为光源与接收机间的距离，即 $\|\bar{r}_R-\bar{r}_S\|$，c 为光速，$\operatorname{rect}(x)$ 如下：

$$\operatorname{rect}(x)\begin{cases}=1, & |x|\leqslant 1\\ =0, & |x|>1\end{cases} \tag{3-7}$$

对于 NLOS 信道的贡献，本节采用笔者课题组提出的 Photon Tracing Algorithm (PTA，属于一种蒙特卡洛法)进行仿真计算。

假定从 LED 发射了 N 个光子(N 非常大)，然后跟踪每一个光子的飞行，计算其对 PD 贡献的能量，以及贡献发生的时间。当完成 N 个光子的跟踪后，在时间轴上将一个微小时隙(如 200 ps)中 PD 接收的能量求和再除以 N，再乘上 PD 的响应度，即得单位冲击响应在该时隙的取值。在以时间为横轴的二维平面上将所有的取值点用一条光滑的曲线相连，即得 NLOS 信道的单位冲击响应。具体过程如下。

(1) 光子的产生及发射方向确定

每个被发射的光子的能量都是 $1/N$，发射方向可按以下方法随机产生。

由朗伯源辐射光强的空间分布可得 LED 在(θ,φ)方向发射光子的概率密度函数为

$$f(\theta,\varphi)=\frac{m+1}{2\pi}\cos^m(\theta)\sin(\theta) \tag{3-8}$$

光子在 θ 与 φ 方向的概率分布分别为

$$\begin{cases} F_\theta(\theta)=1-\cos^{m+1}(\theta), & \theta\in\left[0,\dfrac{\pi}{2}\right] \\ F_\varphi(\varphi)=\dfrac{1}{2\pi}, & \varphi\in[0,2\pi) \end{cases} \tag{3-9}$$

因为光子的发生方向可按以下公式随机产生：

$$\begin{cases} \theta=\arccos(\sqrt[m+1]{\alpha}) \\ \varphi=2\pi\beta \end{cases} \tag{3-10}$$

其中 α 和 β 是在[0, 1]上均匀分布的随机变量。

(2) 光子传播过程

光子在被发射之后沿直线飞行(模拟光线传播)，直到遇到反射面，与反射面碰撞后以一定概率(等于反射率)被反射，或者被吸收。反射光子飞行方向的概率分布由冯反射模型决定。

一条光线(含大量光子)经反射后有部分光子被反射。被反射的光子中有很少一部分飞抵 PD 光敏面被接收，对单位冲击响应做出了贡献。将每一次反射光线对单位冲击响应的贡献平均到每个被反射的光子上。于是当光子被反射时，它相当于一个能量为 $1/N$ 的点光源(N 为 1 个 LED 发出的光子总数)，这个点光源对单位冲击响应的贡献为

$$h_i^{(0)}(t;\mathrm{d}A_i,R)\approx\frac{1}{\pi N}\cos(\theta)\frac{A_R}{d^2}\cos(\psi)\mathrm{rect}\left(\frac{\psi}{\mathrm{FOV}}\right)\delta\left(t-T_{\mathrm{PI}}-\frac{d}{c}\right) \tag{3-11}$$

其中，i 表示该光子被第 i 次反射，T_{PI} 表示光子从被发射到本次反射所经历的时间，$\mathrm{d}A_i$ 表示由反射等效而来的点光源，d 为 $\mathrm{d}A_i$ 到 R 的距离。

因此，$h^{(k)}(t;S,R)$可以表示为

$$h^{(k)}(t;S,R)=\sum_{i\in P^{(k)}}h_i^{(0)}(t;\mathrm{d}A_i,R) \tag{3-12}$$

其中 $P^{(k)}$ 为经过 k 次反射后没有被吸收的光子集合。

跟踪所有 N 个光子的轨迹，直到跟踪的光子被吸收或者飞行时间超过了仿真规定的某个时间。

(3) 得到单位冲击响应曲线

在跟踪所有 N 个光子之后，可以得到若干贡献参数 C_i^k，定义为

$$C_i^k = \{T_i^k, E_i^k\} = E_i^k \delta(t - T_i^k) \tag{3-13}$$

C_i^k 代表光子发射后经历 k 次反射被吸收或超时，其中第 i 次反射对单位冲击响应的贡献为 C_i^k，T_i^k 表示 C_i^k 发生的时刻，E_i^k 表示对单位冲击响应贡献的能量值。

将时间轴以时间间隔 T_{ts} 等分，分别计算每个时隙上贡献能量的时间平均值 $\tilde{p}_j\,(j=0,1,2,\cdots)$

$$\tilde{p}_j = \frac{1}{T_{ts}} \int_{(j-1)T_{ts}}^{jT_{ts}} \sum_i \sum_k C_i^k(t)\,dt = \frac{1}{T_{ts}} \sum_i \sum_k E_i^k \int_{(j-1)T_{ts}}^{jT_{ts}} \delta(t - T_i^k)\,dt \tag{3-14}$$

将 $\tilde{p}_j$ 乘以 PD 的响应度 μ，将 $(t_j, \mu\tilde{p}_j/N)$ 描绘在一个二维平面上，再以平滑曲线连接，即得到单 LED 单 PD 的室内无线光信道的单位冲击响应曲线，其中 t_j 表示 $\tilde{p}_j$ 发生的时刻。

3. 单位冲击响应的仿真及分析

在 3.1.1 节建立的仿真模型的基础上，对模型中具体参数设置如下。

- 房间尺寸：5 m × 5 m × 3 m。
- 桌子高度：0.85 m。
- LED 的位置：(2.5 m，2.5 m，3 m)。
- 墙壁及天花板的反射系数为 0.8，地板的反射系数为 0.3。
- 其余的仿真参数如表 3-3 所示。

表 3-3 仿真参数

参 数	数 值	参 数	数 值
模数(mode number)	1	追踪光子数	500 000
FOV	85	最大反射次数	10
PD 接收面积/cm²	1	时间分辨率/ns	250

仿真结果如图 3-7 所示。

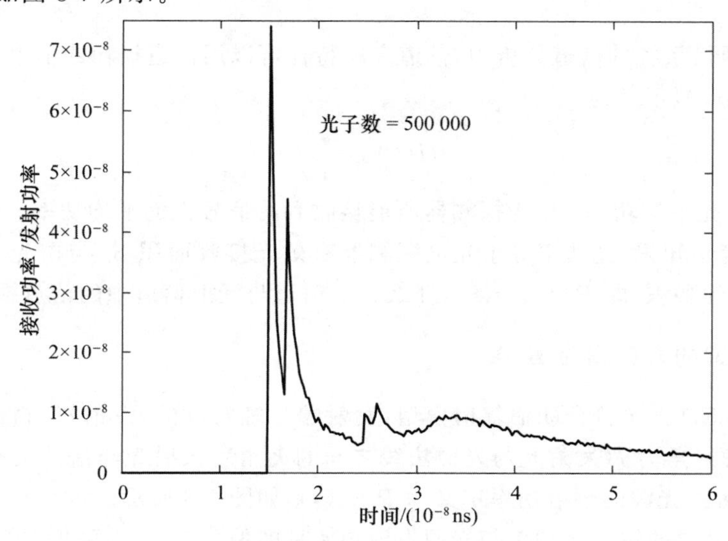

图 3-7 室内 VLC 信道单位冲击响应

从图 3-7 中可以看出 LOS 信道占据信道总功率的一半以上，因此 LOS 信道是决定信道特性的主要因素。而 NLOS 信道则主要表现为延迟、拖尾，是影响信道特性的次要因素。LOS 信道决定的是信道传输的幅度特性，而 NLOS 信道决定的是信道冲激响应宽度、均方根时延扩展等时间特性。一般地，LOS 信道功率越高，NLOS 信道功率越小，信道总的衰减越小。当 NLOS 信道功率在信道总功率中的比例越低时，信道的均方根时延扩展也会越小，对应的多径效应影响也会越小。

此外，由于室内可见光通信系统的几乎所有信道参数（包括信道损耗、均方根时延扩散）的计算都是基于信道本身的冲击响应的。因此，在求得信道的单位冲击响应之后，信道衰减、接收光功率、均方根时延扩散等参数可以根据各自定义方便地计算。

基于本节中标准仿真环境下的单位冲击响应的计算，本书将在接下来的章节中，通过改变仿真环境的参数，计算不同环境下的单位冲击响应，进而仿真研究表征信道特性的不同参数，并通过优化 LED 灯的装配形式来提高 LOS 信道的功率，以及研究如何合理地安排 PD 阵列中 PD 的数量和每个 PD 光敏面法线的指向，使 LOS 信道所在方向总是和某个 PD 光敏面的法线成一个较小的角度，这样可以增强 LOS 信道的功率，提高 LOS 信道功率在总信道功率中的比例，从而减小信道衰减，缓解多径效应，达到优化信道特性的目的。

3.2 信道特性的理论分析与计算

与红外通信系统信道类似，在信道特性的理论分析这一块，本节首先给出信道单位冲击响应的解析表达式，包括 LOS 信道和非 LOS 信道。在求得信道的单位冲击响应之后，信道衰减、均方根时延扩展、接收光功率和信噪比等信道参数可以根据各自定义方便地计算出。

3.2.1 信道损耗的计算

在可见光通信系统的信道分析中，信道衰减特性可以用信道损耗或信道直流增益表征。信道直流增益 $H(0)$ 定义为

$$H(0) = \frac{P_r}{P_t} \tag{3-15}$$

其中，P_t 为发射光平均功率，P_r 为探测器所能接收到的信号光的平均功率。

根据辐射度学知识：光功率等于光电探测器有效光接收面积 S_e 与白光 LED 在探测器上的辐照度 E_v 的乘积，即 $P_r = S_e \cdot E_v$，那么直射信道与漫射信道中的信道损耗计算如下。

1. 直射信道的直流增益 $H(0)$

由于白光 LED 光源符合朗伯辐射模型，发射端是轴对称的，发射机与接收机之间的距离为 D_d，光源发射角为 ϕ（发射光与光源法线之间的夹角），入射光与法线的夹角为 Ψ，发射功率的半角为 $\phi_{1/2}$，光源的辐射功率定义为 $P_t R_0(\phi)$，如图 3-8 所示。

$R_0(\phi)$ 表示光源的辐射光功率随光源发射角 ϕ 呈朗伯分布，辐射强度（单位辐射功率）为

$$I_s(D_d, \phi) = P_t R_0(\Psi) \cdot D_d^{-2} \tag{3-16}$$

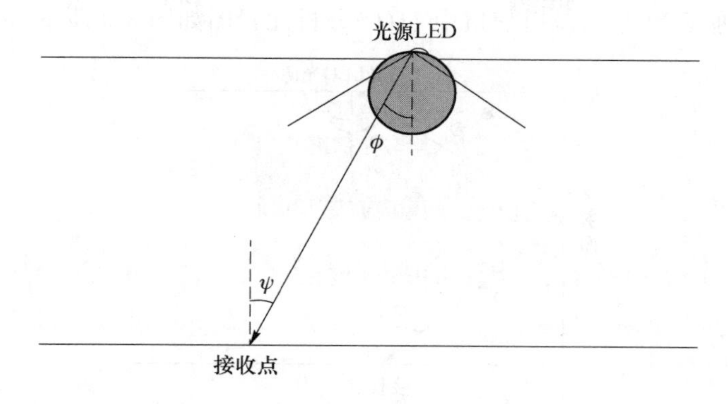

图 3-8　直射信道中 $H(0)$分析配置图

接收光功率为

$$P_{\mathrm{r}} = I_{\mathrm{s}}(D_{\mathrm{d}},\phi)S_{\mathrm{e}}(\Psi) \tag{3-17}$$

其中 $S_{\mathrm{e}}(\Psi)$在朗伯模型中定义为

$$S_{\mathrm{e}}(\Psi) = \begin{cases} AT_{\mathrm{s}}(\Psi)g(\Psi)\cos(\Psi), 0 \leqslant \Psi \leqslant \Psi_{\mathrm{c}} \\ 0, \Psi > \Psi_{\mathrm{c}} \end{cases} \tag{3-18}$$

由以上几个式子可得 LOS 信道的 $H(0)$：

$$H(0) = \frac{I_{\mathrm{s}}(D_{\mathrm{d}},\phi)S_{\mathrm{e}}(\Psi)}{P_{\mathrm{t}}} = \begin{cases} \frac{A}{D_{\mathrm{d}}^2}R_0(\Psi)T_{\mathrm{s}}(\Psi)g(\Psi)\cos(\Psi), 0 \leqslant \Psi \leqslant \Psi_{\mathrm{c}} \\ 0, \Psi > \Psi_{\mathrm{c}} \end{cases} \tag{3-19}$$

设光源的模式参数为 m：

$$m = -\frac{\ln 2}{\ln \cos \phi_{1/2}} \tag{3-20}$$

辐射强度 $R_0(\phi)$定义为

$$R_0(\phi) = \frac{m+1}{2\pi}\cos^m(\phi) \tag{3-21}$$

因此

$$H(0) = \begin{cases} \frac{(m+1)A}{2\pi D_{\mathrm{d}}^2}\cos^m\phi T_{\mathrm{s}}(\Psi)g(\Psi)\cos(\Psi), 0 \leqslant \Psi \leqslant \Psi_{\mathrm{c}} \\ 0, \Psi > \Psi_{\mathrm{c}} \end{cases} \tag{3-22}$$

式中，A 是 PD 的物理面积，D_{d} 是发射机与接收机之间的距离，$T_{\mathrm{s}}(\Psi)$是光滤波器的增益，$g(\Psi)$是光集中器的增益，Ψ_{c} 代表接收端 FOV 的宽度。

光集中器的增益 $g(\Psi)$定义为

$$g(\Psi) = \begin{cases} 0, 0 \geqslant \Psi_{\mathrm{c}} \\ \frac{n^2}{\sin^2 \Psi_{\mathrm{c}}}, 0 \leqslant \Psi \leqslant \Psi_{\mathrm{c}} \end{cases} \tag{3-23}$$

式中，n 代表折射率。

2. 漫射信道的直流增益 H(0)

与直射信道相比，漫射信道中多了光源与反射点之间的夹角 α 以及反射点与接收机之间的夹角β，设反射系数为ρ，漫射信道中$H(0)$分析配置图如图3-9所示。

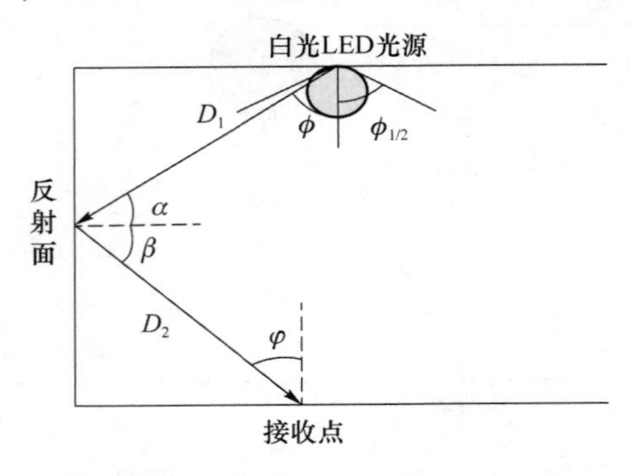

图3-9　漫射信道中$H(0)$分析配置图

根据直射信道的直流增益$H(0)$的推导思路，可以得到经过一次反射后信道的直流增益表达式如下：

$$\mathrm{d}H_{\mathrm{ref}}(0)=\begin{cases}\dfrac{(m+1)A}{2\pi^2 D_1^2 D_2^2}\rho dA_{\mathrm{wall}}\cos^m(\phi)\cos(\alpha)\cos(\beta)T_{\mathrm{s}}(\Psi)g(\Psi)\cos(\Psi),0\leqslant\Psi\leqslant\Psi_{\mathrm{c}}\\0,\Psi>\Psi_{\mathrm{c}}\end{cases}\tag{3-24}$$

式中，A_{wall}表示反射的小区域面积，D_1是光源与反射点之间的距离，D_2是反射点与接收点之间的距离。

同理可以推导出经过多次反射后的信道直流增益。

3.2.2　均方根时延扩展的计算

在可见光通信系统中，由于存在LOS信道和NLOS信道，因此系统的冲激响应会存在拖尾现象。在高速可见光通信系统中，冲激响应的拖尾会导致严重的码间串扰。衡量多径效应及码间串扰的一项重要参数就是均方根时延扩展（root-mean squared delay spread），本节主要采用对时延进行加权平均的方式计算均方根时延扩展，权重为每个反射光子的接收光功率。由笔者课题组提出的Photon Tracing Algorithm（PTA），可以得到每个反射光子的传播时间及接收光功率，那么，RMS时延扩展为

$$\tau_{\mathrm{RMS}}=\sqrt{\overline{\tau^2}-(\overline{\tau})^2}\tag{3-25}$$

其中，平均附加时延定义为

$$\overline{\tau}=\Big(\sum_{i}^{M}P_{\mathrm{d},i}t_{\mathrm{d},i}+\sum_{j}^{N}P_{\mathrm{r},j}t_{\mathrm{r},j}\Big)/P_{\mathrm{T}}\tag{3-26}$$

$$\overline{\tau^2}=\Big(\sum_{i}^{M}P_{\mathrm{d},i}t_{\mathrm{d},i}^2+\sum_{j}^{N}P_{\mathrm{r},j}t_{\mathrm{r},j}^2\Big)/P_{\mathrm{T}}\tag{3-27}$$

式中，$P_{\mathrm{d},i}$是第i条直射路径的接收光功率，$P_{\mathrm{r},j}$是第j条反射路径的接收光功率，$t_{\mathrm{d},i}$是第i条直射路径的传播时间，$t_{\mathrm{r},j}$是第j条反射路径的传播时间。

如果从发射端到接收端有M条直射路径和N条反射路径，那么接收总功率为

$$P_{\mathrm{T}} = \sum_{i}^{M} P_{\mathrm{d},i} + \sum_{j}^{N} P_{\mathrm{r},j} \tag{3-28}$$

3.2.3 接收功率的计算

在可见光通信系统中，接收光功率可以由发射光功率与信道直流增益方便地计算出。

直射信道的接收光功率为

$$P_{\mathrm{r}} = H(0) \cdot P_{\mathrm{t}} \tag{3-29}$$

漫射信道的接收光功率为

$$P_{\mathrm{r}} = \sum_{\mathrm{LEDs}} \left\{ P_{\mathrm{t}} H_{\mathrm{d}}(0) + \int_{\mathrm{walls}} P_{\mathrm{t}} dH_{\mathrm{ref}}(0) \right\} \tag{3-30}$$

3.2.4 接收信噪比误码率的计算

在无线光通信中，信号的编码方式[6]有很多种，在本书研究的室内 VLC 系统信道特性的计算中，采用光强度调制-直接检测技术，光脉冲编码方式为 OOK，即 2-PPM 方式。在 OOK 调制中，系统误码率(BER)和信噪比的关系满足

$$\mathrm{BER} = Q(\sqrt{\mathrm{SNR}}) \tag{3-31}$$

其中函数

$$Q = \frac{1}{\sqrt{2\pi}} \int_{x}^{\infty} \mathrm{e}^{y^2/2} \mathrm{d}y \tag{3-32}$$

称为误差补函数，当 SNR 为 13.6 dB 时，误码率为 10^{-6}。

接收端的信号强度 S 为

$$S = R^2 P_{\mathrm{rSignal}}^2 \tag{3-33}$$

其中，R 为光电探测器的光电转换效率，P_{rSignal} 为接收到的信号光功率，可通过下列计算公式得到：

$$P_{\mathrm{rSignal}} = \int_{0}^{T} \left(\sum_{i=1}^{\mathrm{LEDs}} h_i(t) \otimes X(t) \right) \mathrm{d}t \tag{3-34}$$

接收端的噪声主要由背景光和信号光电流引起的散弹噪声、电路热噪声和码间串扰噪声构成，即

$$N = \sigma_{\mathrm{shot}}^2 + \sigma_{\mathrm{thermal}}^2 + R^2 P_{\mathrm{rISI}}^2 \tag{3-35}$$

上式中，右边第一项是散弹噪声，主要由光电探测器内的电流引起，其大小为

$$\sigma_{\mathrm{shot}}^2 = 2qR(P_{\mathrm{rSignal}} + P_{\mathrm{rISI}})B + 2qI_{\mathrm{bg}} I_2 B \tag{3-36}$$

其中 q 为电子的电荷量，B 为接收机带宽，I_{bg} 为暗电流，噪声带宽因子 $I_2 = 0.562$。

右边第二项是热噪声，由反馈电阻噪声和 FET 沟道噪声组成，其大小为

$$\sigma_{\mathrm{thermal}}^2 = \frac{8\pi k T_{\mathrm{K}}}{G} \eta A I_2 B^2 + \frac{16\pi^2 k T_{\mathrm{K}} \Gamma}{g_{\mathrm{m}}} \eta^2 A^2 I_3 B^3 \tag{3-37}$$

其中，k 为玻尔兹曼常数，T_{K} 为绝对温度值，G 为电路的开环电压增益，η 为光探测器表面上单位面积的等效电容，Γ 为 FET 的噪声因子，g_{m} 为 FET 的跨导，常数 $I_3 = 0.0868$。绝对温度值 $T_{\mathrm{K}} = 295$ K，$G = 10$，$\Gamma = 1.5$，$g_{\mathrm{m}} = 30$ mS，$\eta = 112$ pF/cm^2。

右边最后一项是码间串扰信号所引起的噪声，其中：

$$P_{\mathrm{rISI}}=\int_{T}^{\infty}\Big(\sum_{i=1}^{\mathrm{LEDs}}h_i(t)\otimes X(t)\Big)\mathrm{d}t \tag{3-38}$$

接收机的信噪比即接收到信号的功率和噪声功率的比值，通过以上的分析，接收端的信噪比可以表示为

$$\mathrm{SNR}=\frac{S}{N}=\frac{R^2P_{\mathrm{rSignal}}^2}{\sigma_{\mathrm{shot}}^2+\sigma_{\mathrm{thermal}}^2+R^2P_{\mathrm{rISI}}^2} \tag{3-39}$$

信噪比能够直接反映接收信号的质量。

本章小结

本章主要建立了室内可见光通信信道的数学模型，包括房间、光源、接收端、反射面、LED及PD阵列等6个模型，对这些模型的参数进行了描述。在建立信道模型的基础上，本章对信道的特性进行了理论分析与计算。本章首先给出了以往研究中单位冲击响应的经典算法比较分析，然后确定了采用PTA，接下来详细地描述了此算法的计算步骤，并对其进行了仿真分析，得到LOS信道功率在信道总功率中占据一半以上的比例，从而可以通过提高LOS信道功率来提高信道特性这一重要思想，最后给出了表征信道特性的一些参数的理论分析与计算方法，这些参数包括信道损耗、均方根时延扩展、接收光功率、信噪比等。本章内容属于建立模型与理论分析部分，为下面章节的仿真提供了基础。

本章参考文献

[1] Barry J R, Kahn J M. Simulation of Multipath Impulse Response for Wireless Optical Channels[J]. IEEE J. Sel. Areas in Commun., 1993, 11(3): 367-379.

[2] Carruthers J B. Wireless Infrared Communications [J]. Wiley Encyclopedia of Telecommunication，2002：1-10.

[3] 宫树月. 室内可见光通信信道特性的研究[D]. 北京：北京邮电大学，2015.

[4] 胡国永，陈长缨，陈振强. 白光LED照明光源用作室内无线通信研究[J]. 无线光通信，2006(7)：46-48.

[5] Sivabalan A, John J. Modeling and Simulation of Indoor Optical Wireless Channels: A Review [C]//Conference on Convergent Technologies for Asia-Pacific Region. Bangalore: IEEE, 2003：1082-1085.

[6] 庞志勇，朴大志，邹传云. 光通信中几种调制方式的性能比较[J]. 桂林电子工业学院学报，2002，5(1)：23-26.

第4章 PD阵列的结构对室内VLC信道特性的影响

4.1 接收器的特性及主要参数分析

在可见光通信系统中，接收器中的核心元件是光电探测器(Photo Detector，PD)。这一元件将光辐射信号转换成电信号，即将光功率[W]转变为电流[A]。其基本原理是光电效应——光辐射与物质相互作用，是光能量转换成电能。在室内VLC系统中，光电探测器需满足以下要求：

① 响应度高，光电探测器的光谱响应范围应该覆盖可见光波段，即380～780 nm；

② 光电转换效率高，对一定入射光功率，能够输出尽可能大的光电流；

③ 响应速度快，线性关系良好，频带宽，保证信号转换过程中失真尽量小；

④ 检测过程中的噪声尽可能低，以减少器件本身对信号的影响；

⑤ 体积小，寿命长，工作电压低，可靠性高。

此外，接收器经常采用组装技术来抑制杂散光噪声，从而达到最优检测的目的。一般来讲，接收器除了包含光电探测器，还常常在其前端配有光滤波器、光集中器、光透镜，而其后端与预放大器相连。下面主要对这两方面内容进行简要介绍[1]。

4.1.1 光电探测器主要参数分析

光电探测器起着光电变换的作用，是决定信道特性的重要因素之一，具体来讲：与信道衰减相关的因素有PD有效接收面积、入射角、接收器的视场角FOV(Field Of View)和PD的响应度；与通信速率有关的因素是它的时间常数或带宽。

1. PD有效接收面积

光电探测器接收到的光强与其有效接收面积成正比。在不考虑反射损耗的情况下，PD有效接收面积可以表示为

$$A_{\mathrm{eff}}(\Psi)=\begin{cases}A\cos\Psi,0\leqslant\Psi\leqslant\dfrac{\pi}{2}\\0,\Psi>\dfrac{\pi}{2}\end{cases}\tag{4-1}$$

其中 A 为 PD 物理面积，Ψ 为 PD 表面光信号入射角。

由式(4-1)可知，减小探测器表面光信号入射角和增加探测器物理面积都能增大 PD 有效接收面积，但是单纯靠增加探测器的物理面积来获得信号光的最大接收是不可行的，因为大面积的 PD 价格昂贵，而且面积增大伴随着电容增加，从而限制了 PD 的相应带宽，同时探测器内部噪声也会随之增大。

2. 接收器的视场角 FOV

接收器的视场角 FOV 是 PD 能够接收到光信号的最大范围的两条边缘构成的夹角。由于 FOV 的存在，当入射光与接收机角度超过视场角 FOV 时，光信号无法被光电探测器接收，因此，有一部分光信号可以被人眼接收，起到照明作用，但是却无法进入终端设备。接收器的视场角 FOV 能在很大程度上影响信道的直流增益，从而影响接收光功率。

3. PD 的响应度

PD 探测器的响应度和量子效率都是反映其光电转换效率的参数。响应度定义为光电探测器输出信号与输入光功率之比，也称为灵敏度。响应度分为电压响应度和电流响应度。

电压响应度为 PD 输出电压与入射光功率之比：

$$R_{\mathrm{V}}=\frac{V_{\mathrm{s}}}{P}\quad（单位为 V/W）\tag{4-2}$$

电流响应度为 PD 输出电流与入射光功率之比：

$$R_{\mathrm{I}}=\frac{I_{\mathrm{s}}}{P}\quad（单位为 A/W）\tag{4-3}$$

光电探测器的响应度与入射光波长有着密切的关系，入射光波长不同，响应度也不同，也就是说即便不同波长所入射的光信号功率是相等的，也可能会产生不同的输出电压或电流，因此一般需用到响应度的光谱响应(spectral response)特性，如图 4-1 所示。在光谱响应特性曲线中，峰值响应度下降一半时的波长范围(图 4-1 中的 λ_{S} 到 λ_{L} 的范围)为探测器的光谱响应范围。

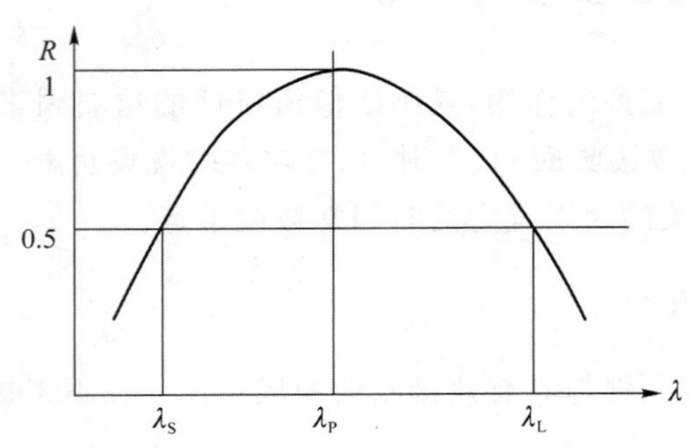

图 4-1　探测器灵敏度的光谱响应

4.1.2 光集中器与滤波器简介

上节中提到增大探测器的面积可以增大接收到的光功率，但是会同时增大噪声，减小探测器带宽，并且很昂贵。通常解决这一矛盾的有效途径是采用光学集中器聚焦透镜来增大探测器的有效面积。光集中器可以显著地提高 PD 有效接收面积，并且可以提供有效的无噪声增益，从而在整体上提高接收器的接收增益。集中器分为两种，一种是成像的，另一种是非成像的。成像光器件更适用于提供点对点通信的链路，成像透镜焦点的迁移是受限的，因为收发端之间是相对固定的；而非成像集中器的结构使其更适用于室内应用的场景，它可以提供更大的视场角、更灵活的对准性以及移动性，并且非成像集中器自身的简易性、低造价，以及宽视场都使其更符合商用系统需求。

理想的非成像光集中器增益为

$$g(\Psi)=\begin{cases}\dfrac{n^2}{\sin^2\Psi_c}, & 0\leqslant\Psi\leqslant\Psi_c\\ 0, & \Psi>\Psi_c\end{cases}\tag{4-4}$$

式中，n 是光集中器的折射率，Ψ 是辐射入射角，Ψ_c 是探测器接收视场角 FOV。

图 4-2 为一种典型的半球形非成像光集中器的结构图。

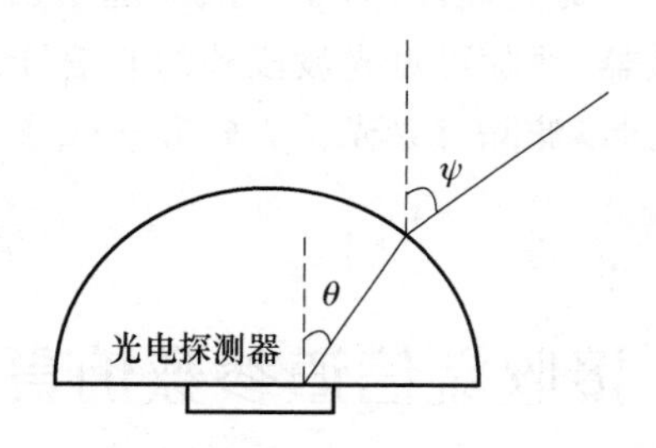

图 4-2 典型的非成像光学聚光器结构

半球形透镜是一种重要的光学集中器，被广泛地应用于商用的红外通信中，对于一个半球形光学透镜，其视角可以达到 90°，因此光线经过后，增益可达到 $g(\Psi)\approx n^2$，各向同性增益，具有较宽的视场角 FOV，因此特别适合漫射链路。

光滤波器可以分为两种。①高通滤波器。由彩色玻璃或塑料片制成，通带特性和入射角没有关系。它和 PD 的响应度曲线共同构成光的带通特性。这种滤波器被广泛地应用于商业系统中。②带通滤波器。由多个薄膜介质组成，依赖于光的干涉原理，通带可以小至 1 nm，通带会随入射角增大向短波长移动。

可以将半球形光集中器与不同类型的滤波器联合使用，配置成如图 4-3 所示的结构。

加入滤波器和光学集中器后的 PD 有效面积为

$$A_{\mathrm{eff}}(\Psi)=\begin{cases}AT_s(\Psi)g(\Psi)\cos\Psi, & 0\leqslant\Psi\leqslant\Psi_c\\ 0, & \Psi>\Psi_c\end{cases}\tag{4-5}$$

式中，A 是探测器的物理面积，Ψ 是入射角，$T_s(\Psi)$ 和 $g(\Psi)$ 分别为光滤波器增益和光集中器增益，Ψ_c 是光学集中器的 FOV，通常 $\Psi_c\leqslant\dfrac{\pi}{2}$。

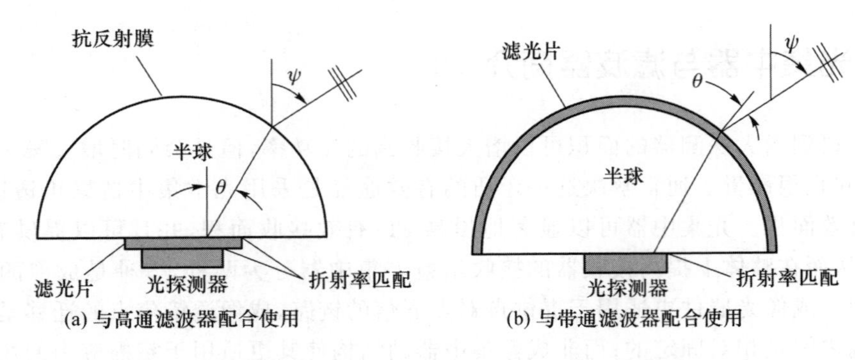

图 4-3　两种配有光集中器和光滤波器的 PD 探测器结构示意图

由式(4-5)可知，在直射链路中，可以通过增加光集中器的折射率或减小接收机视角来增加探测器的有效接收面积，从而提高信道增益，并且对于直射链路，减小接收机视角还可以有效地减少背景光对链路的干扰。而对于漫射链路，可以通过增加探测器面积和提高光学透镜增益来提高信道增益。考虑漫射链路的设计特点，在漫射链路中应该通过增加光学聚光器折射率而不是减小接收机视角来提高信道增益。基于白光 LED 的可见光通信系统性能受背景光等影响较大，因此接收器可以考虑采用带通滤波器等光学滤波器减弱背景光噪声的影响。如果背景光处于可见光波段，对于一般的基于白光 LED 的可见光通信系统，可以考虑采用常规的带通滤波器，滤除可见光波段外的非信号光；而如果背景光处于可见光波段内，试图采用可见光滤波器以滤除背景光噪声的方法往往不是最有效的，因此这时需要考虑采用其他方法。

4.2　接收端信道参数仿真分析

4.2.1　PD 参数对信道特性的影响分析

本节主要研究 PD 的接收视场角对信道特性的影响情况，为下节设计 PD 阵列结构打下基础。

图 4-4 给出了标准房间模型中 FOV 对直射链路路径损耗的影响情况。

此处仿真房间参数及光源位置、个数均为前面提到的标准仿真环境，且 PD 有效面积为 150 mm^2。从路径损耗的分布对比图可以看出，当 FOV 取 35°时，室内出现了多处通信盲区，4 个 LED 灯的间隙处以及房间的四周角落里路径损耗均为无限大，无法通信；当 FOV 取 45°时，情况有所好转，间隙处可以进行通信，但房间四周角落里依然存在盲区；当 FOV 取 55°时，可以看出，盲区基本不存在，但是从路径损耗分布的不均匀程度来看，4 个 LED 灯的间隙处及房间四周角落里路径损耗还是比较大，通信时可能会出现速率不均匀的情况，这种时候通信质量也不是很好；但当 FOV 取到 60°时，路径损耗在整个房间内的分布区域内基本趋于均匀，只是房间 4 个角落损耗大一些，但总体上并不影响通信；而随着 FOV 变大

(如 70°),路径损耗分布更加均匀,其值有所减小,但不太明显,考虑大 FOV 的 PD 在实现上存在的困难,因此,60°是一个折中的取值角度。

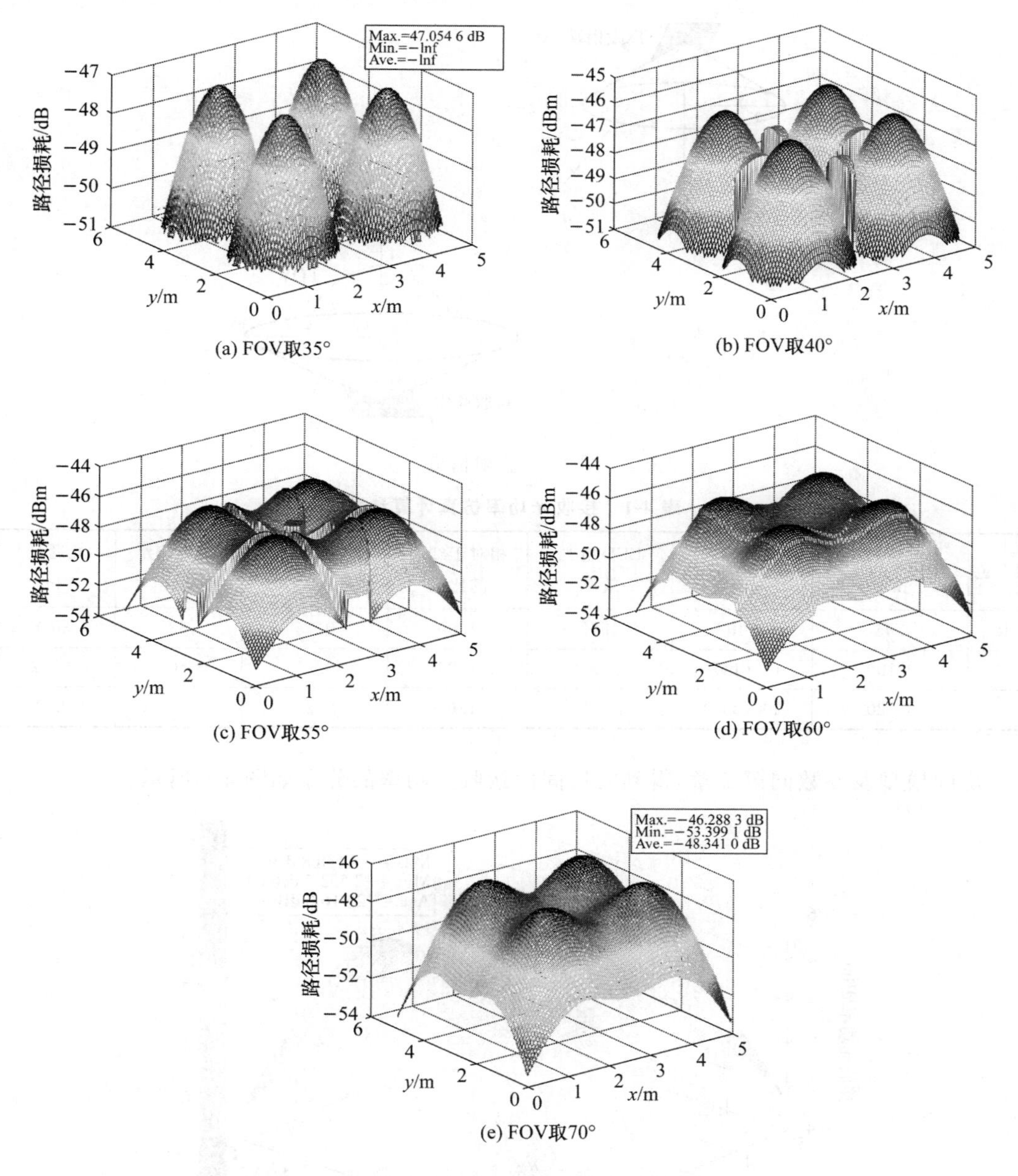

图 4-4 PD 的接收视场角 FOV 对信道衰减特性的影响

4.2.2 接收光功率分布情况

接收光功率是表征信道接收端特征的一个重要参数,根据 2.2.3 节中直射信道接收光功率的计算公式,采用标准直射信道模型,如图 4-5 所示。

发射端采用三色 LED,三色白光 LED 辐射功率角度为 110°(半功率角为 55°),接收端

PD有效面积为150 mm^2,PD接收视场角FOV为60°,光滤波器增益不变,PD的折射指数也不变。其余仿真参数如表4-1所示。

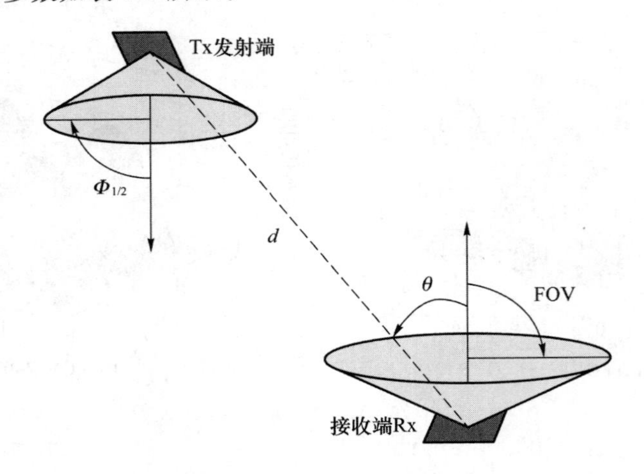

图4-5 直射信道

表4-1 接收光功率仿真计算参数

颜色	电功率/mW	光功率/mW	LED电光效率	相对于红色的比例	PD灵敏度/(A·W^{-1})	光电流/mA	光通量/lm
R	735	140	19%	1.00	0.45	63	30.6
G	1 190	114(147)	9.58%	1.29	0.35	40	67.2
B	1 120	200(334)	17.86%	1.67	0.27	54	8.2

房间模型及参数同第2章,得到的房间内接收光功率的分布如图4-6所示。

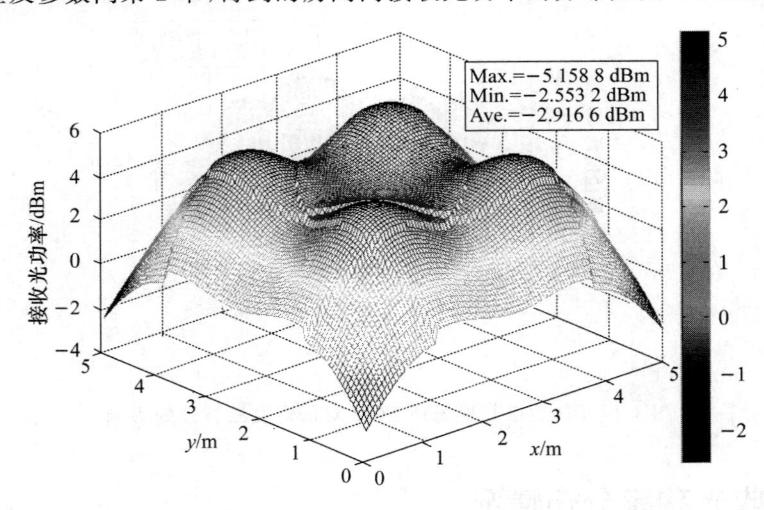

图4-6 接收光功率分布图

由接收光功率的分布图可以看出,房间内桌面上各处的接收光功率分布于−2.55 dBm到5.16 dBm之间,4个灯的正下方接收光功率比较大,而房间角落处相对较小,这里只对直射信道的接收光功率进行了仿真,旨在分析接收端信道参数的情况,为下节中PD阵列的设计奠定基础,在后面讨论 NLOS 信道的章节中会给出考虑漫射信道时的功率分布情况。

4.3 分集接收的 PD 阵列结构及其对信道特性的影响

4.3.1 分集接收原理简介

在无线射频通信中,信号的衰落比较严重,而通信系统往往受到发射功率、天线增益以及天线高度的限制,因此,为了减小信号接收时衰落的影响,一般采用分集接收的方法。而在室内 VLC 系统中,考虑光源的分布情况,以及为了减小信道衰减,我们也采用分集接收技术并配以合适的分集信号合并处理方法来实现对 VLC 系统中出现的多径效应的抑制。分集接收技术的基本原理就是把信号分散传输,而在接收端采用适当的装置把这些相互统计独立的信号分别进行接收,然后再将得到的相互独立的信号进行合并处理(选择与组合)[2]。此技术在 VLC 系统中可以有效地克服码间干扰、障碍物遮挡及多径效应等问题,由于无线信号在空间、频率、极化、场分量、角度等方面都具有相应的统计独立的特性,因此产生了不同的几种分集途径,下面对常用的几个分集方式进行简要介绍。

① 空间分集:主要依据信号的空间独立性,需要在两个不同的地方完成同一信号的接收,前提是这两处的距离需要满足一定的条件。

② 频率分集:主要依据位于不同频段上的信号经信道后在统计上不相关的特性,采用两个或两个以上具有一定频率间隔的频率同时发送和接收同一信息,然后进行合成或选择,条件是至少需要两个发射机和两个独立的接收机进行接收。

③ 极化分集:是空间分集的特殊情况,主要依据极化方向相互正交的天线发出的信号是不相关的,在收发端分别装上垂直极化天线和水平极化天线,就可以得到两路不相关的信号,条件是需要发送端和接收端用两个位置很近但为不同极化的天线分别发送和接收信号。

④ 时间分集:将同一信号在不同时间区间多次重发,只要各次发送时间间隔足够大,则在接收端就会每隔一个时间间隙收到一次信号,然后再对多次收到的信号进行合并处理,前提是重复发送的时间间隔需要满足一定的条件。

⑤ 角度分集:主要是使无线信号通过几个不同的路径进行传输,在接收端以相对互异的角度进行接收,然后再对这些信号进行合并处理,条件是接收端需要配置多个具有方向性的接收天线来完成这些方向互异的信号的接收。

系统接收端在接收到多个分集信号后,需要对其进行合并处理。通常采用线性合并方式把 M 个独立信号进行合并输出,处理方式是将每个信号加权求和[3]。假设 M 个输入信号分别为 $r_1(t), r_2(t), \cdots, r_M(t)$,则输出信号 $r(t)$ 为

$$r(t) = a_1 r_1(t) + a_2 r_2(t) + \cdots + a_M r_M(t) = \sum_{k=1}^{M} a_k r_k(t) \tag{4-6}$$

其中 a_k 为第 k 个信号的加权系数。

根据加权系数的不同,构成不同的合并方式,常用的合并方式有以下 3 种[4]。

① 选择式合并(SC):在接收端检测所有分集支路的信噪比值,并对它们进行比较,把最大值的那路选为有用信号输出。这种方式实现简单,但是由于未被选择的支路信号功率被浪费,因此抗衰落能力较差。

② 等增益合并(EGC):每个分集支路乘以相同的加权系数进行合并。这种方式比较适用于支路的信噪比相似时。

③ 最大比值合并(MRC):根据接收到的每一条支路中的信号电压与噪声功率比的大小来确定每一支路的加权系数,信噪比大的支路加权系数大,信噪比小的支路加权系数相对小一些,当每一支路的信噪比大小都相似时,则加权系数仅与信号的振幅有关。

4.3.2 室内 VLC 中光角度分集接收模型

在室内可见光通信系统中,由于白光 LED 光源的光波长远小于光电检测器的尺寸,为了兼顾照明和通信的效果,需要对光源的布局和个数进行配置(如第 3 章内容),所以不同位置的光源发出的光信号以不同的角度进入接收端 PD 中,这种现象类似于角度分集。因此,本节考虑利用光角度分集技术来提升信道的特性。具体来说,光角度分集技术对 VLC 系统及信道的改善主要体现在 3 个方面。

1. 减小信道衰减

为了减小信道衰减,PD 的有效接收面积要大,但如前文所述,大有效面积 PD 的价格很高,而且一般伴随着大电容,从而降低了 PD 的带宽,并且探测器内部噪声也会随之增大。解决这一矛盾的方法有 3 种:一是在小面积 PD 上加装透镜,增大 PD 的有效面积,如 4.1.2 节所述;二是给小面积 PD 加上倒装反射镜,如 Outstanding Technology 公司的 LEC-RP0508,如图 4-7 所示,是一款性能卓越的新型产品,目前受到出口管制;三是采用多个高速小面积的 PD 进行角分集接收。本节专注于用市场上可购的器件设计高速 VLC 系统,因此选用第三种方法。这种方法应用灵活,在增加等效光敏面面积的同时保留了高带宽特性。

(a) 感光器外观

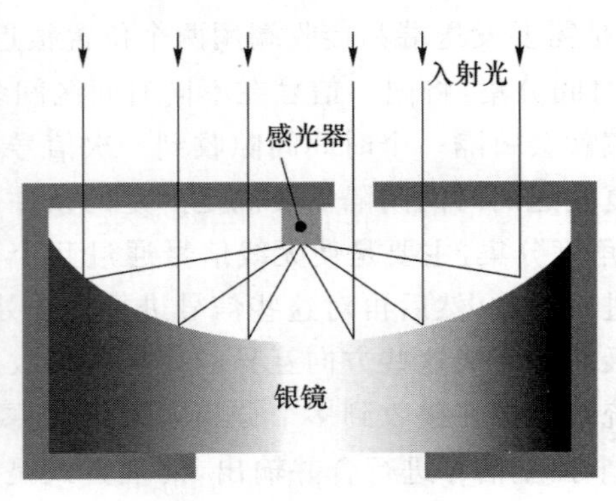

(b) 感光器概念

图 4-7 LEC-RP0508

2. 克服障碍物对直射链路的影响

在室内进行通信时,不可避免地要有人员的走动或物体产生的阴影,因此必然会导致直射链路被遮挡,从而影响直射链路的性能。而采用了角分集接收的通信系统,接收机在不同方向上分别放置了探测器,因此,只要不是整个接收机被遮住,通信就不会中断。如果设计合理的话,能在很大程度上减少障碍物遮挡对直射链路的影响。

3. 克服多径效应引起的码间干扰

角分集接收技术通过信号相加或选择最强的信号进行通信,因此增加了信号的强度,抑制了噪声的影响,从而提高了信噪比,能够有效地克服不同路径引起的码间干扰,对改善通信质量起到了很好的作用。在室内 VLC 中,角分集接收技术的基本思想是:将事实上单一的信道划分为多个概念上相互独立的细小信道,每个细小信道都配置一个小面积 PD 检测器,通过对比各个小面积 PD 检测器的检测值,选取其中最大值经过放大处理,从而得到最终的接收值[5]。角分集接收的结构如图 4-8 所示。

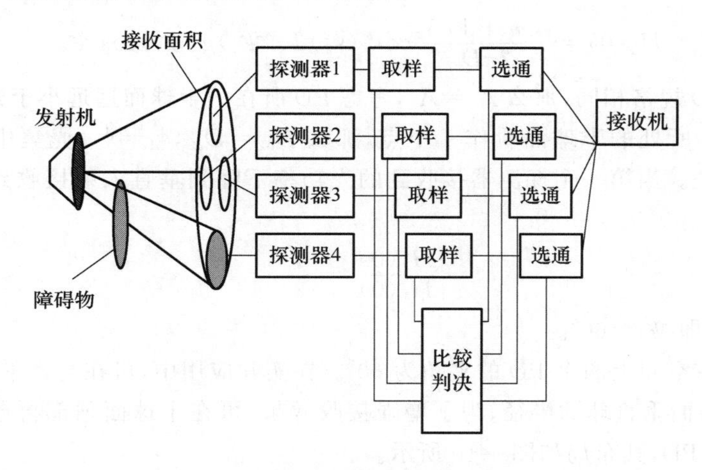

图 4-8 角分集接收的结构

下面简要建立室内 VLC 信道接收端分集接收模型。

在接收机的不同方向上安装多个光电探测器,并将多个探测器均匀分布在一个半球面上,形成 PD 阵列,这样既可以增强接收效果,又可以减少探测器的个数。其分布示意图如图 4-9 所示。

这些 PD 按照一定的朝向组成阵列,每个 PD 都接收来自不同方向的光线,然后再对每个 PD 接收到的光信号进行处理。本书将研究如何合理地安排 PD 阵列中 PD 的数量和每个 PD 光敏面法线的指向,使 LOS 信道所在方向总是和某个 PD 光敏面的法线成一个较小的角度,这样可以增强 LOS 信道的功率,提高 LOS 信道功率在总信道功率中的比例,从而减小信道衰减,缓解多径效应。关于 PD 的个数和布局,需要根据具体环境和通信性能的要求来决定,在下一节讨论。选取的第一个探测器接收到的光功率下降到垂直入射接收到的光功率的一半时,放置第二个探测器,下面计算这两个探测器的夹角。

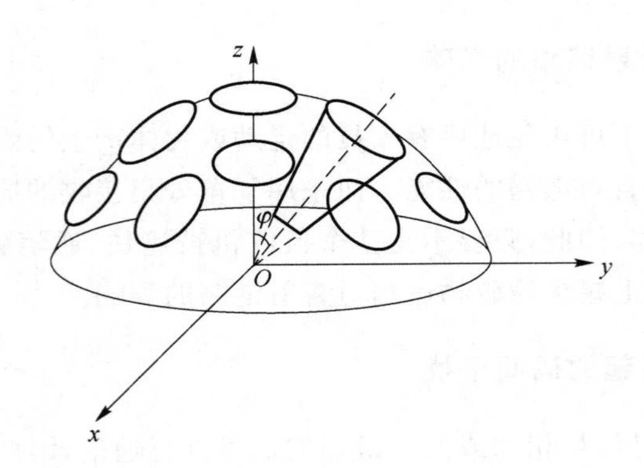

图 4-9　PD 在半球体上的分布示意图

当垂直入射时，$\Psi=0$，第一个 PD 的直流增益为

$$H_1(0)=\frac{(m+1)A_1}{2\pi D_{d1}}\cos^m(\phi_1)T_s(\Psi_1)g(\Psi_1) \tag{4-7}$$

对于同一个光源，光源的半功率角相同，即 m 值相同，则第二个 PD 的直流增益为

$$H_2(0)=\frac{(m+1)A_2}{2\pi D_{d2}}\cos^m(\phi_2)T_s(\Psi_2)g(\Psi_2)\cos\Psi_2 \tag{4-8}$$

设选取的 PD 规格相同，那么 $A_1=A_2$，考虑 PD 所在的半球面远远小于光源到接收机的距离，因此把 PD 所处的半球面看作一个点，那么 $D_{d1}=D_{d2}$，$\phi_1=\phi_2$，光集中器的增益只与 PD 的视场角有关。当第一个探测器接收到的光功率下降到垂直入射接收到的光功率的一半时，由

$$\frac{H_2(0)}{H_1(0)}=\frac{1}{2} \tag{4-9}$$

得 $\cos\Psi_2=1/2$，即 $\Psi_2=60°$。

由此可知，在空间上两个 PD 的夹角为 60°。在实际应用中，可在与水平面成 60°处放置 3 个 PD，PD 的表面垂直球面半径，为了增强接收效果，可在半球面顶部再放置一个 PD，这样一共需要 4 个 PD，其布局如图 4-10 所示。

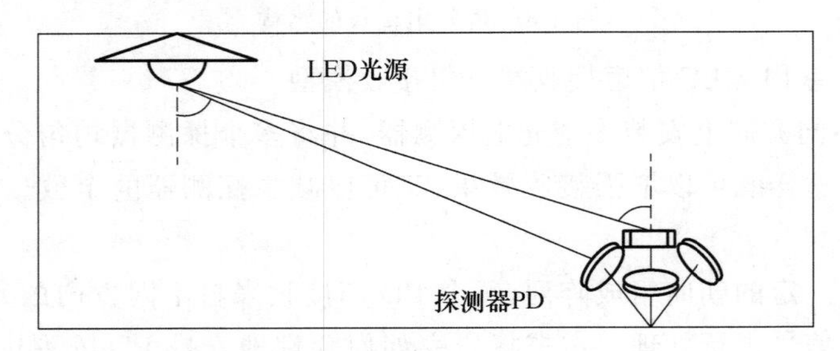

图 4-10　分集接收模型示意图

建立好分集接收模型后，就要对传输信道进行选择。对于低速率的白光 LED 通信系统，直接将多个 PD 接收到的信号进行简单相加后送入接收机进行滤波解调和解码等处理。由于相加后的信号功率大于单个 PD 接收到的信号，并且不用考虑码间串扰的影响，因此这样处理后信号的信噪比会有很大的提高，同时也可以延长通信传输距离。当白光 LED 通信系统的传输速率高于 100 Mbit/s 时，系统存在码间串扰的影响，故而不能将信号直接相加

处理，必须设计专门的控制电路对信道进行自动判决和选择，自动判决和选择控制电路的原理如图 4-8 所示。每个 PD 接收到不同方向的光信号后，对各个 PD 接收到的信号进行实时采集取样，将取样信号的峰峰值转换成直流电压信号，但是信号比较微弱，因此还要对直流电压信号进行等倍数放大，最后将放大后的信号送入电压比较器并进行比较，选取电压值最大的信道，即要进行通信传输的信道，比较器同时输出控制信号将相应的信道选通。控制电路之所以可以对信道进行自动判决和选择，是因为它对信号进行实时采集取样和比较。

4.3.3 分集接收的 PD 阵列结构设计及其对信道的影响分析

由上节中建立的模型可知，为了增强接收效果，本节采用在半球面上放置 4 个 PD 结构的接收端的方法，其具体的布局如图 4-11 所示。在这种布局中，第一个 PD 的光敏面法线方向竖直向上，另外 3 个 PD 的法线和竖直向上方向成 60°角并且平分半圆圆周，围在第一个 PD 的周围。其结构示意图如图 4-11 所示。

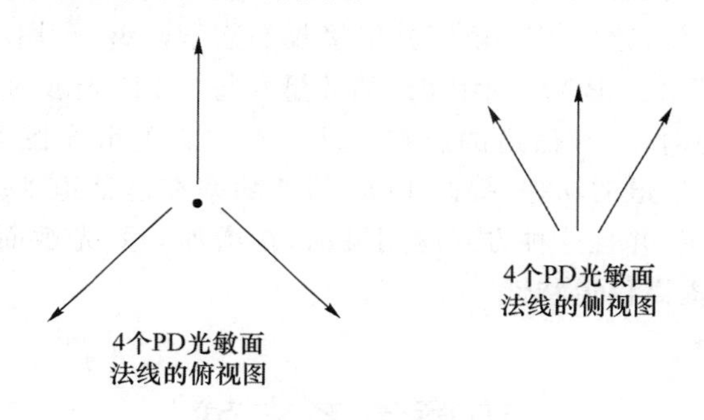

图 4-11 PD 阵列结构示意图

为了与前文进行对比，发射端依然采用 4 个 LED 灯的标准模型及相关仿真参数，每个 PD 的 FOV 都取 30°，那么采用分集接收的 PD 阵列结构时信道损耗分布情况如图 4-12 所示。

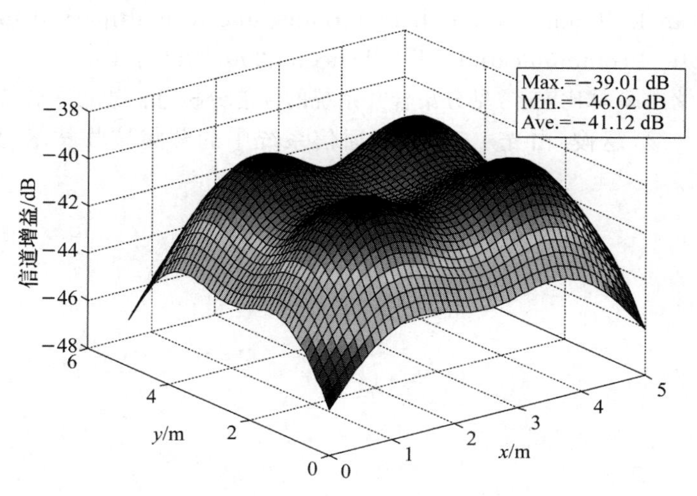

图 4-12 采用分集接收的 PD 阵列结构时信道损耗分布情况

与图 4-4(d)相比，两次仿真的仿真环境及参数均相同，且 PD 的物理面积均为 150 mm²，图 4-4(d)是没有采用角分集接收技术时得到的路径损耗，其接收端只有一个 PD，FOV 为 60°，路径损耗介于 46.29～53.40dB 之间，而此处接收端采用 4 个 PD，每个 PD 的接收视场角 FOV 都为 30°，路径损耗介于 39.01～46.02 dB 之间。不难看出，采用分集接收的路径损耗比未采用的约小 7 dB，在一定程度上对信道特性起到了改善的作用。

本章小结

本章对室内 VLC 系统的接收端特性及接收端 PD 阵列对信道特性的影响进行了详细的介绍。接收端的核心部分是光电探测器，本章对光电探测器的主要参数进行了分析，并仿真研究了这些参数对信道特性的影响情况，此外，针对接收端光集中器和光滤波器对 PD 探测器有效接收面积的影响进行了简要介绍。考虑接收端 PD 对信道的影响情况，本章提出了光角度分集接收的思想，建立了光角度分集接收的数学模型，采用小 FOV 的高速 PD，设计了 PD 阵列的结构，研究了 PD 阵列中 PD 的数量和每个 PD 光敏面法线的指向，并仿真分析了这种 PD 阵列结构对 LOS 信道的影响。从信道损耗的分布图可以看出，这样设计的 PD 阵列可以增强 LOS 信道的功率，提高 LOS 信道功率在总信道功率中的比例，从而减小信道衰减，缓解多径效应，并且这种方式应用灵活，在增加等效光敏面面积的同时保留了高带宽特性，能够有效地提高信道特性。

本章参考文献

[1] 宫树月. 室内可见光通信信道特性的研究[D]. 北京：北京邮电大学，2015.

[2] 李阳. 移动通信的分布式天线分集技术研究[D]. 郑州：解放军信息工程大学，2007.

[3] Moon S, Pan J. Transmission characteristics due to multipath dispersion of indoor wireless optical communication [J]. Tencon, 2007 (11): 1-4.

[4] 彭国祥，庄铭杰，林比宏. 常见分集合并系统的性能分析[J]. 电讯技术，2005(6)：10-13.

[5] 于志刚，陈长缨，赵俊. 白光 LED 照明通信系统中的分集接收技术[J]. 光通信技术，2008，32(9)：52-54.

第5章

可见光通信系统中调制解调的研究

可见光通信是一种新型的无线通信技术，该技术使用可见光作为信息载体来实现信息传输。而调制器与解调器作为传输系统的重要组成部分，其性能的优劣将直接影响传输系统的整体性能表现。本章将对可见光通信系统架构和调制解调技术原理进行介绍。

实时 VLC 系统示意图如图 5-1 所示。基于 LED 的可见光通信系统（VLC）包括完整的发射机（Tx）、无线光信道以及接收机（Rx）。

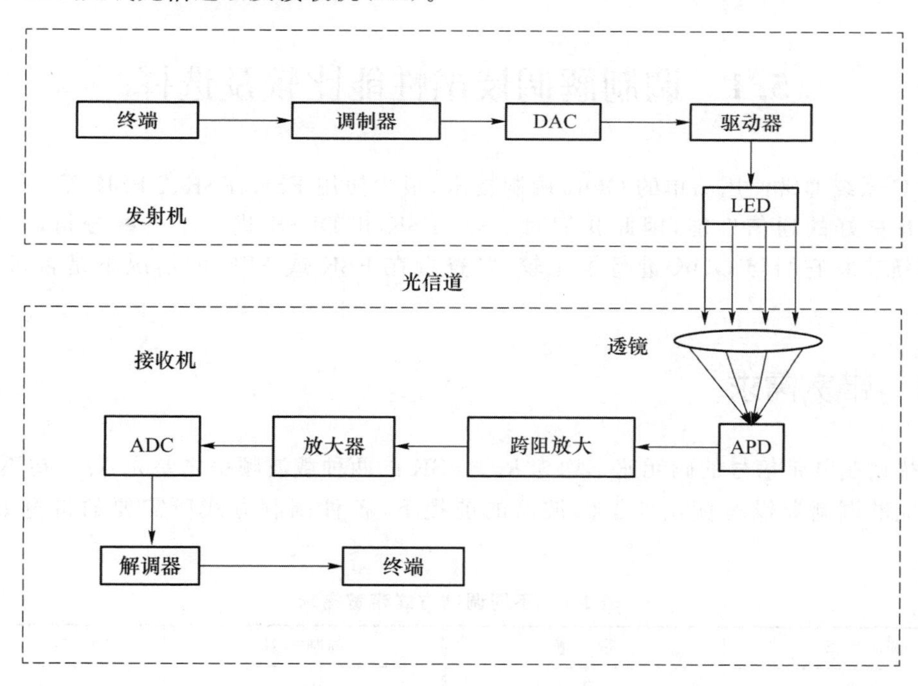

图 5-1　实时 VLC 系统示意图

发射机由信源产生终端、调制器、数模转换单元、LED 驱动电路以及 LED 模块组成。其中信源产生终端的作用是产生待调制的基带信号，调制器的作用是实现对基带信号的调制，LED 驱动电路用来完成调制器输出信号对可见光的调制，LED 模块的作用是作为信号发射装置发送已调光信号[1]。

可见光信道采用无障碍物遮挡的直射式视距（Line Of Sight，LOS）链接传输。这种形式的传播可以更好地保证接收端接收信号的质量，提升系统整体性能[2]。

接收机主要包括光学透镜、光电探测器APD模块、跨阻放大器模块、后置放大器模块、解调器模块以及终端接收模块，其中透镜、光电探测器以及跨阻放大器的组合构成了接收机的光学接收系统。光电探测器的作用是光电变换。跨阻放大器的作用是完成电流到电压的转换，后置放大器的作用是对电压信号进行放大，电端解调器的作用是解调出原始的基带信号。

在提高可见光通信系统的传输效率方面，光学器件和调制解调技术的性能改善是两个主要的突破方向，其中调制解调技术起到了十分重要的作用。

目前在长距离实时VLC系统的研究中，一般在光发射器部分采用简单的强度调制和直接检测技术(IM/DD)，同时配合电端采用简单的调制技术，如开关键控(OOK)等技术。OOK由于系统结构简单，实现起来较为容易，因此OOK调制技术在可见光通信系统中得到了较为广泛的应用。我们也可以通过变换二进制振幅键控(ASK)的基带信号编码得到OOK信号，这种变换即将2ASK中的双极性不归零码转换为单极性归零码。众所周知，在二进制数字调制技术中不论是幅移键控，还是频移键控(FSK)抑或是相移键控(PSK)都一样具有系统结构简单、实现容易且抗噪声性能优于OOK的特点，但是却较少出现在可见光通信系统中，因此本章我们将对比这几种调制方式的性能，最后选择一种最优的调制技术用于可见光通信系统。

5.1 调制解调技术性能比较及选择

VLC系统通常使用简单的OOK调制技术，很少使用FSK、PSK、DPSK等。但是由于它们具有更好的通信性能，因此我们对FSK、PSK和DPSK进行了一些分析，并在视线VLC系统中将它们与OOK进行了比较，以查看在FSK或PSK的情况下是否可以提高性能。

5.1.1 带宽需求

若待调制基带信号的码元速率均为R_b。FSK的两种载波频率之差为Δf。在不同调制技术对应的调制器没有使用匹配滤波器的前提下，各种调制方式所需要的带宽如表5-1所示。

表5-1 不同调制方式带宽需求

调制类型	带　宽	调制类型	带　宽
OOK	R_b	PSK	$2R_b$
ASK	$2R_b$	DPSK	$2R_b$
FSK	$\Delta f+2R_b$		

对比这几种二进制调制解调方式对应的带宽需求，可知在同样的码元速率下，OOK调制方式的带宽需求最小，ASK、PSK与DPSK的带宽需求均为OOK需求的两倍，而FSK的带宽需求最大。

5.1.2 误码率

设本节所讨论的几种调制方案中所用到的载波是幅度为 A_c 的正弦波，如果用 E_b 表示每比特基带信号的能量，那么容易求得 $E_b=\frac{1}{2}A_c^2T_b$，假设无线光传输系统的信道噪声为加性高斯白噪声，另外假设无线光通信系统接收机具有很宽的带宽，其双边功率密度为 $N_0/2$，此时不同调制类型在使用相干解调时对应的信噪比(SNR)-误码率(BER)关系如表 5-2 所示。

表 5-2 不同调制方式 SNR-BER 的关系

调制类型	误码率	调制类型	误码率
OOK	$\frac{1}{2}\mathrm{erfc}\left(\sqrt{\frac{E_b}{2N_0}}\right)$	PSK	$\frac{1}{2}\mathrm{erfc}\left(\sqrt{\frac{E_b}{N_0}}\right)$
ASK	$\frac{1}{2}\mathrm{erfc}\left(\sqrt{\frac{E_b}{4N_0}}\right)$	DPSK	$\frac{1}{2}\mathrm{erfc}\left(-\frac{E_b}{N_0}\right)$
FSK	$\frac{1}{2}\mathrm{erfc}\left(\sqrt{\frac{E_b}{2N_0}}\right)$	QPSK	$\frac{1}{2}\mathrm{erfc}\left(\sqrt{\frac{E_b}{2N_0}}\right)$

我们根据表 5-2 所示的关系，利用 MATLAB 绘制出不同调制方式对应的 SNR-BER 关系图，其结果如图 5-2 所示。

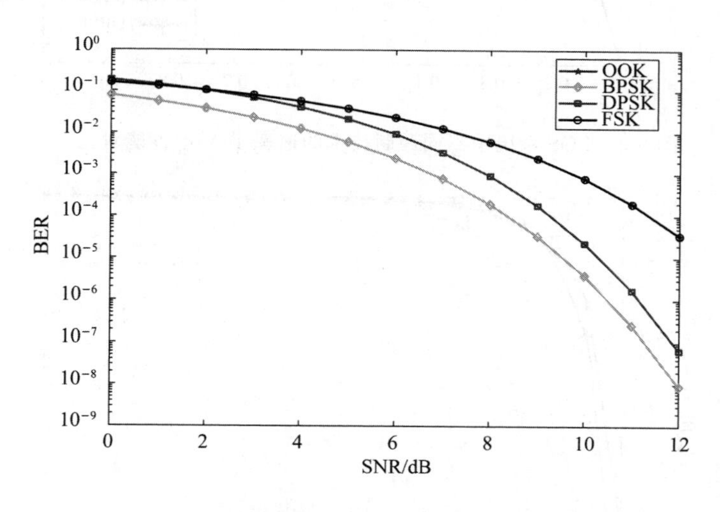

图 5-2 不同调制方式 SNR-BER 性能对比

对比这几种二进制调制解调方式，可知在得到相同误码率的情况下 BPSK 所需信噪比最小，其次是 DPSK、OOK 和 FSK。

DPSK 与 BPSK 相比，虽然在同等信噪比的情况下误码率略大于 BPSK(在实现 1E－6 的误码率下，DPSK 所需信噪比比 PSK 多出约 0.6 dB)，但是由于引入了差分编码，消除了在相干解调过程中载波恢复的 π 相位差的影响。

本章参考文献[3]中作者建立了通用的 LOS VLC 仿真系统，分别对比了数据速率、传输距离和入射角等因素对使用上述几种二进制数字调制技术的可见光通信系统解调性能的不同影响。图 5-3 说明，在固定入射角为 0°的情况下，当以数据速率为自变量、以误码率为因变量时的结果显示，随着数据速率的增高，DPSK 的性能最好，当数据速率较低时，ASK 优于 FSK。当数据速率较高时，FSK 最终会超过 ASK。图 5-4 说明，在固定入射角为 0°的情况下，当以传输距离为自变量、以误码率为因变量时的结果显示，随着距离的增加，所有调制方法的误码率都显著增加。但是在固定距离上，DPSK 的误码率性能是最好的，FSK 比 ASK 更好。图 5-5 说明，在固定传输距离为 100 m 的情况下，当以入射角为自变量（入射角的变化范围为 0°～60°。）、以误码率为因变量时的结果显示，当入射角度大于 15°时，所有调制方法都无法正确解调，当入射角度小于 30°时，在这 3 种方法中，DPSK 表现最佳。

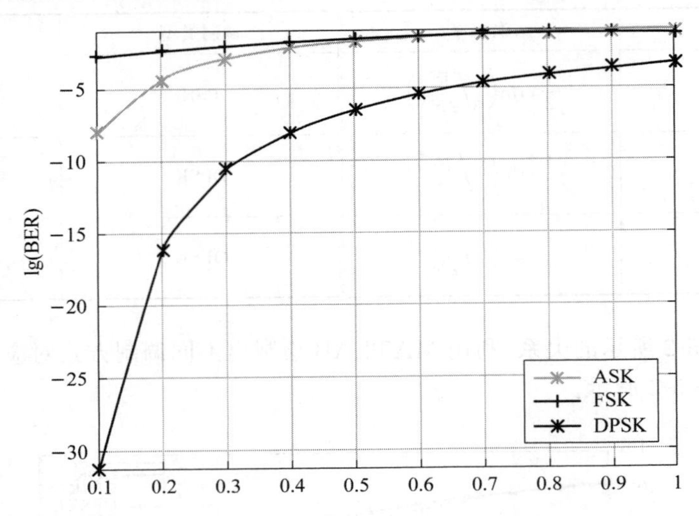

图 5-3　LOS 系统中不同调制技术的速率-误码率性能对比[3]

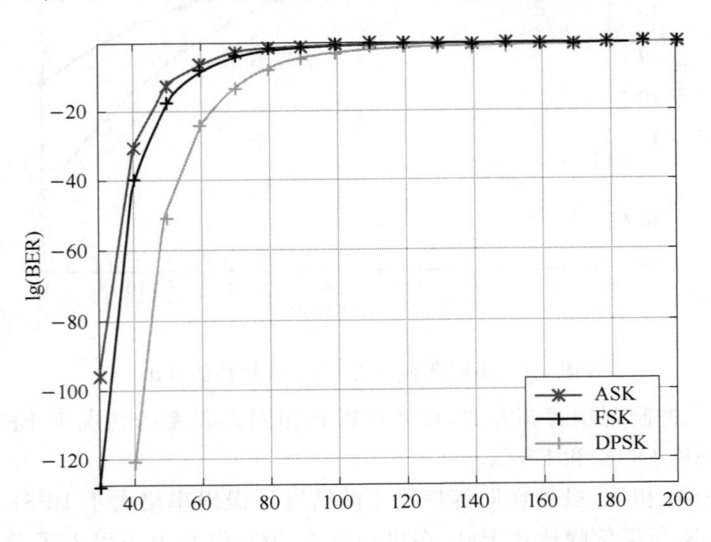

图 5-4　LOS 系统中不同调制技术的传输距离-误码率性能对比[3]

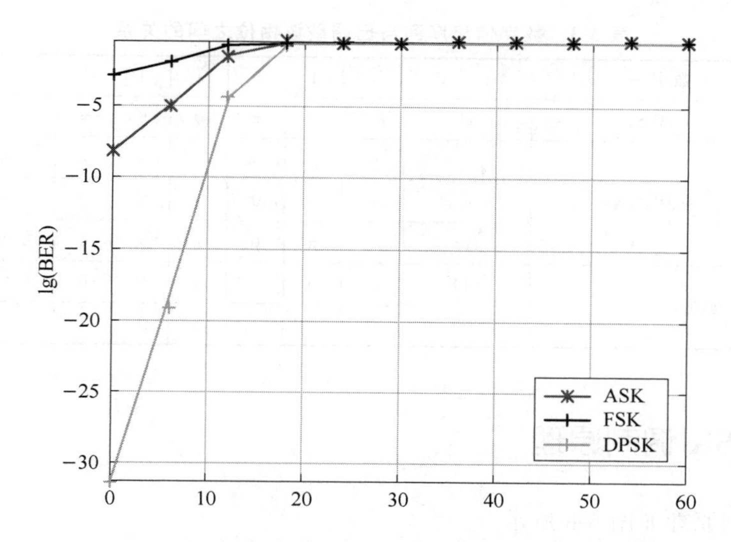

图 5-5 LOS 系统中不同调制技术的接收机入射角-误码率性能对比[3]

本章参考文献[4]说明了当光束在大气中传输时,大气湍流现象会直接导致“光强闪烁”现象,使得接收器收到强度起伏而非强度稳定的光信号,这是降低系统误码率以及整个通信系统稳定性的关键因素。相比 ASK 和 FSK,相位调制 PSK 可以有效地抑制湍流影响[4]。

综上,我们分别对比使用 ASK、FSK 和 DPSK 技术的可见光通信系统在不同信噪比、数据速率、传输距离和入射角下的系统性能,得出使用 DPSK 技术的可见光通信系统始终表现最佳的结论。所以本节最终选取 DPSK 调制解调方案应用到要设计的可见光通信系统中。

采用多进制调制是在相同的硬件条件下提高系统通信速率的有效方法,相应的多进制调制技术采用 DQPSK 方案。

选定了 DPSK 和 DQPSK 方案后,在下节中有必要阐述其原理。

5.2 DPSK 调制解调技术原理

差分相移键控(DPSK)是利用当前码元对应位置的载波初相位与前一时刻码元对应位置的载波初相位的变化来表示信息的。

当以二进制形式发送“ 1”时,当前符号相较于前一符号发生 π 相位的变化;当以二进制形式发送“0”时,当前符号相较于前一符号相位不变。当然,相反也是可能的,此时“0”标志着相位变化,“1”标志着相位不变。

为对比 PSK 在差分编码前后数字序列与已调载波信号之间的相位关系,在 2DPSK 模式下,我们将 $\Delta\varphi$ 定义为当前符号的初始相位与前一符号的初始相位之差,并设定 $\Delta\varphi=\pi$ 对应于“1”码,$\Delta\varphi=0$ 对应于“0”码;在 BPSK 模式下,我们将 φ 定义为当前符号的初始相位,并设定 $\varphi=\pi$ 对应于“0”码,$\varphi=0$ 对应于“1”码。此时数字信息序列与已调载波相位之间的关系如表 5-3 所示。

表 5-3 数字信息序列与已调载波相位之间的关系

数字码元 $\{a_k\}$				1	0	1	1	0	0	1	0	1
已调载波码元相位	2PSK	φ		0	π	0	0	π	π	0	π	0
	2DPSK	φ	0	π	π	0	π	π	π	0	0	π
		φ	π	0	0	π	0	0	0	π	π	0
		$\Delta\varphi$		π	0	π	π	0	0	π	0	π
相对码 $\{b_k\}$		(1)	1	0	0	1	0	0	0	1	1	0
		(2)	0	1	1	0	1	1	1	0	0	1

5.2.1 DPSK 调制原理

DPSK 调制原理如图 5-6 所示。

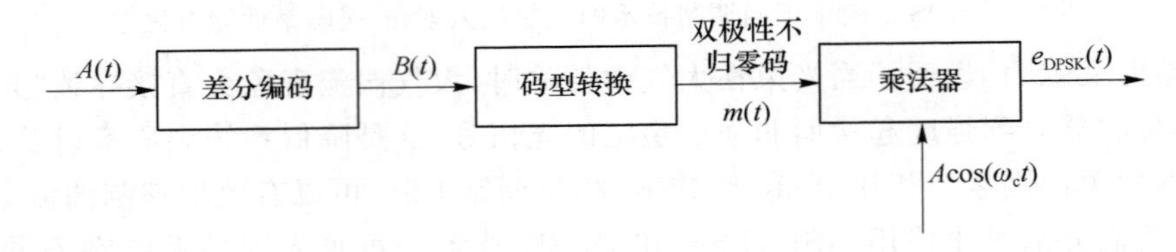

图 5-6 DPSK 调制原理

首先对单极性码元序列 $A(t)$ 进行差分编码，得到码元序列 $B(t)$，此时的差分结果仍然是以单极性归零码的编码形式存在的。需要利用码型转换器将 $B(t)$ 转换为 DPSK 调制所需要的双极性不归零码编码形式，即图 5-6 中的 $m(t)$，此时的信号才是最终的待调制基带信号。DPSK 信号的时域表达式为

$$e_{\mathrm{DPSK}}(t)=m(t)A\cos(\omega_c t)=\left[\sum\nolimits_n a_n g(t-nT_s)\right]A\cos(\omega_c t) \tag{5-1}$$

式中，$m(t)$ 为 DPSK 调制中的待调制基带信号，A 为载波幅度，$\omega_c t$ 为载波角频率，α_n 取值为 $+1$ 或 -1，函数 $g(t)$ 是持续时间为 T_s 的一个门函数，它在 $0\sim T_s$ 时间段内等于 1，其余时间等于 0。当 α_n 取 1 的概率为 P，α_n 取 -1 的概率为 $1-\mathrm{P}$ 时，α_n 可表示为

$$a_n=\begin{cases}1, \text{概率为 } P\\ -1, \text{概率为 } 1-P\end{cases} \tag{5-2}$$

于是在一个码元周期内的 DPSK 信号可以记为

$$e_{\mathrm{DPSK}}(t)=\begin{cases}A\cos(\omega_c t), \text{当 } a_n=1 \text{ 时}\\ -A\cos(\omega_c t), \text{当 } a_n=-1 \text{ 时}\end{cases} \tag{5-3}$$

DBPSK 具有和 BPSK 相同的功率谱密度，DPSK 的功率谱密度为

$$P_{\mathrm{E}}(f)=\frac{1}{4}[P_s(f-f_c)+P_s(f+f_c)] \tag{5-4}$$

5.2.2 DPSK 相干解调原理

DPSK 相干解调原理如图 5-7 所示。

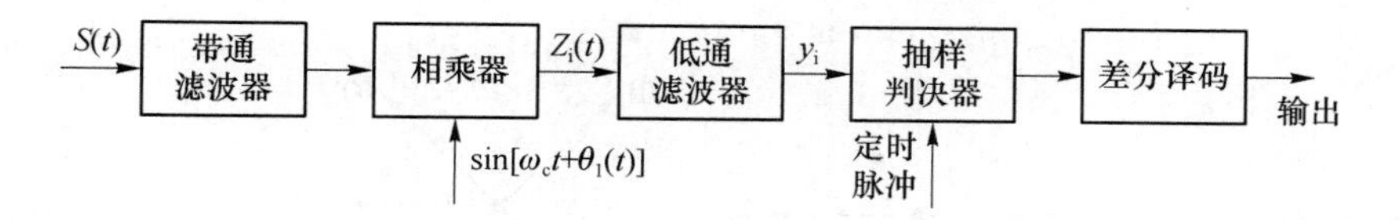

图 5-7 DPSK 相干解调原理

在不考虑信道噪声的情况下，设接收端收到的 DPSK 信号为

$$s(t)=m(t)\sin[\omega_c t+\theta_1(t)]=\left[\sum\nolimits_n a_n g(t-nT_s)\right]\sin[\omega_c t+\theta_1(t)] \tag{5-5}$$

式中，$m(t)$为 DPSK 调制中的待调制信号，α_n 取值为$+1$或-1，函数 $g(t)$是一个门函数，它在 $0\sim T_s$ 的时间段内等于 1，其余时间等于 0。$\omega_c t$ 为输入载波角频率，$\theta_1(t)$为当前已调载波的初相位。带通滤波器通过过滤掉有效频带之外的噪声来提高接收信号的信噪比。图 5-7 中输入相乘器的本振信号是载波同步后得到的与接收信号同频同相的信号：

$$\sin[\omega_c t+\theta_1(t)] \tag{5-6}$$

相乘器的输出为

$$Z_i(t)=K_p\left[\sum\nolimits_n a_n g(t-nT_s)\right]\sin[\omega_c t+\theta_1(t)]\sin[\omega_c t+\theta_1(t)] \tag{5-7}$$

其中 K_p 为乘法器的增益系数。

低通滤波器的输出信号为

$$y_i=\frac{1}{2}K_p K_{LF}\left[\sum\nolimits_n a_n g(t-nT_s)\right] \tag{5-8}$$

其中 K_{LF}为低通滤波器的增益系数。

将低通滤波器输出的去调基带信号经过定时获得原始差分编码信号，再对差分编码信号进行一级差分译码，就可以恢复原始码元信号。

5.3 QPSK 调制解调技术原理

正交相移键控(QPSK)使用载波的相位表示信息。QPSK 中的“Q”代表这种相移键控有 4 种相位，每种相位都可以表示两比特信息。设构成双比特符号的第一个信息比特表示为 a 码，而后一个信息比特表示为 b 码。为了降低传输带来的误差，双比特符号(a，b)通常根据格雷码(Gray code)格式排列。表 5-4 显示了两位符号(a，b)和载波相位之间的对应关系。矢量图 5-8(a)显示了 A 模式下的编码映射，矢量图 5-8(b)显示了 B 模式编码映射。

表 5-4 双比特绝对码序列与已调载波相位的关系

双比特码元		载波相位(φ_k)	
a	b	A 方式	B 方式
0	0	0°	45°
0	1	90°	135°
1	1	180°	225°
1	0	270°	315°

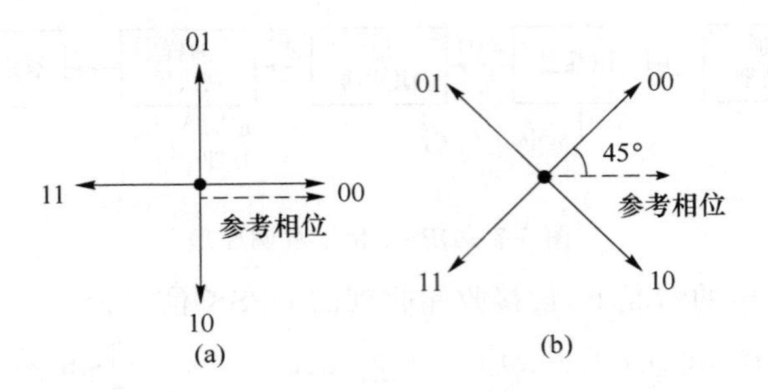

图 5-8　矢量图

5.3.1　QPSK 调制原理

QPSK 调制原理如图 5-9 所示。

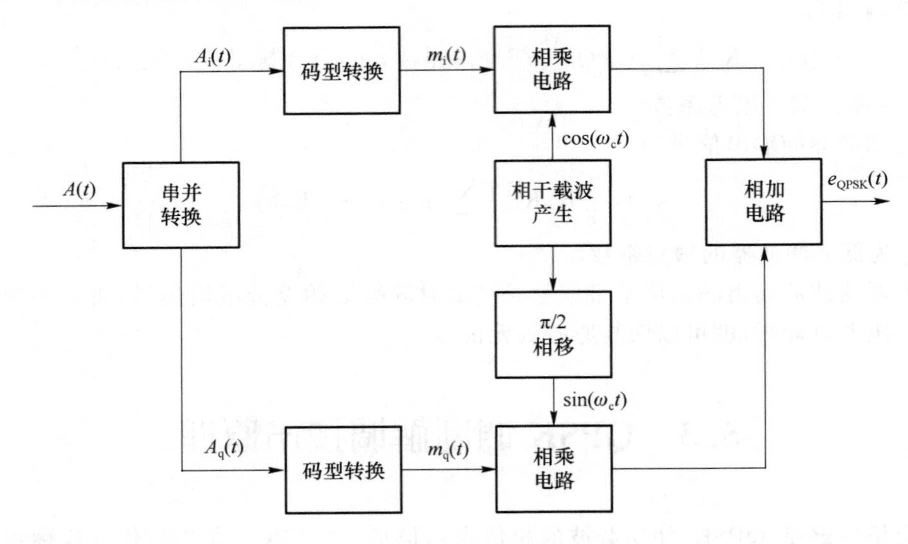

图 5-9　QPSK 调制原理

在 QPSK 的调制流程中，首先将单极性归零码编码的绝对码序列 $A(t)$ 进行串并转换，得到 $A_i(t)$ 和 $A_q(t)$，假设码元序列 $A(t)$ 的速率为 R_b，那么串并转换后的信号 $A_i(t)$ 和 $A_q(t)$ 的码元速率均为 $R_b/2$。此时同相支路和正交支路信号的码元宽度为 $2T_s$，T_s 为串并转换前码元序列 $A(t)$ 的码元宽度。仍需要利用码型转换器将同相/正交支路的单极性归零码转换为 QPSK 调制所需要的双极性不归零码。在对正交支路进行相移键控调制时，要保证所采用的载波与同相支路中的载波正交。最后将两路信号叠加即得到 QPSK 已调信号。QPSK 信号的时域表达式为

$$
\begin{aligned}
e_{\mathrm{QPSK}}(t) &= m_i(t)\cos(\omega_c t) + m_q(t)\sin(\omega_c t) \\
&= \left[\sum\nolimits_n a_n g(t-nT_s)\right]\cos(\omega_c t) + \left[\sum\nolimits_n b_n g(t-nT_s)\right]\sin(\omega_c t) \qquad (5\text{-}9)
\end{aligned}
$$

式中，$m_i(t)$ 和 $m_q(t)$ 分别为 QPSK 调制中同相支路和正交支路的待调制信号，它们的编码形式是双极性不归零码；α_n 和 b_n 的取值均为 $+1$ 或 -1；函数 $g(t)$ 是一个门函数，它在 $0\sim T_s$ 的

时间段内等于 1,其余时间等于 0;$\omega_c t$ 为输入载波角频率。

5.3.2 QPSK 相干解调原理

QPSK 相干解调原理如图 5-10 所示。

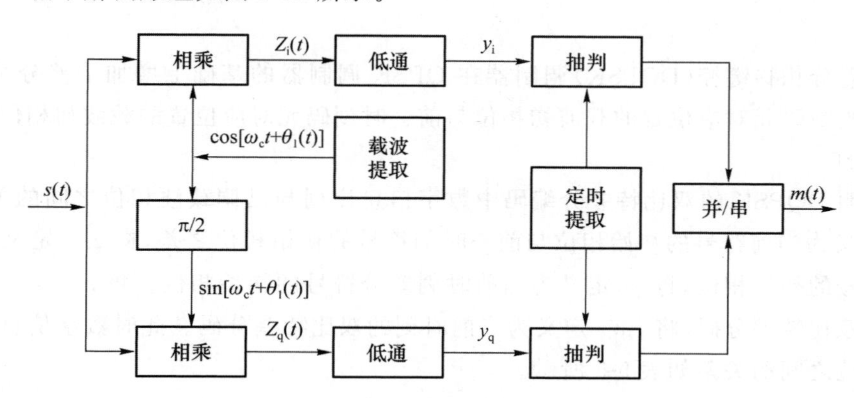

图 5-10 QPSK 相干解调原理

在不考虑信道噪声的情况下,设接收端收到的 QPSK 信号为

$$\begin{aligned} s(t) &= m_i(t)\cos[\omega_c t+\theta_1(t)]+m_q(t)\sin[\omega_c t+\theta_1(t)] \\ &= \left[\sum\nolimits_n a_n g(t-nT_s)\right]\cos[\omega_c t+\theta_1(t)]+\left[\sum\nolimits_n b_n g(t-nT_s)\right]\sin[\omega_c t+\theta_1(t)] \end{aligned} \tag{5-10}$$

式中,$m_i(t)$和 $m_q(t)$分别为 QPSK 调制中同相支路和正交支路的待调制信号;α_n 和 b_n 的取值均为+1 或−1;函数 $g(t)$是一个门函数,它在 $0\sim T_s$ 的时间段内等于 1,其余时间等于 0;$\omega_c t$ 为输入载波角频率;$\theta_1(t)$为当前已调载波的初相位。图 5-10 中分别输入同相支路与正交支路相乘器的本振信号是载波同步后得到的同相/正交载波:

$$\cos[\omega_c t+\theta_1(t)] \tag{5-11}$$

$$\sin[\omega_c t+\theta_1(t)] \tag{5-12}$$

同相/正交支路相乘器的输出分别为

$$Z_i(t) = K_p\left[\sum\nolimits_n a_n g(t-nT_s)\right]\cos[\omega_c t+\theta_1(t)]\sin[\omega_c t+\theta_1(t)] \tag{5-13}$$

$$Z_q(t) = K_p\left[\sum\nolimits_n b_n g(t-nT_s)\right]\sin[\omega_c t+\theta_1(t)]\sin[\omega_c t+\theta_1(t)] \tag{5-14}$$

其中 K_p 为同相/正交支路相乘器的增益系数。

同相/正交支路低通滤波器的输出信号分别为

$$y_i = \frac{1}{2}K_p K_{LF}\left[\sum\nolimits_n a_n g(t-nT_s)\right] \tag{5-15}$$

$$y_q = \frac{1}{2}K_p K_{LF}\left[\sum\nolimits_n b_n g(t-nT_s)\right] \tag{5-16}$$

其中 K_{LF} 为同相/正交支路低通滤波器的增益系数。

将低通滤波器输出的去调基带信号经过定时获得支路原始码元信号。将两路恢复的码元信号进行并串转换最终得到恢复的原始码元数据。

由于 QPSK 解调器在载波同步阶段会出现相位模糊的问题，因此在 QPSK 的基础上引入了差分编码，并提出了 DQPSK 的调制方案。

5.4 DQPSK 调制解调技术原理

四相差分相移键控（DQPSK）调制器在 QPSK 调制器的基础上增加了差分编码器，前者是通过当前码元对应位置的载波初相位与前一时刻码元对应位置的载波初相位的变化来表示信息的。

为说明 DQPSK 的双比特差分编码中数字信息序列与已调载波相位之间的关系，我们将 $\Delta\varphi_k$ 定义为当前符号的初始相位与前一时刻符号的初始相位之差，将 φ_{k-1} 定义为前一时刻差分符号的初始相位，将 φ_k 定义为当前时刻差分符号的初始相位。将 $c_{k-1}d_{k-1}$ 定义为前一时刻的双比特差分码，将 $c_k d_k$ 定义为当前时刻的双比特差分码。此时数字信息序列与已调载波相位之间的关系如表 5-5 所示。

表 5-5　双比特绝对码序列与已调载波相位的关系

当前输入双比特及所要求的相对变化			前一码元的状态			当前应出现的码元状态		
a_k	b_k	$\Delta\varphi_k$	c_{k-1}	d_{k-1}	φ_{k-1}	c_k	d_k	φ_k
0	0	0°	0	0	0°	0	0	0°
			1	0	90°	1	0	90°
			1	1	180°	1	1	180°
			0	1	270°	0	1	270°
1	0	90°	0	0	0°	1	0	90°
			1	0	90°	1	1	180°
			1	1	180°	0	1	270°
			0	1	270°	0	0	0°
1	1	180°	0	0	0°	1	1	180°
			1	0	90°	0	1	270°
			1	1	180°	0	0	0°
			0	1	270°	1	0	90°
0	1	270°	0	0	0°	0	1	270°
			1	0	90°	0	0	0°
			1	1	180°	1	0	90°
			0	1	270°	1	1	180°

5.4.1 DQPSK 调制原理

DQPSK 调制原理如图 5-11 所示。

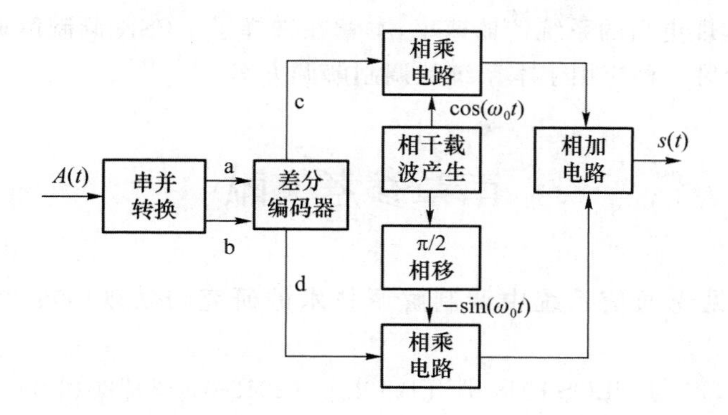

图 5-11 DQPSK 调制原理

DQPSK 调制与 QPSK 调制唯一不同的是 DQPSK 在串并转换后将双比特绝对码转换成了双比特相对码。其余调制流程与 QPSK 一致。

5.4.2 DQPSK 相干解调原理

DQPSK 相干解调原理如图 5-12 所示。

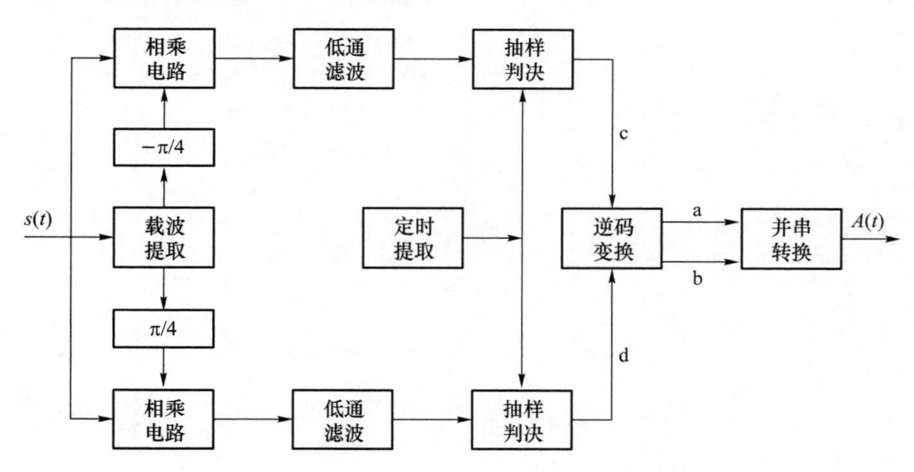

图 5-12 DQPSK 相干解调原理

DQPSK 解调与 QPSK 解调唯一不同的是 DQPSK 解调在恢复双比特差分码后，需要完成双比特差分解码才能恢复原始码元数据。其余解调流程与 QPSK 解调一致。

本章小结

本章首先详细地介绍了可见光通信系统的结构组成，重点从理论层面介绍了目前在可见光通信中常用的几种调制解调技术（OOK、ASK、FSK、PSK），通过对这几种调制解调技术的性能进行分析，选择了 DPSK 技术作为本章研究实现的调制解调方案。同时为了在相同的硬件条件下实现更高的系统传输速率，本章在选择了 DPSK 调制解调方案的基础上选择了 DQPSK 作为另一种应用于本系统的调制解调方案。

本章参考文献

[1] 张雨风. 可见光通信系统中调制解调技术的研究与实现[D]. 北京：北京邮电大学，2020.

[2] 百度文库. LOS 与 NLOS 的区别[EB/OL]. (2012-04-13)[2016-03-15]. wenku. baidu. com/view/6949f1dc50e2524de5187e58. html.

[3] Yao Chengji，Guo Zengqiao，Long Gongtao，et al. Performance Comparison among ASK，FSK and DPSK in Visible Light Communication [C] //Proceedings of the 9th International Symposium on Photonics and Optoelectronic. Xi'an，2016：151-155.

[4] 金陈潇帅. 室外远距离可见光通信系统中调制解调的设计与实现[D]. 北京：北京邮电大学，2018.

第6章 OFDM可见光通信系统

6.1 OFDM原理

因为正交频分复用(orthogonal frequency division multiplexing, OFDM)技术能有效地减弱无线光在传输过程中产生的多径衰落,并且具有频谱利用率高、实现简单等优点,所以其在可见光传输系统中得到了广泛的应用[1-4]。可见光通信系统架构如图6-1所示。

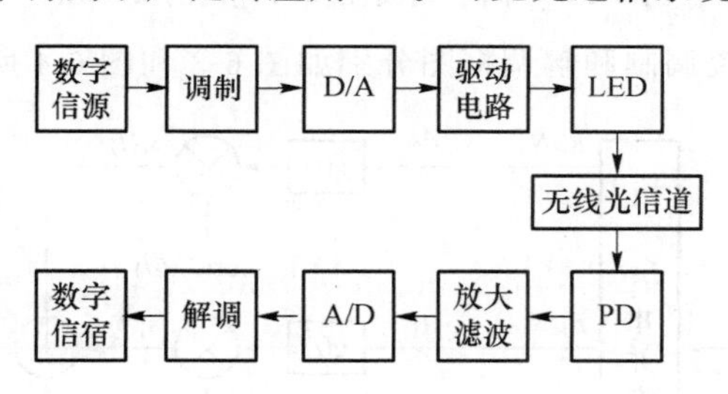

图6-1 可见光通信系统架构

如图6-1所示,首先,数字信源产生1或0的数字信号流,数字信号经过调制模块和数模转换(D/A)之后,变为模拟信号,模拟信号通过驱动电路被加载到LED上。模拟信号的快速大小变化表现为LED发光强弱的快速变化,完成电光转换过程。在接收端,光电二极管(Photo Diode, PD)接收发送端产生的光,并将光功率转换为模拟电信号,完成光电转换过程。模拟信号经过放大滤波与模数变换(A/D),成为数字信号,最后经解调模块传递给信宿[1]。

OFDM在系统中,作为调制和解调技术,其基本思想是将高速数据流分为若干并行低速数据流,每一路低速数据流分别被调制到中心频率不同的子载波。因为经过特殊设计,所以子载波之间相互正交,可同时传输低速数据流且不存在相互无干扰,以提升数据传输速率和频谱利用率;由于并行传输的是低速数据流,即信号的符号速率较低,每个子载波信号带宽足够小,所以其在频率选择信道中经历类似平坦衰落。

假设R_b为输入信息数据流的符号速率,则符号间隔$T_b=1/R_b$。假设系统子载波数为N,则有子信息数据流的符号速率为R_b/N,且符号间隔为$T_s=NT_b$。设各个子载波的中心

频率为 $f_c+n\Delta f$，其中 f_c 是系统的中心频率，在满足 $\Delta f=1/T_s$ 的条件下，各个子载波之间具备正交性[6]，如图 6-2 所示。子载波是 Δf 的高频谐波，其乘积在$[0,T_s]$时间内积分为 0，即相互正交。

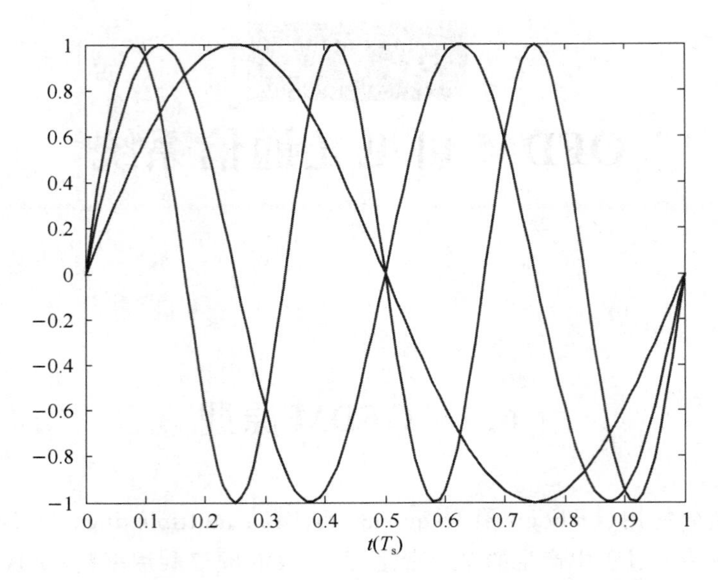

图 6-2　不同子载波在$[0,T_s]$内的波形图

OFDM 模拟电路系统调制和解调框图分别如图 6-3 和图 6-4 所示。

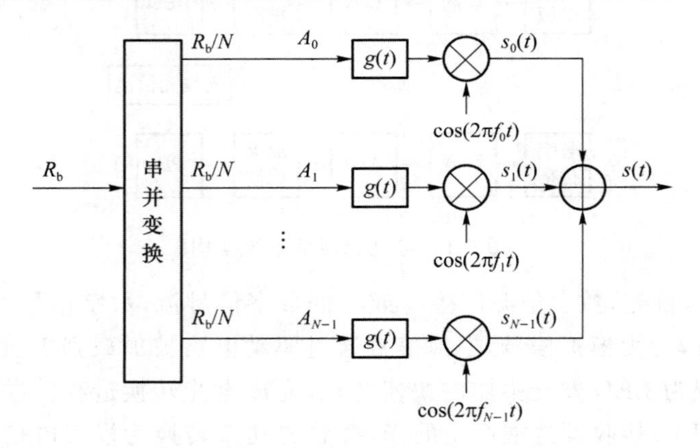

图 6-3　OFDM 模拟电路系统调制框图[6]

由图 6-3 和图 6-4 可知，用模拟电路实现的 OFDM 系统较为复杂，成本高，不利于和现代计算机相结合。近年来，随着数字信号处理技术和微电子技术的高速发展，OFDM 多载波调制方式能够以低成本的数字电路来实现，推动其实用化进程。现在，OFDM 技术广泛应用于各种无线和有线通信系统中，包括无线局域网（LAN）、数字视频广播（DVB）系统等。数字通信系统中 OFDM 调制解调框架分别如图 6-5 和图 6-6 所示。

调制过程如图 6-5 所示，R_b 经过星座映射之后，被分为 N 个子复数信息流，分别为 $A_0 \sim A_{N-1}$；之后，对 $A_0 \sim A_{N-1}$ 进行 N 点逆傅里叶变换（IFFT），将其结果进行并串变换，得到基带信号 $a(t)$，之后将其实部与虚部信号分开，对中心载波 f_c 进行 IQ 调制，得到 OFDM

信号，即 $s(t)$。

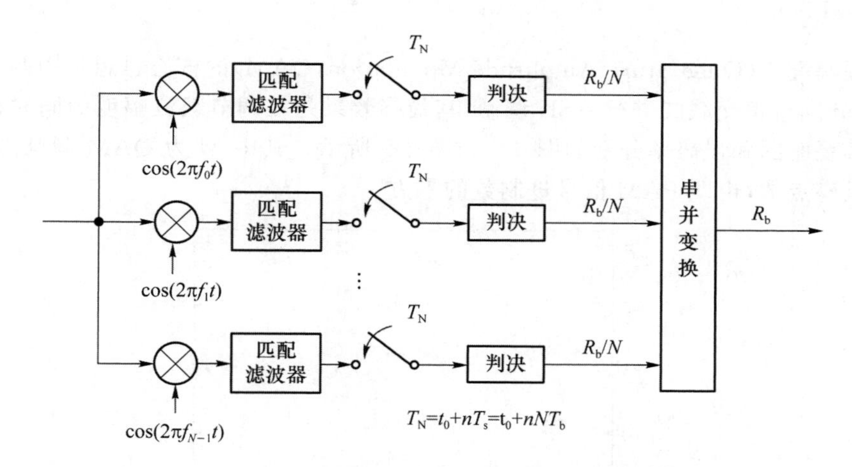

图 6-4 OFDM 模拟电路系统解调框图[6]

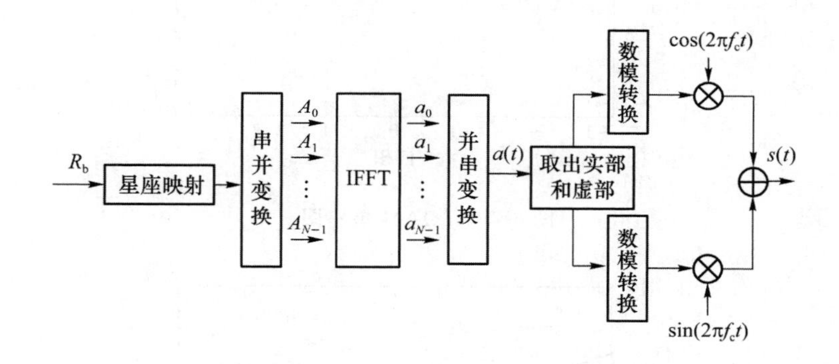

图 6-5 数字通信系统中 OFDM 调制框架图

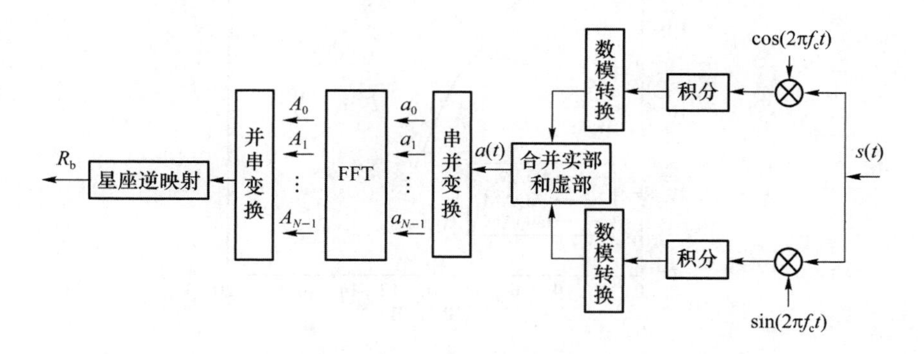

图 6-6 数字通信系统中 OFDM 解调框架图

解调过程如图 6-6 所示，$s(t)$先后经过 IQ 解调、FFT 变化和星座逆映射，得到信息数据流 R_b。其具体流程与调制步骤相反，不再赘述。

由上可知，调制过程大致分两步：数字基带信号 $a(t)$的产生和其对中心载波的 IQ 调制。其中 $a(t)$的产生有两个关键步骤：星座映射与 IFFT。下面对此关键步骤进行阐述。

1. QAM

正交振幅键控(Quadrature Amplitude Modulation,QAM)的核心思想是用两路多进制PAM信号分别对正交载波进行ASK调制,其最终效果是在调节载波幅度的同时也控制载波相位。其星座图和误码率分别如图6-7和图6-8所示。其中M为QAM调制阶数,即星座图中的星座点数,也即PAM信号进制数的平方。

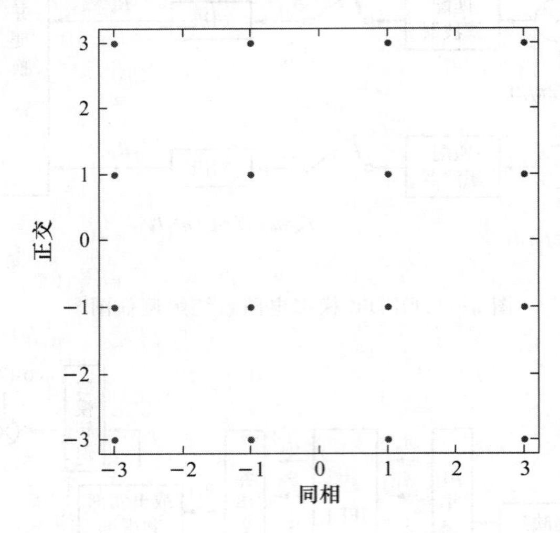

图6-7　16QAM星座图

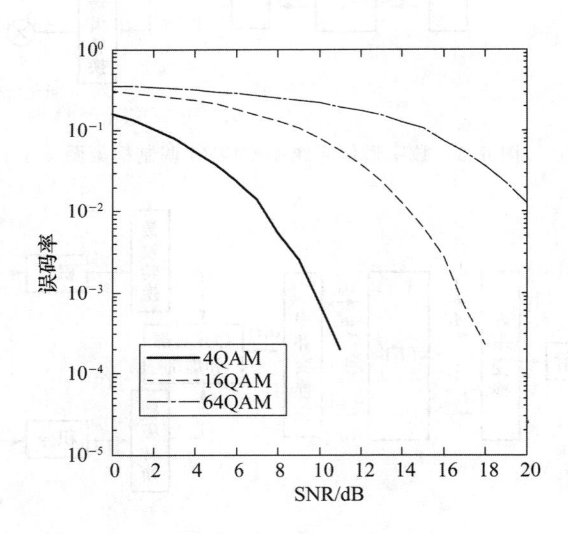

图6-8　MQAM误码性能图

在图6-8中,横坐标表示QAM信噪比,纵坐标表示误码率,信道模型为AWGN。由图6-8可知,在相同信噪比的条件下,M越大,QAM系统误码性能越差,设图6-7中相邻点之间欧式距离为D,则其原因在于,当信号能量一定时,M越大,D越小,噪声容忍度越低。

在OFDM系统中,一般采用MQAM的方式调制子载波,以方便实现IQ调制,从而增加数据传输效率,如图6-5所示。在该系统中,通过图6-3,可以求得$s(t)$。

在[0,T_s]时间段内,用来调制第 i 路子载波的 QAM 信号 $s_i(t)$ 可以表示为式(6-1):

$$\begin{aligned} s_i &= A_{i_c} \cdot g(t) \cdot \cos\cos(2\pi f_i t) - A_{i_s} \cdot g(t) \cdot \sin\sin(2\pi f_i t) \\ &= \mathrm{Re}\{[A_{i_c} + j \cdot A_{i_s}] \cdot g(t) \cdot \mathrm{e}^{\mathrm{j}2\pi f_i t}\} \\ &= \mathrm{Re}\{A_i \cdot g(t) \cdot \mathrm{e}^{\mathrm{j}2\pi f_i t}\} \end{aligned} \tag{6-1}$$

式(6-1)表示[0,T_s]时间段内第 i 路发送的符号的星座点。

结合式(6-1)可求出在该时间段内 $s(t)$ 的表达式,即 OFDM 符号的表达式,如式(6-2)。

$$\begin{aligned} s(t) &= \sum_{i=0}^{N-1} s_i(t) \\ &= \mathrm{Re}\left[\sum_{i=0}^{N-1} A_i \cdot g(t) \cdot \mathrm{e}^{\mathrm{j}2\pi(f_c + i\Delta f)t}\right] \\ &= \mathrm{Re}\left\{\left[\sum_{i=0}^{N-1} A_i \cdot g(t) \cdot \mathrm{e}^{\mathrm{j}2\pi i\Delta f t}\right] \cdot \mathrm{e}^{\mathrm{j}2\pi f_c t}\right\} \\ &= Re[a(t) \cdot \mathrm{e}^{\mathrm{j}2\pi f_c t}] \end{aligned} \tag{6-2}$$

其中

$$a(t) = \sum_{i=0}^{N-1} A_i \cdot g(t) \cdot \mathrm{e}^{\mathrm{j}2\pi i\Delta f t} \tag{6-3}$$

在式(6-3)中,$a(t)$ 被称为 $s(t)$ 的复包络,如图 6-5 所示。

2. IFFT

用 IFFT 实现 OFDM 调制的原理如下。

在[0,T_s]时间段内对 $a(t)$ 进行采样,采样时刻为 mT_s/N,其结果如式(6-4)。

$$\begin{aligned} a_m &= a(m \cdot T_s/N) \\ &= \sum_{i=0}^{N-1} A_i \cdot \mathrm{e}^{\mathrm{j}2\pi i\Delta f m T_s/n} \\ &= \sum_{i=0}^{N-1} A_i \cdot \mathrm{e}^{\mathrm{j}2\pi\frac{im}{N}} \end{aligned} \tag{6-4}$$

该结果正好为 A_i 序列的离散傅里叶反变换(IDFT)的结果。所以借助 IDFT 变换,即可得到 OFDM 符号复包络的时间采样值。而当 N 为 2 的整数幂时,IDFT 存在快速算法,即 IFFT。由上可知,借助 IFFT,可以实现 OFDM 基带信号的调制过程,同理,解调过程需要利用 FFT 来实现。实际上,正是由于 IFFT 的发现,才极大地降低了 IDFT 的运算量(99%[7]),从而为相关数字电路系统的实际应用奠定了坚定的基础。因此,IFFT 成为 OFDM 数字调制解调系统不可或缺的模块。

对上述 OFDM 系统中两个关键部分的阐明,可做如下两点理解。

第一,OFDM 技术实际上首先在频域通过 QAM 调制对信息进行分配,然后通过 IFFT 计算时域信号。在[0,T_s]时间段内,IFFT 之前的并行序列 A_i 是 OFDM 信号频域采样值,IFFT 之后的并行序列 a_i 是 OFDM 信号时域采样值。

第二,OFDM 基带信号实际上是由 N 个频率不同且相互正交的余弦波叠加而来的,在[0,T_s]时间段内,第 i 路 QAM 信号决定了频率为 f_i 的余弦波的幅度和相位,且 QAM 阶数决定了余弦波符号种类,例如 16QAM,其星座图如图 6-7 所示,则对应的余弦波形有 3 种振幅(星座图上共圆的点振幅相同)和 12 种相位(星座图上共射线的点相位相同)。

OFDM 信号的频谱特性如图 6-9 所示，左图为单载波的频谱，右图为多载波叠加 OFDM 信号频谱。由图 6-9 可知，在 OFDM 信号频谱中，相邻子载波的频谱存在重叠部分，从而提高了频谱利用率，并且频谱叠加的结果使 OFDM 信号频谱在频带内呈现平坦特性，这为解释一些 OFDM 信号的特性提供了依据。

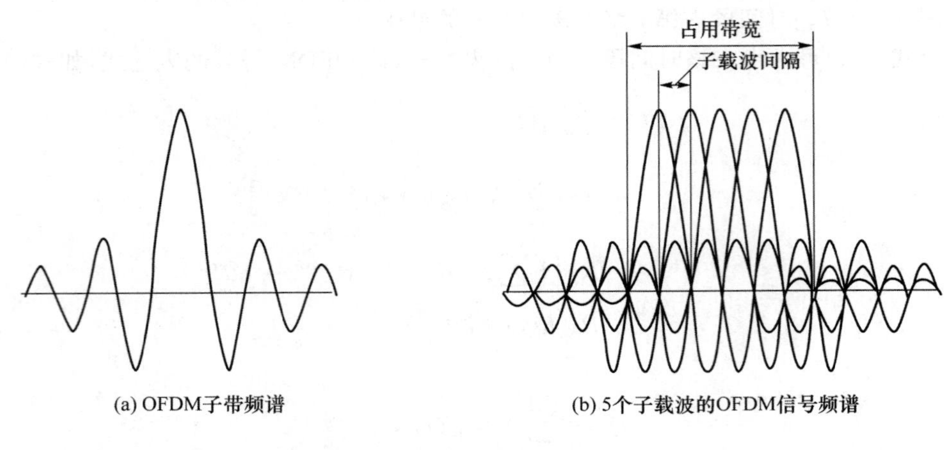

(a) OFDM子带频谱

(b) 5个子载波的OFDM信号频谱

图 6-9　OFDM 信号的频谱特性

6.2　DCO-OFDM 与 ACO-OFDM 通信系统

由图 6-1 可知，经过调制的数字基带信号经过数模转换之后，由驱动电路加载到 LED 上，在控制 LED 两端电压变化的同时，调节 LED 发光功率，从而达到通信的目的。这意味着 LED 在可见光通信系统中含有上变频的作用，即图 6-5 中的调制中心载波的作用。同时因为光具有高频电磁波特性，所以可见光通信系统可以理解为借助 LED 对高频电磁波进行振幅调制的通信系统。

由式(6-4)可知，OFDM 基带数字信号输出结果是复包络的抽样，即其变换的最终结果是复数，这导致其传输需要如图 6-5 所示的 IQ 调制方式，或者其他二维调制方式(IQ 属于既调幅也调相)，才能同时传递复数变换结果的实部和虚部。但是在可见光通信系统中，只有 LED 的光功率可以被调节，属于一维调制，即加载在 LED 上的信号必须为正实数信号。所以，OFDM 基带数字系统不能直接应用于可见光通信系统中。

下面介绍两种 OFDM 系统的改良版本，即 DCO-OFDM 系统和 ACO-OFDM 系统[6-8]，它们也被称为 OFDM 系统的基带版本[10]。

6.2.1　DCO-OFDM 通信系统

DCO-OFDM(DC-biased Optical OFDM)调制与解调架构框分别如图 6-10 和图 6-11 所示。

DCO-OFDM 调制过程如图 6-10 所示，输入二进制信息流 R_b，经过分组和 QAM 映射之后，被分为 $N-1$ 路并行数据流，即 $A_1 \sim A_{N-1}$；然后对其做 Hermitian 对称变换，使其变

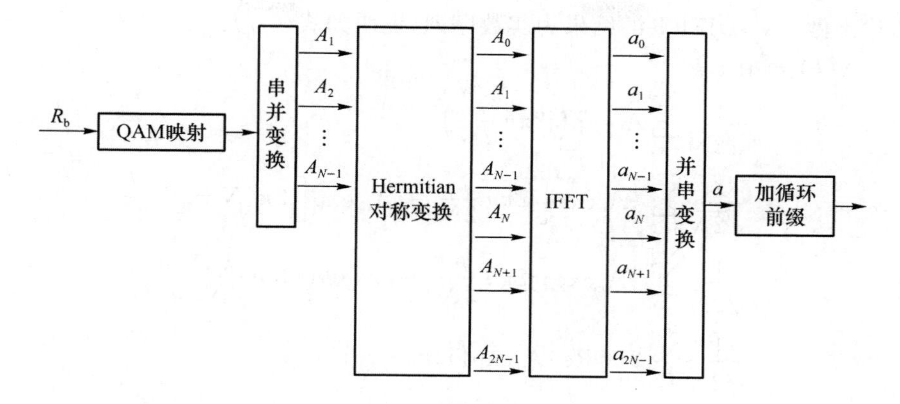

图 6-10 DCO-OFDM 调制框架图

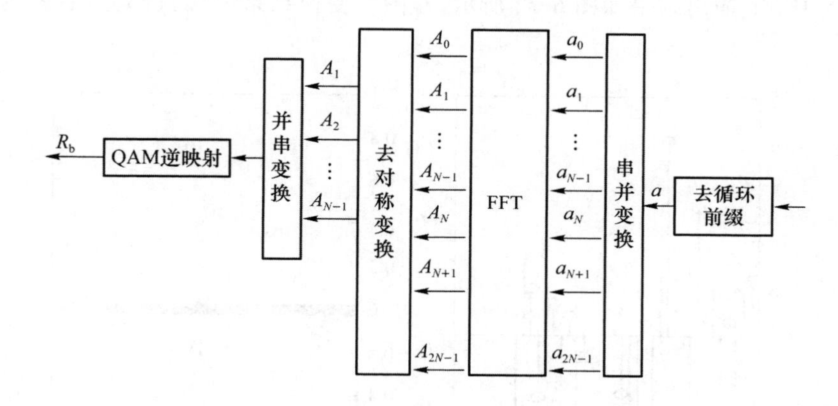

图 6-11 DCO-OFDM 解调框架图

为 $2N$ 路并行信号，即 $A_0 \sim A_{2N-1}$；接下来进行 $2N$ 点 IFFT 和串并变换，形成一路实数数据流 a，然后对其加入循环前缀(Cyclic Prefix，CP)，即可得到最终的采样值。将此过程代替图 6-1 中的调制模块，即可完成可见光通信系统的发送端。解调过程与调制过程恰好相反，此处不再赘述。

比较图 6-10 与图 6-5 可知，DCO-OFDM 的调制过程比 OFDM 的调制过程多了两个步骤：Hermitian 对称变换和加 CP。下面对这两个模块进行阐述。

1. Hermitian 对称变换

Hermitian 对称变换的作用是使 $2N$ 点 IFFT 的结果为实数序列。所以，这个模块是使 DCO-OFDM 区别于 OFDM 的关键模块。其对称变换的过程如下。

如图 6-10 所示，设模块的输入为$[A_1 \quad \cdots \quad A_{N-1}]$，其输出为$[A_0 \quad \cdots \quad A_{2N-1}]$，则应满足式(6-5)。

$$\begin{cases} A_0 = A_N = 0 \\ A_{2N-i} = A_i^*, i = 1,2,\cdots,N-1 \end{cases} \tag{6-5}$$

其中 * 表示取共轭，即其各自子信道的数据关系如式(6-6)。

$$A = [0 \quad A_1 \quad A_2 \quad A_3 \quad \cdots \quad A_{N-1} \quad 0 \quad A_{N-1}^* \quad \cdots \quad A_3^* \quad A_2^* \quad A_1^*] \tag{6-6}$$

该模块的输出做 2N 点 IFFT 的结果为实数序列，证明如式(6-7)：

$$
\begin{aligned}
a(k) &= \mathrm{ifft}(k) \\
&= \frac{1}{\sqrt{2N}}\sum_{n=0}^{2N-1}A_n\exp\left(\mathrm{j}2\pi n\,\frac{k}{2N}\right) \\
&= \frac{1}{\sqrt{2N}}\sum_{n=0}^{N-1}\left\{A_n\exp\left[\mathrm{j}2\pi n\,\frac{k}{2N}\right]+A_n^*\exp\left[\mathrm{j}2\pi(N-n)\,\frac{k}{2N}\right]\right\} \\
&= \frac{1}{\sqrt{2N}}\sum_{n=0}^{N-1}\left\{A_n\exp\left[\mathrm{j}2\pi n\,\frac{k}{2N}\right]+A_n\exp\left[\mathrm{j}2\pi n\,\frac{k}{2N}\right]^*\right\} \\
&= \frac{1}{\sqrt{2N}}\sum_{n=0}^{N-1}2\times\mathrm{Re}\left\{A_n\exp\left(\mathrm{j}2\pi n\,\frac{k}{2N}\right)\right\}
\end{aligned}
\tag{6-7}
$$

其中 $k=0,1,\cdots,2N-1$。

其 32 点 IFFT 输出结果如图 6-12 所示，左图为变换结果的实数部分，右图为变换结果的虚数部分。

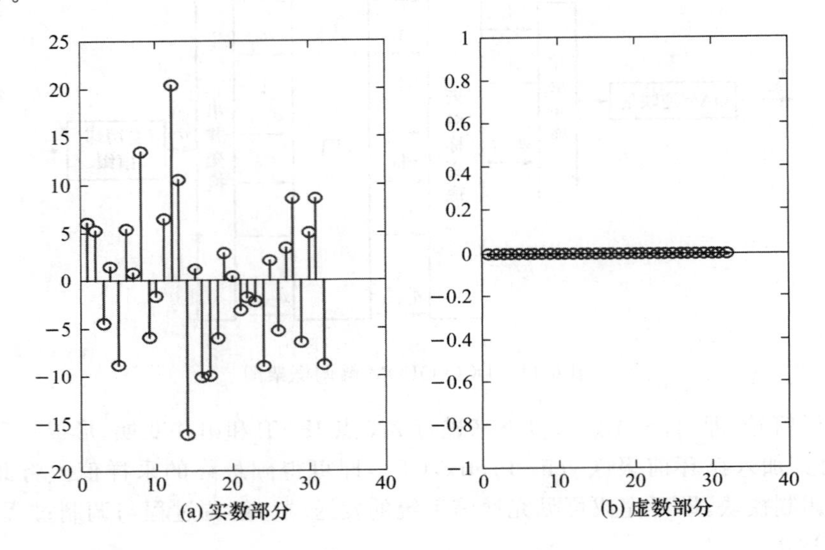

图 6-12　DCO-OFDM IFFT 变换结果

上述数学推导和仿真结果都证明了：经过 Hermitian 对称变换的序列，其 IFFT 的输出结果为实数。

Hermitian 对称变换还存在于其他通信系统中，如离散多音频调制(Discrete Multi Tone-modulation，DMT)系统。该调制方式较为广泛地应用于光通信和电力线通信领域。

2. 循环前缀

OFDM 相比于其他调制方式，最大的优势在于其在多径信道中良好的性能，这是由于它采用多个子信道同时传输信息，增加了符号时间，从而减少了多径效应的影响。为了彻底消除多径效应带来的符号间干扰(InterSymbol Interference，ISI)，可在相邻 OFDM 符号之间加入保护间隔。

由图 6-5 可知，OFDM 符号的输出结构如图 6-13 所示。其输出结果是成组的 IFFT 变换结果，每一组都代表一个 OFDM 符号。加入符号保护间隔的 OFDM 符号输出结构如图 6-14 所示，如果保护间隔足够大，由多径效应引起的前一符号的拖尾只会落入保护间隔内，而不会干扰下一个 OFDM 符号，从而彻底消除多径效应带来的影响。

图 6-13 OFDM 符号的输出结构

图 6-14 加入符号保护间隔的 OFDM 符号输出结构

如果在保护间隔内不传信号，那么由于多径效应，会引起新的子载波间干扰（InterCarrier Interference，ICI）。其原因在于值为 0 的保护间隔破坏了子载波间的正交性，如图 6-15 所示。设上面的子载波为 A_1，下面的子载波为 A_2，由于 A_2 受到多径效应的影响，相对于 A_1 发生了延迟，结果导致 A_1 与 A_2 在$[T_s/2\sim T_s]$区间内仍然保持正交，但是在$[0\sim T_s/2]$区间内不正交，即 A_1 与 A_2 在$[0\sim T_s]$区间内不再正交，导致形成 ICI。

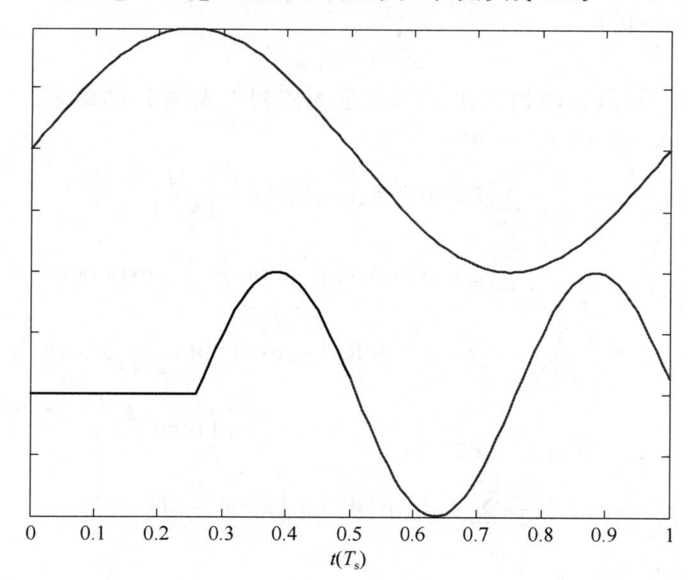

图 6-15 值为 0 的保护间隔破坏了子载波间的正交性

为了在消除 ISI 的同时不引入 ICI，保护间隔内的值不能为零。CP 是一种特殊的保护间隔，设 CP 是长度为 L 的 C_i 序列，a_i 如图 6-5 所示，则应满足如下条件：

$$C_i = a_{2N-i}, i = 1,2,\cdots,L-1 \tag{6-8}$$

CP 应位于相应的 OFDM 符号之前，其输出结构如图 6-16 所示。

此时，多径效应不会给系统带来 ICI，因为经过循环时延的子载波之间依然保持正交，亦可理解为相位差不会破坏子载波之间的正交性。

所以，CP 可以在不引入 ICI 的情况下消除多径效应产生的 ISI，但是相应地，会减小数据的传输速率。假设 $L=2N$，在其他条件不变的情况下，系统的传输速率会变为原速率的一半，因为每一个 OFDM 符号都被重复传了两遍，所以系统应适当地选择 CP 的长度 L。

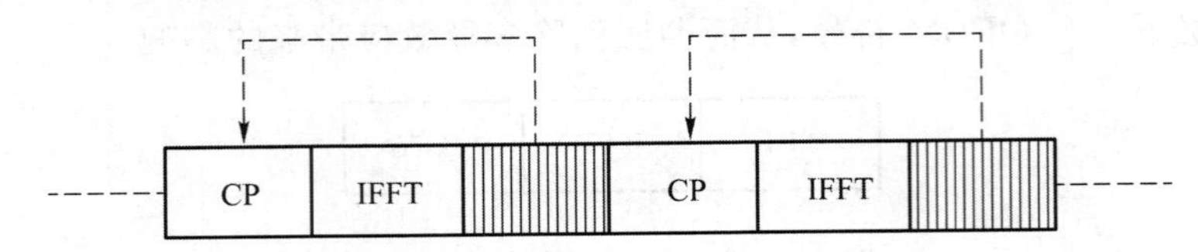

图 6-16 加入 CP 的 OFDM 符号输出结构

6.2.2 ACO-OFDM 通信系统

ACO-OFDM（Asymmetrically Clipped Optical OFDM）调制和解调框图与 DCO-OFDM 系统的一样，分别如图 6-10 和图 6-11 所示。其与 DCO-OFDM 的区别在于各个子信道的分配方法不同，该调制方式只利用偶数信道来传输信息，其子信道安排如式（6-9）。

$$A=[0\quad A_1\quad 0\quad A_2\quad \cdots\quad A_{N/2}\quad 0\quad A_{N/2}^*\quad \cdots\quad A_2^*\quad 0\quad A_1^*] \tag{6-9}$$

从式（6-9）可以看出，该调制方式只利用了偶数信道，没有利用奇数信道，这将导致其 IFFT 变换的结果满足式（6-10）。

$$a_i=-a_{i+N} \tag{6-10}$$

其中 $i=0,1,\cdots,N-1$，其证明如式（6-11），其证明需利用式（6-7）的结果。

$$\begin{aligned}
a(k+N) &= \text{ifft}(k+N)\\
&=\frac{1}{\sqrt{2N}}\sum_{n=0}^{N-1}2\times\text{Re}\left\{A_n\exp\left(\text{j}2\pi n\,\frac{k+N}{2N}\right)\right\}\\
&=\frac{1}{\sqrt{2N}}\sum_{n=0}^{N-1}2\times\text{Re}\left\{A_n\exp\left(\text{j}2\pi n\,\frac{k}{2N}\right)\times\exp(\text{j}\pi n)\right\}\\
&=\frac{1}{\sqrt{2N}}\sum_{n=1,3,\cdots,N-1}2\times\text{Re}\left\{A_n\exp\left(\text{j}2\pi n\,\frac{k}{2N}\right)\times\exp(\text{j}\pi n)\right\}\\
&=-\frac{1}{\sqrt{2N}}\sum_{n=1,3,\cdots,N-1}2\times\text{Re}\left\{A_n\exp\left(\text{j}2\pi n\,\frac{k}{2N}\right)\right\}\\
&=-\frac{1}{\sqrt{2N}}\sum_{n=0}^{N-1}2\times\text{Re}\left\{A_n\exp\left(\text{j}2\pi n\,\frac{k}{2N}\right)\right\}\\
&=-a(k)
\end{aligned} \tag{6-11}$$

其中 $k=0,1,\cdots,N-1$。

其 32 点 IFFT 仿真结果如图 6-17 所示，上图为输出结果的前半部分，下图为输出结果的后半部分。

上面的数学推导和仿真结果都证明了 ACO-OFDM 的 IFFT 变换结果满足式（6-10）。

对于 ACO-OFDM 的采样值序列，将其中的负数值都设为 0，则在接收端仍可根据式（6-10）恢复原始采样值。从信息的角度理解，其 IFFT 变换结果的前一半和后一半呈现相关性，所以其信息量只有原来的一半，即截去负数采样点并没有使其含有的信息量减少，其思想类似于信源编码。

ACO-OFDM 的优点为减小了 LED 所需的偏置电压，降低了驱动电路的功率；减小了

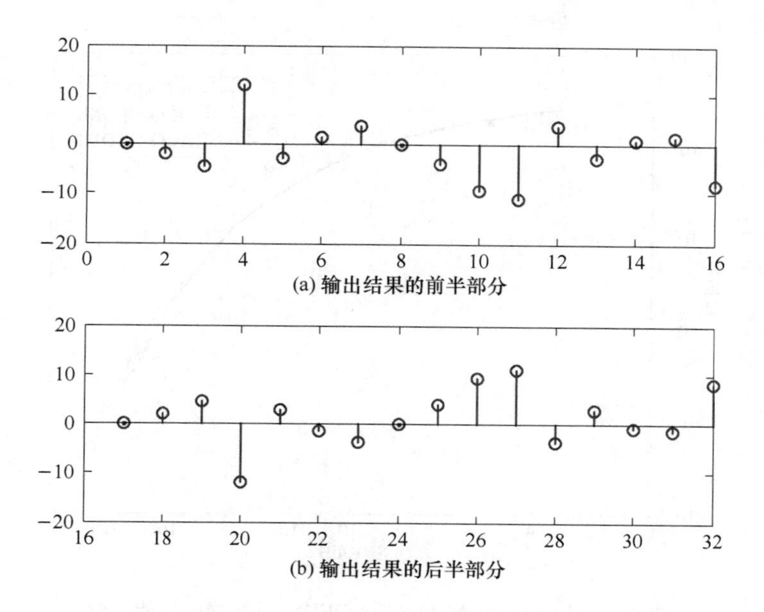

图 6-17 ACO-OFDM IFFT 变换结果

信号的峰均比;在电压动态范围一定的情况下,其接收端信号的平均功率大于 DCO-OFDM;在接收端平均功率一样的情况下,减少了系统的非线性噪声。

ACO-OFDM 的缺点是显而易见的,由于其奇数号子载波没有传输信号,所以在信号带宽一样的前提下,其信息传输速率仅为 DCO-OFDM 的一半。

6.2.3 系统性能比较

基于前两小节的介绍,通过计算机仿真计算结果,本小节将比较 DCO-OFDM 和 ACO-OFDM 通信系统在加性高斯白噪声信道(AWGN)下的误码性能。

仿真参数如下:子载波数 $N=64$,OFDM 符号数 $M=10^3$,QAM 符号数 $Q=10^4$,信道模型是 AWGN。其仿真结果如图 6-18 所示。

在图 6-18 中,横坐标表示接收端信噪比,纵坐标表示误码率。由图 6-18 可知如下两点结论:第一,在 AWGN 信道下,可见光 OFDM 通信系统与 QAM 通信系统性能相同,这是由于 OFDM 系统可以看成多路 QAM 信号并行传输,而且高斯白噪声不会引入 ICI 和 ISI;第二,在 AWGN 信道下,DCO-OFDM 与 ACO-OFDM 的系统性能相同,这是由于 ACO-OFDM 系统放弃使用 DCO-OFDM 系统中的偶数子信道,而相邻信道不会相互干扰,所以并不会对误码性能产生影响。

此外,笔者在上述仿真系统中加入信号振幅限制,对比两个通信系统在 AWGN 信道下的性能。

设系统信号峰峰值为 1 V,则在发送信号之前,应对信号进行放大或者缩小,使其全部落在合理范围之内,在 DCO-OFDM 中,信号范围为−0.5~0.5 V,在 ACO-OFDM 中,信号范围为 0~1 V。系统性能仿真结果如图 6-19 所示,仿真参数与图 6-18 相同。

在图 6-19 中,横坐标表示信道噪声功率,纵坐标表示误码率。由图 6-19 可知,随着信

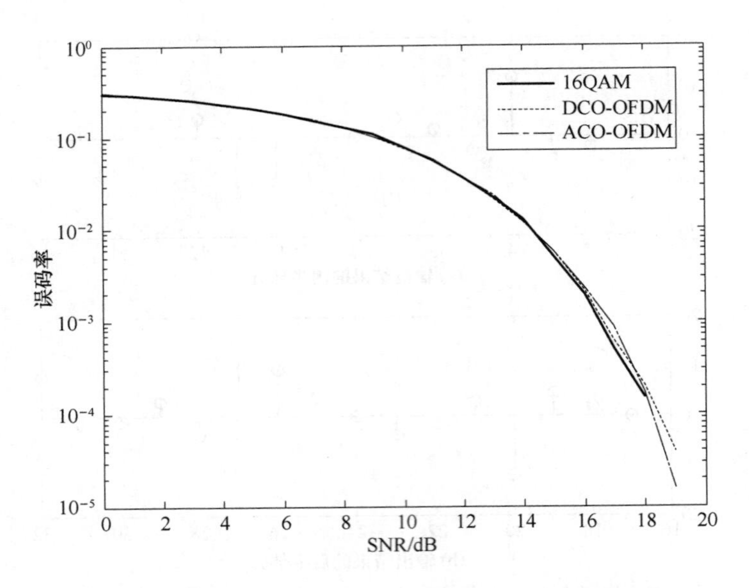

图 6-18　DCO-OFDM 和 ACO-OFDM 系统误码性能比较

道中噪声功率的增加，系统信噪比减少，两种系统的误码性能都有所下降。当信道噪声功率相同时，ACO-OFDM 系统的性能优于 DCO-OFDM 系统的性能，原因如下：ACO-OFDM 较之于 DCO-OFDM，系统的峰均比较小，所以当信号峰峰值相同时，前者发送信号的功率大于后者，又由于信道高斯白噪声功率相等，所以在接收端，前者的信噪比大于后者。系统性能的增益是以牺牲数据传输速率为代价的。

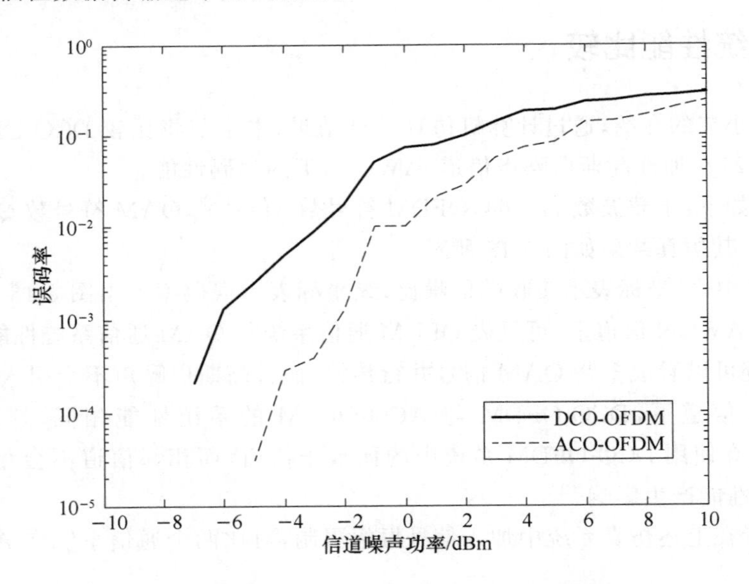

图 6-19　DCO-OFDM 和 ACO-OFDM 系统误码性能比较

综上，在 AWGN 信道中，当接收端信噪比相同时，DCO-OFDM 与 ACO-OFDM 的误码性能一样，都与同等条件下 QAM 系统的误码性能相同；在信号峰峰值有限制的系统中，当信道噪声功率相同时，ACO-OFDM 系统的性能优于 DCO-OFDM 系统。

6.3 OFDM 通信系统关键算法

OFDM 技术在提升通信质量的同时，其自身的缺陷也会凸显，如对同步误差相对敏感，系统峰均比过高等；当将其引入可见光通信系统中时，一些新的问题也会出现，如 LED 的非线性、信道的频率选择性等因素会对系统性能产生影响。本小节将对这些问题进行阐述，并说明相应的解决算法。

6.3.1 同步算法

与单载波调制方式相比，OFDM 系统对时间和频率误差更为敏感，因此其接收端对同步的要求更高。在射频领域，OFDM 系统同步主要有 3 个步骤：帧同步、采样时钟同步以及载波频率同步[11]。

帧同步也称为符号同步，其作用包含以下两个方面：一是确定 OFDM 符号的起始位置，即正确找到图 6-11 中的一组一组的 a；二是判断有无 OFDM 符号到达接收端。如果帧同步不准确，则会将相邻的符号采样点引入本符号，造成 ISI。

采样时钟同步的作用是纠正接收端与发送端采样时钟的频率偏移。由于噪声干扰，晶体振荡器的频率偏移等问题，接收端的采样时钟与发送端的采样时钟之间往往存在频率偏移，这会破坏子载波之间的正交性，引起 ICI。

载波频率同步的作用是使接收端的本地载波与接收到的 OFDM 信号的载波频率一致。由于多普勒效应，发送信号的载波频率在接收端会发生变化，所以应动态地调整接收端的载波频率，以减少载波频率偏移引起的 ICI。

所以，在射频领域，接收端应先进行帧同步，找到解调窗口的起始位置，然后进行粗同步与细同步，以完成频偏纠正。

在可见光通信系统中，帧同步是接收端需完成的主要同步任务。采样时钟同步可以通过增加收发两端的采样率来减轻其对系统性能的劣化；载波频率同步可以忽略其影响，原因是在系统的应用场景中，接收端处于相对静止的状态，多普勒效应可以忽略不计。所以本小节将主要针对帧同步算法进行讨论。

帧同步是正确解调的首要保证，如果帧同步效果不好，则会严重影响系统性能。设系统中相邻两点 a_i 和 a_{i+1} 之间的时间间隔为 t，接收端和发送端采样点时间偏差为 t_{offset}，如图 6-20 所示，则 t_{offset} 对系统性能影响的仿真结果如图 6-21 所示，仿真参数如下：子载波数 $N=64$，OFDM 符号数 $M=100$。

由图 6-21 可知，当 $t_{\text{offset}}/t=1$ 时，即接收端 fft 窗口比发送窗口滞后一个采样点时，系统误码率接近 0.5，这说明该链路完全不可靠，只有当 $t_{\text{offset}}/t<10\%$ 时，才不会严重影响系统性能。当偏移量相同时，16QAM 的误码率最低，64QAM 的误码率最高，所以系统采用的 QAM 调制阶数越高，其对帧同步的敏感性和依赖性越强。

帧同步算法分为两类：导频辅助同步和盲同步。两类同步算法的核心思想是一样的：通过计算相关性进行同步，不同之处在于前者寻找与导频相似的信息片段，后者则通过同步符号自身具有的相关性判断同步。

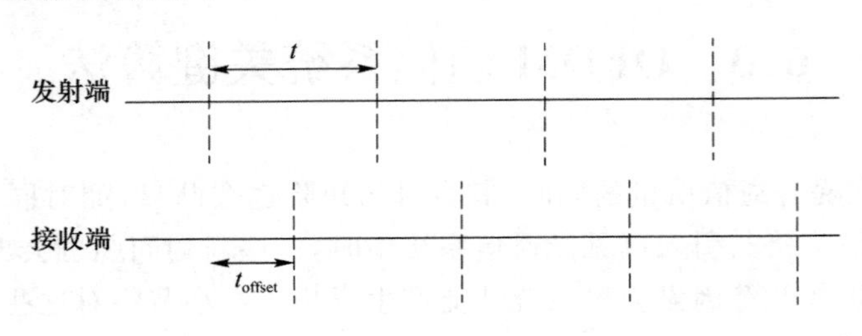

图 6-20　t 与 t_{offset}

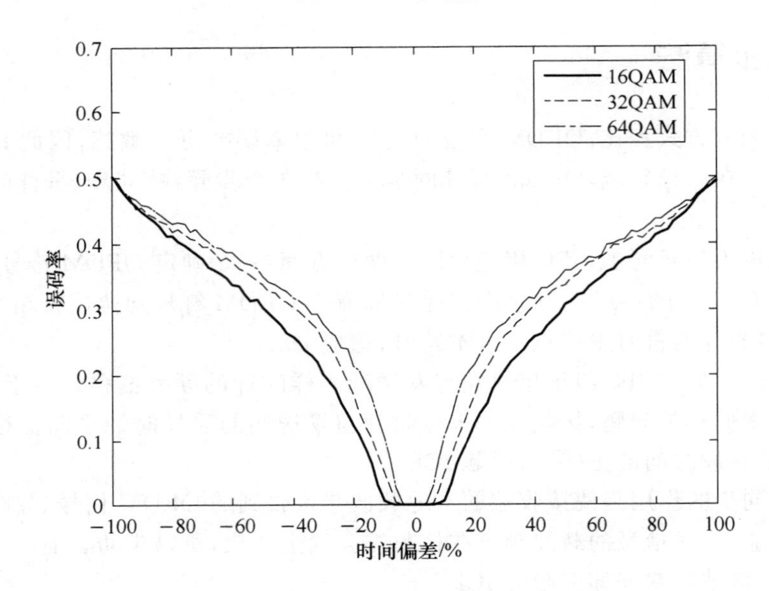

图 6-21　帧同步对系统性能的影响

盲同步常采用 ML 算法[12]，其算法的核心思想是利用 CP 的重复出现特性，从而计算相关性。加入 CP 的 OFDM 符号结构如图 6-16 所示，由图 6-16 可知，CP 的值和本符号阴影部分的值一样，所以它们之间具有很强的相关性。该算法数学描述如式(6-13)。

$$\theta = \operatorname{argmax}\left\{\left|\sum_{k=m}^{m+L-1} r(k)\cdot r(k+N)\right| - \frac{1}{2}p\sum_{k=m}^{m+L-1}\left|r(k)\right|^2 + \left|r(k+N)\right|^2\right\} \tag{6-12}$$

$$p = \frac{R_{\text{SNR}}}{R_{\text{SNR}}+1} \tag{6-13}$$

其中 θ 表示该点以最大概率为 CP 开始的点，r 为接收端的采样点。

导频辅助同步的方法种类较多，有 Schmidl 算法[13]、Min 算法[14]、Parker 算法[15]、Barker 算法，以及各种改进的算法[16]。该类算法的核心思想是在要发送的 OFDM 符号前加入导频(pilot)符号，如图 6-22 所示。导频符号为精心设计的样值序列，设计思路有两种：第一，导频符号本身具有对称性，所以在接收端可以通过计算其相关性完成同步；第二，导频符号本身具有良好的自相关性。

Barker 算法属于后者，其算法中利用了 Barker 码，该码具有良好的自相关性，其相关性计算公式如式(6-14)，其中 X 表示 Barker 序列中的一个值，C_k 表示循环右移 k 位的 Barker

pilot	OFDM 符号

图 6-22　加入导频符号的 OFDM 符号序列

码与原码的相关性。以长度为 13 的 Barker 码为例，其序列为[1 1 1 1 1 −1 −1 1 1 −1 1 −1 1]，其相关性如图 6-23 所示。由图 6-23 可知，其自相关值具有尖锐的峰值，因此在接收端可计算接收序列与 Barker 码的相关性，相关值最大的点即同步点。

$$C_k = \sum_{j=1}^{N-k} X_j \cdot X_{j+k} \tag{6-14}$$

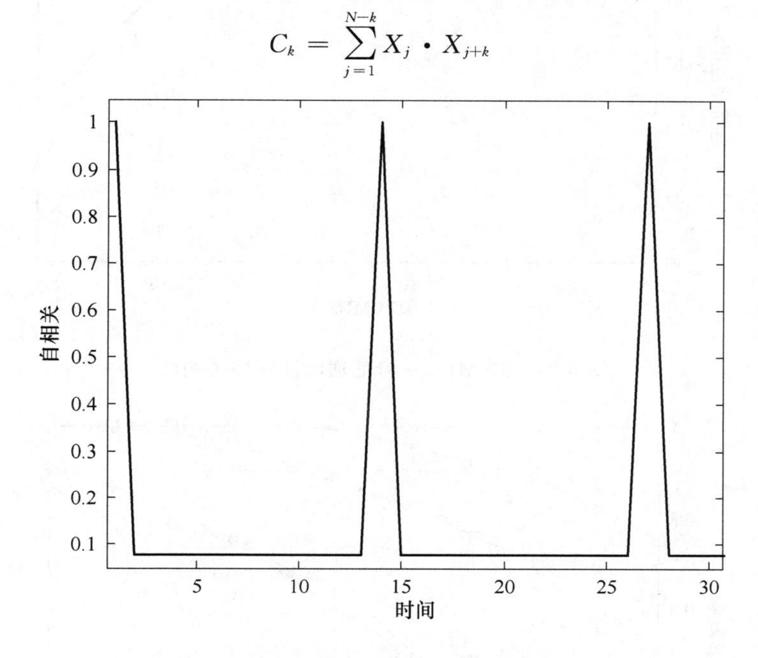

图 6-23　13 位 Barker 码的自相关值

在可见光通信系统中，电域到电域的信道衰减可以一阶低通滤波器建模[17]，即信道冲击响应满足式(6-15)，其中 G_0 表示一个放缩系数，f_0 表示信道的截止频率。当 $f_0 =$ 35 MHz 时，该一阶低通滤波器的冲击响应如图 6-24 所示。

$$|H(f)| = \frac{G_0}{\sqrt{1+(f/f_0)^2}} \tag{6-15}$$

下面分别在 AWGN 和一阶低通滤波信道下仿真比较 ML 算法和 Barker 算法的帧同步性能，其结果如图 6-25 所示，横坐标表示信噪比，纵坐标表示准确同步概率，EOE 表示一阶低通滤波叠加 AWGN 的信道。其仿真参数如下：$f_0 = 35$ MHz，采样率为 60 MSa/s，图 6-25 中每个点都进行 1 000 次同步。

由图 6-25 可知如下 3 点。

第一，在 EOE 信道下，Barker 算法的性能要比其在 AWGN 信道下的性能差，为 8～10 dB。原因是一阶低通信道使 Barker 导频发生畸变，增加了其自相关的旁瓣。

第二，ML 算法在 EOE 信道和 AWGN 信道下的性能基本一样，说明 ML 算法的性能主要受噪声的影响，一阶低通信道对 ML 算法的影响不如对 Barker 算法的影响大。

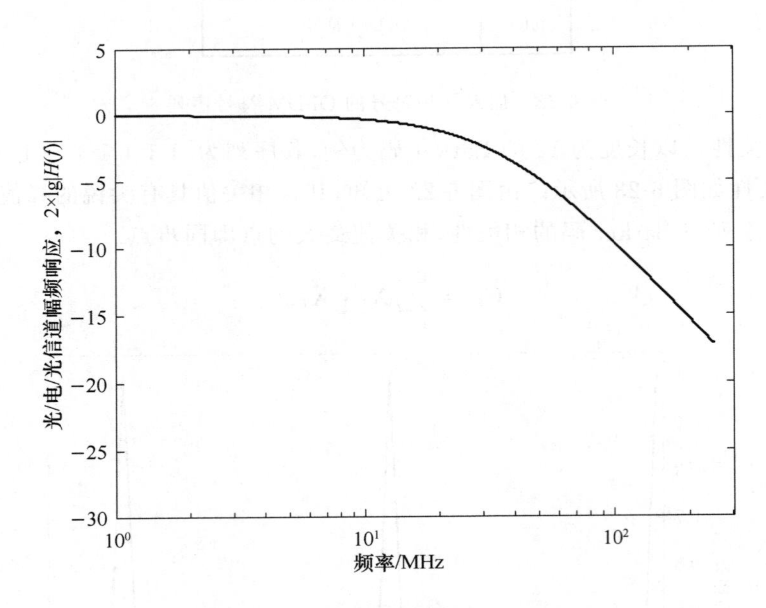

图 6-24　35 MHz 一阶低通滤波器冲击响应

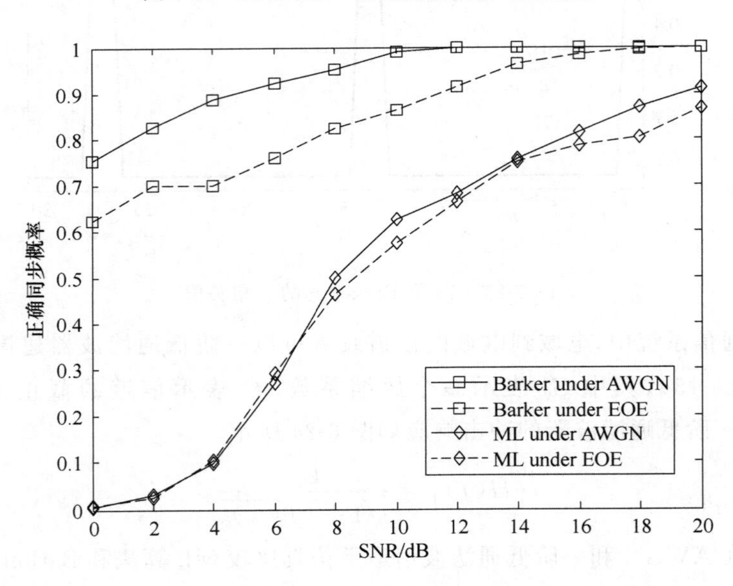

图 6-25　ML 算法和 Barker 算法的性能比较

第三，无论在 EOE 信道还是在 AWGN 信道下，当信噪比相同时，Barker 算法的性能都优于 ML 算法。原因有两个：首先，ML 算法基于的 CP 部分具有随机性，其自相关性不如经过设计的 Barker 码；其次，ML 算法中计算自相关的两个部分在传输过程中都会受到信道的影响，而 Barker 算法中只有一部分受到信道的影响。

但是，由于导频的引入，Barker 算法的实现复杂度比 ML 算法高，而且导频会占用信道资源，降低信息传输速率。

6.3.2 峰均比抑制算法

峰均比(Peak-to-Average Ratio,PAR)又称为峰值系数,是指信号的最大峰值与振幅均方根之比。OFDM信号由相互独立的子载波叠加而成,当各个子载波的最大值出现在同一时间点时,该时刻OFDM信号的振幅值会很大,所以OFDM信号的PAR相对较高;从频域角度,OFDM信号的频谱相对平坦,使其性质类似于AWGN,而AWGN的PAR同样较大。

DCO-OFDM系统中PAR随QAM阶数M和子载波数N的分布仿真结果如图6-26所示。由图6-26可知,PAR与N正相关,但不是线性相关,并且与M无关。

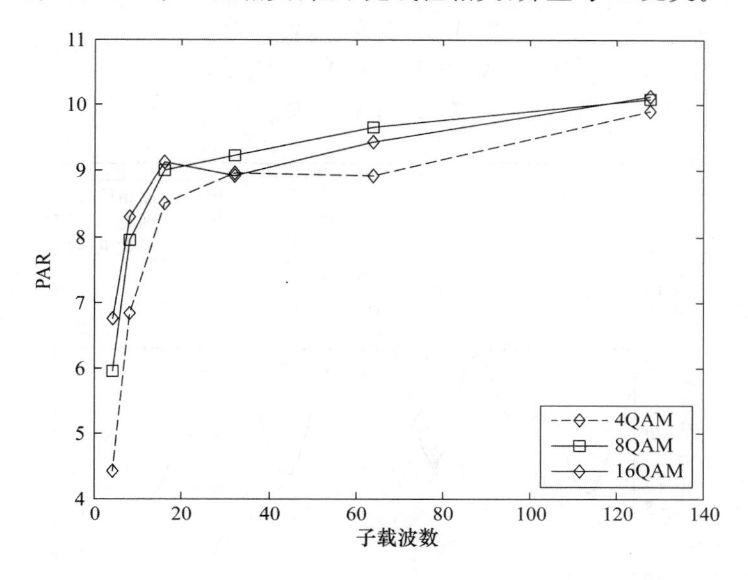

图6-26 QAM阶数与子载波对PAR的影响

PAR较高会对系统造成不利影响。当系统最大振幅保持不变时,PAR较高将使系统的发送信号功率较小,从而导致接收端信噪比较低;当系统平均功率保持不变时,PAR较高将使系统中的信号振幅较大,这将要求系统中的D/A、A/D具有较多的转换比特位数,从而可以准确地描述信号的最大幅值,并且还将使系统需要线性度较高的功率放大器,以保证信号幅值较大的部分不会被放大失真。这些将使系统的搭建变得复杂且成本较高。

在可见光通信系统中,由LED完成电光转换,所以LED将影响系统性能。由于LED对其正向电压范围有一定要求,并且较大的电压幅度将使信号产生严重的非线性失真,所以可见光通信系统属于振幅受限系统,较大的PAR将导致接收端SNR较小,误码性能较差。

峰均比抑制算法分为4类。第一类,减少子载波使用数量,或者闲置一些子载波,如ACO-OFDM系统,其PAR就小于DCO-OFDM系统。这种算法简单直接,但是较少的子载波数不利于对抗信道的频率选择性,并且会减小信息传输速率。第二类,限幅,即设置信号的上下截止电压。这类算法简单易行,但是会使信号在发送端产生截止失真,引入畸变,从而影响系统性能。第三类,使用特殊的前向纠错编码技术。采用这类纠错编码,振幅较大的OFDM符号的振幅将变小,从而减少信号的PAR。这类算法相对复杂,但效果较好。第四类，映射法。将 PAR 较高的 OFDM 符号对应的比特序列映射为 PAR 较小的比特序列，代价是比特位数的增加，如 4 bit 映射成 5 bit。这类算法较为复杂，而且没有统一的映射方法，当子载波较大时，寻找映射关系困难，并且会降低通信速率。

所以，没有一种办法能完美地解决 PAR 较高的问题。解决的办法都以牺牲系统性能为代价，降低了传输速率或者误码性能。因为第二种算法简单易行，且使用较为广泛，所以下面将对其进行阐明。

限幅又称为削波(clipping)，即超过电压幅度限制的部分将被截止失真，其数学表达式如式(6-16)，其效果如图 6-27 所示。由图 6-27 可知，由于截止失真，信号会产生畸变，导致在解调端会引入干扰，从而降低系统的误码性能。

$$V=\begin{cases}V_{\max}，当\ V>V_{\max}\ 时\\ V，当\ V_{\min}<V<V_{\max}\ 时\\ V_{\min}，当\ V<V_{\min}\ 时\end{cases} \tag{6-16}$$

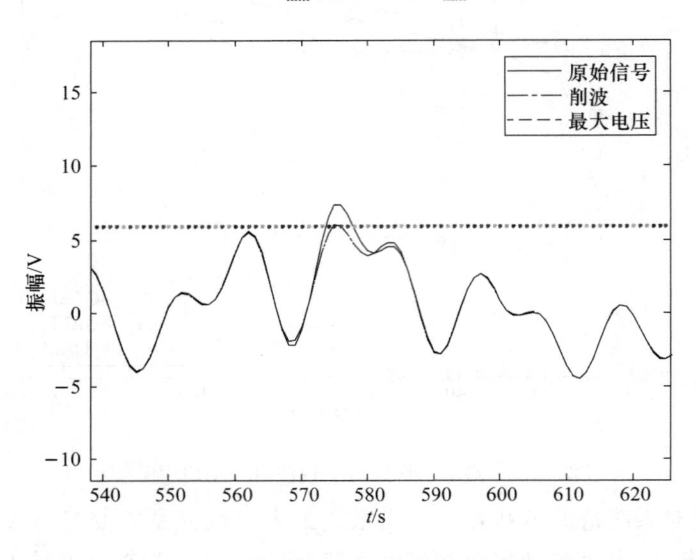

图 6-27　限幅效果图

在 DCO-OFDM 系统中，因为子载波数较大，其信号超过限幅的概率具有随机性，所以可以将其建模为一个高斯白噪声[18]，设其功率为 δ_{clip}^2，信道中的高斯白噪声功率为 δ_{n}^2，则在接收端的噪声功率为 $\delta_{\text{clip}}^2+\delta_{\text{n}}^2$。在系统中引入限幅的误码性能仿真图如图 6-28 所示，仿真参数如下：子载波 $N=16$，高斯白噪声功率为 −10 dBm，幅度限制为 0.5 V，每个点都传输了 10^4 个 OFDM 符号，图 6-28 中横坐标表示发送信号功率，纵坐标表示误码率。

由图 6-28 可知如下三点。第一，当 QAM 阶数不变时，每一条曲线的性能都随信噪比的增加先变优再变差，这是因为当信噪比较小时，发送端功率偏小，信号振幅较小，其截止失真为 0 或很小，此时系统性能主要受限于信道中的 AWGN；当信噪比逐渐变大时，截止失真逐渐增强，成为影响系统性能的主要因素。在拐点处，有 $\delta_{\text{clip}}^2=\delta_{\text{n}}^2$。第二，当发送信号功率相等时，QAM 阶数越低，误码性能越好，与系统中有无限幅无关。第三，系统最佳发送功率点与 QAM 阶数有关，阶数越低，最佳发送功率值越小。

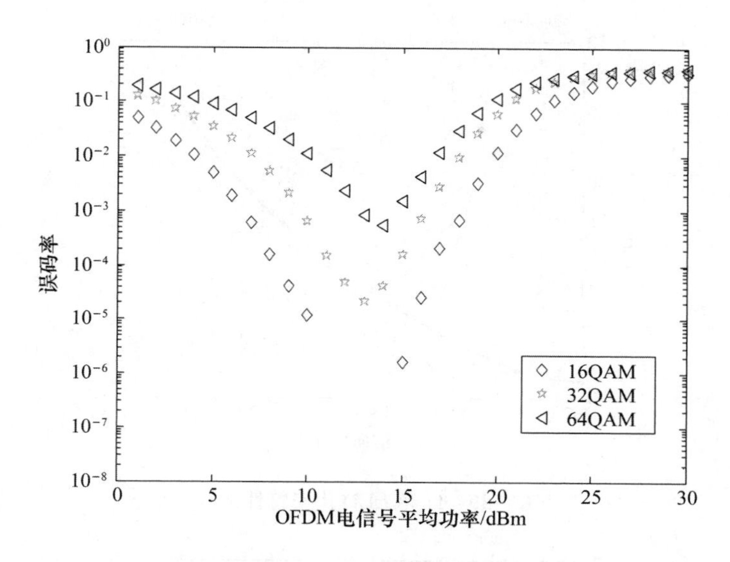

图 6-28　限幅 DCO-OFDM 系统误码性能

6.3.3　预失真算法

非线性在通信系统中广泛存在[19]，其引起的失真称为非线性失真，在时域表现为输入与输出之间不成线性关系，在频域表现为输出中含有输入没有的频率成分。所以，在 OFDM 系统中，非线性失真会引起 ICI，降低系统性能。

在射频通信技术中，系统的非线性主要由功率放大器引起[20]，而在可见光通信系统中，系统的非线性主要由 LED 决定[21]。下面以 Cree PLCC6 这款 LED 为例，分析其非线性对于系统性能的影响。

LED 是一种半导体二极管，可分为白光 LED 和三色 LED，前者通过荧光打在磷上发出白光，而后者则通过红、黄、蓝三基色合成白光。前者光谱较宽，但带宽较窄，后者与之相反。PLCC6 是一款三色 LED。

LED 的光强与其电流基本呈线性关系，假设接收端 PD 的非线性忽略不计，则系统中的非线性主要取决于 LED 的伏安特性曲线。PLCC6 红、蓝两色的伏安特性曲线分别如图 6-29 和图 6-30 所示。图中横坐标为电压，纵坐标为电流，虚线则是推荐电压附近的线性延伸。由图 6-29 与图 6-30 可知，在推荐电压附近，其伏安特性曲线线性度较好，超过此范围，非线性失真较大；蓝光 LED 的非线性小于红光 LED。

在上述假设的基础上，则可知系统的输入电压和输出电压之间的非线性关系，并可以用高阶多项式来逼近，红、蓝光分别可表示为式(6-17)与式(6-18)。由式(6-17)与式(6-18)可知，输出电压含有输入电压没有的高阶频率分量。

$$V_{output} - 6V_{input}^{4} + 51V_{input}^{3} - 166V_{input}^{2} + 241V_{input} - 131.4 \tag{6-17}$$

$$V_{input} = 0.3V_{input}^{4} - 5.2V_{input}^{3} + 30.5V_{input}^{2} - 77V_{input} + 73.1 \tag{6-18}$$

非线性失真会降低 OFDM 可见光通信系统的性能，加入非线性的系统解调星座图如图 6-31和图 6-32 所示。仿真参数为：红光 LED 偏置电压为 2 V，蓝光 LED 偏置电压为

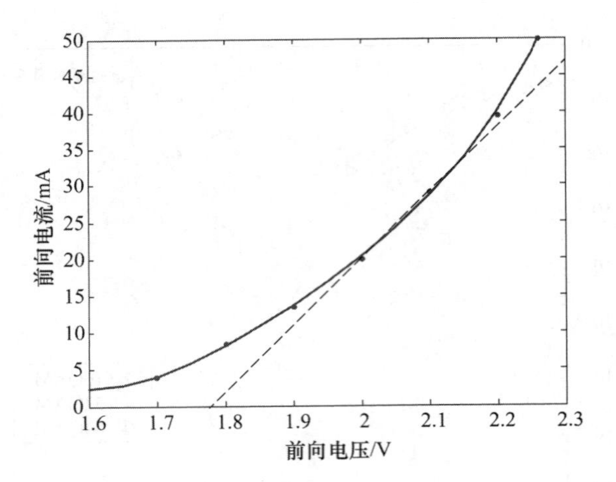

图 6-29 红光 LED 伏安特性曲线

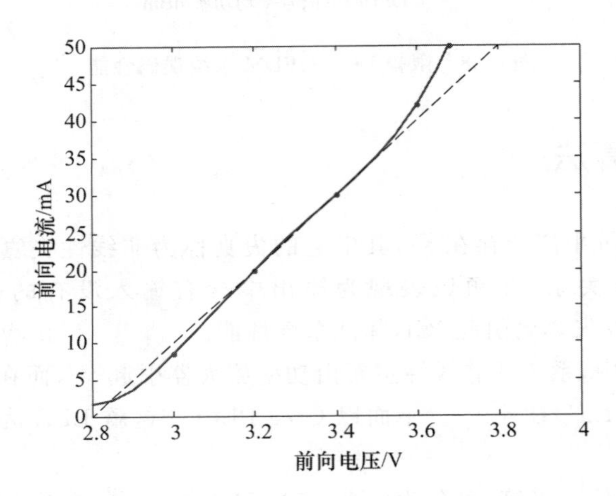

图 6-30 蓝光 LED 伏安特性曲线

3.2 V，信号振幅为 0.3 V；子载波数 $N=64$，QAM 调制阶数为 16，传输的 OFDM 符号数为 2×10^3。由图 6-31 与图 6-32 可知，红光 LED 非线性失真带来的干扰远大于蓝光 LED。

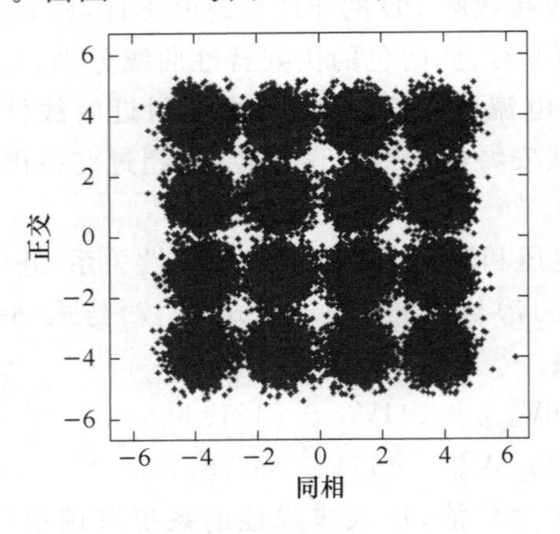

图 6-31 红光 LED 系统解调星座图

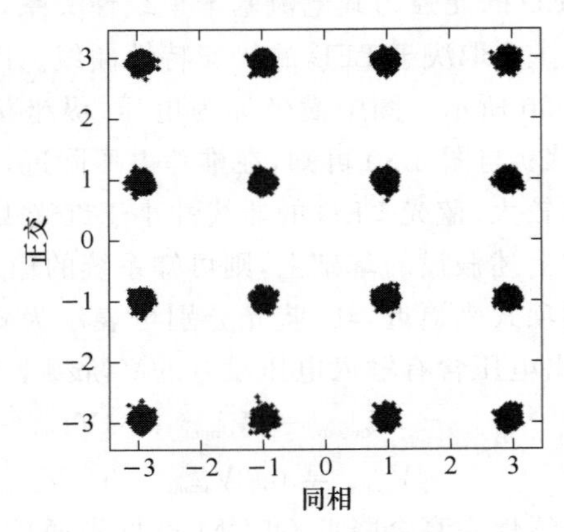

图 6-32 蓝光 LED 系统解调星座图

减少系统非线性失真的方法有三种。第一种,选择非线性较小的器件,如用蓝光LED代替红光LED。第二种,降低信号的振幅,尽量使更多的信号落入LED的线性区域,但该方法会降低系统的发送端信号功率。第三种,对发送信号进行预失真处理,最终使其输入与输出电压之间呈线性关系。

在第二种方法中,系统非线性干扰与信号振幅的关系如图6-33所示。横坐标表示发送信号的振幅,纵坐标表示解调信号偏离原始星座点的平均值。由图6-33可知,当信号振幅增加时,系统非线性干扰增加。

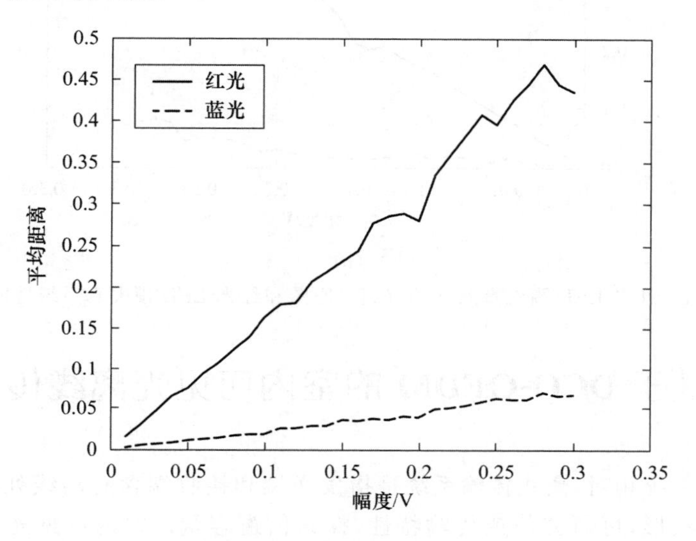

图6-33 信号振幅与非线性失真

在第三种方法中,应针对特定的伏安关系计算预失真多项式,使输入电压和输出电压呈线性关系。红光LED的预失真多项式如式(6-19)。加入预失真的解调仿真效果如图6-34所示,仿真参数同上。由图6-34可知,预失真算法会降低LED非线性对系统性能的影响,但该方法在实现方面较为复杂。

$$V_{\text{send}} = 4.6V_{\text{input}}^4 - 35V_{\text{input}}^3 + 100V_{\text{input}}^2 - 124V_{\text{input}} + 60 \tag{6-19}$$

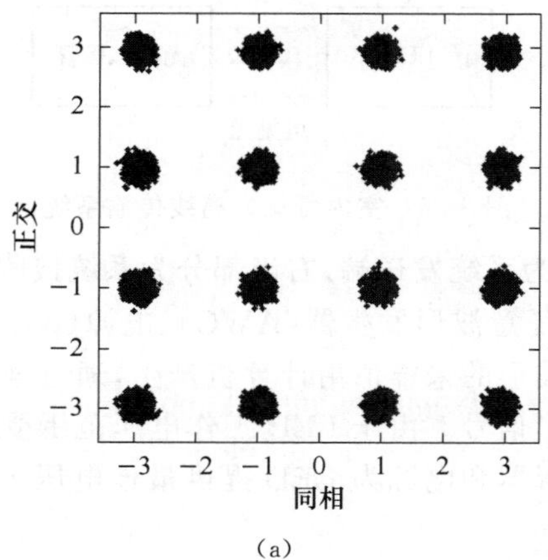

(a)

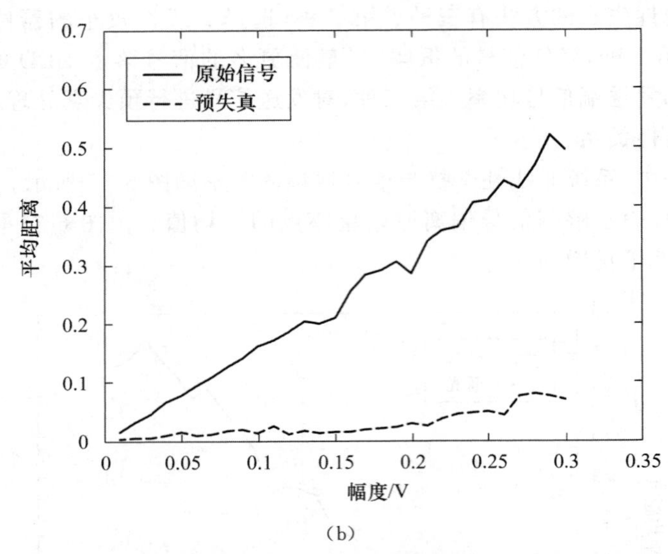

(b)

图 6-34　红光 LED 预失真系统的解调星座图和红光 LED 预失真系统性能改善

6.4　基于 DCO-OFDM 的室内可见光离线传输系统

与实时传输系统相对，离线传输系统是指发送端和接收端含有离线处理过程。通过对比发送和接收的波形，可研究信道传输特性，探索信道容量。室内可见光离线传输系统如图 6-35 所示。

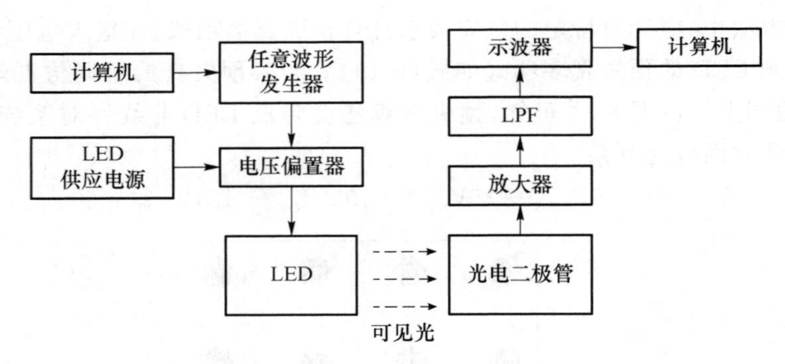

图 6-35　室内可见光离线传输系统

在图 6-35 中，左半部分为系统发送端，右半部分为系统接收端。

发送端由计算机(PC)、任意波形发生器(AWG)、电源(power)、电压偏置器(Bias-T)以及 LED 组成。待发送信号波形的采样值由计算机产生，通过连接器，传输给任意波形发生器，由其产生连续的目标波形信号。由于 LED 工作电压范围受限，目标波形需叠加直流偏置，所以系统中采用电压偏置器和电源为 LED 提供最佳电压工作点。最终由 LED 完成电光转换功能。

接收端由光电二极管(PD)、放大器(amplifier)、低通滤波器(LPF)、示波器(oscilloscope)和计算机组成。光电二极管完成光电转换功能；电信号经过放大滤波之后，被示波器采样储存;计算机读出采样点之后,与发送的信号采样值比对,进行时域及频域分析,完成对链路特性的离线分析。

通过上述过程,可知可见光离线传输系统可完成以下功能。

第一,测试链路的特征,如带宽、噪声特性等。

第二,测试同步、功率补偿、预均衡等算法的可行性及性能,并明确算法参数调整方向。

第三,在一定条件下,如光照强度合适、误码率低于国际标准等,最大限度地探索链路的传输速率。

相对于实时传输系统,离线传输系统具有灵活性高、开发周期短等优点,但同时也具有实用性差、成本高等缺点,所以离线实验往往作为开发新型传输链路的手段。技术只有与硬件开发相结合,方可实用化。

为了提高频谱利用率,提升系统比特传输速率及对抗信道多径效应,在离线实验中,本节将采用 DCO-OFDM 作为调制技术。该调制过程由图 6-35 中左方的 PC 软件完成,解调过程由图 6-35 中右方的 PC 软件完成。

离线调制流程如图 6-36 所示,首先由软件产生随机二进制 0,1 序列,到达 A。A 经过 QAM 分组映射到达 B,再经过串并转换及 Hermitian 变换,到达 D;D 处的信号经过 IFFT 处理,从频域复数信号转换为时域实数信号,到达 E;E 经过并串转换,并加入 CP 后,变为 G,G 经过上采样后形成最终的时域样值序列 H。H 被送给 AWG,以产生待发送信号。

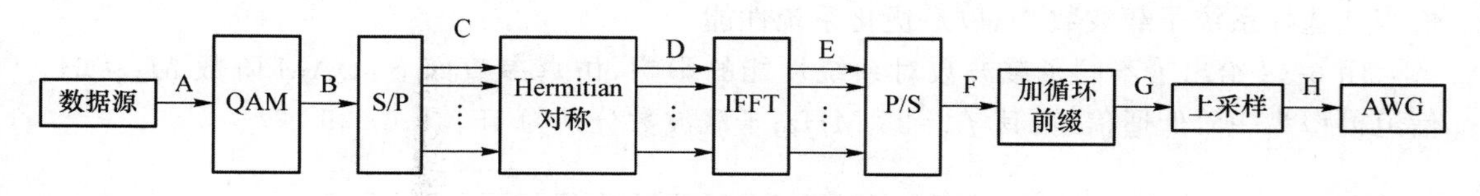

图 6-36 离线调制框图

与调制过程相对,离线解调流程如图 6-37 所示。接收端的信号被 OSC 采样储存为 A,并将其读入计算机软件中。首先用同步算法对 A 进行处理,找到信号的起始位置,完成符号同步过程,到达 B。B 经过下采样,去 CP 及串并变换后变成时域实数并行序列 E;E 经过 FFT 处理,成为并行频域复数序列 F;F 经过功率补偿(后均衡)算法,到达 G;G 经过并串变换及 QAM 逆映射后,成为 0,1 序列 I。

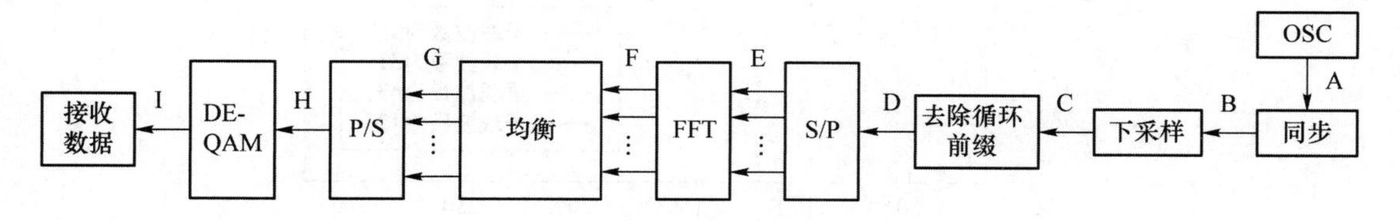

图 6-37 离线解调框图

将图 6-36 与图 6-37 中的对应位置进行信号对比及分析,即可得到有关信道的特征。将图 6-36 中 A 与图 6-37 中 I 进行比较,可得系统误码率;将图 6-36 中 B 与图 6-37 中 H 进行比较,可知星座图的扩散及旋转程度;将图 6-36 中 D 与图 6-37 中 F 进行比较,可知信道频响;将图 6-36 中 H 与图 6-37 中 B 进行比较,可得信号在时域的差别。

通过上述比较和分析过程,可知实验中的不足,并明确调整方向,如实验参数变化、算法设计改善或者系统器件调整等。实验不断重复上述离线处理过程，最终搭建符合标准的传输系统，为进一步的工作奠定基础。

基于DCO-OFDM离线传输系统，本节将阐述其中主要参数的含义，介绍参数之间的关系，并对其中一些参数对系统性能的影响进行仿真分析。

1. DCO-OFDM符号时间长度 T_s

DCO-OFDM符号时间长度 T_s 表示一个OFDM符号持续的时间长度。其倒数为DCO-OFDM符号速率 $R_s=1/T_s$，在频域表示相邻子载波中心频率间隔 Δf。这表明第一个子载波的中心频率为 Δf，其他子载波为 Δf 的高次谐波，即在时域内，最低频子载波在一个DCO-OFDM符号时间长度内只包含一个周期，其余子载波在一个符号时间长度内含有若干个周期。

2. DCO-OFDM子载波数 N

DCO-OFDM子载波数 N 表示该系统中相互正交的子载波数量，即互不干扰的同时承载数据传输的信道数量。在信号带宽一定的情况下，N 越大，每个子载波在信道中的衰减越趋于平坦，从而可减小波形失真，提高系统性能；但是 N 的增加会造成DCO-OFDM信号峰均比增加，从而影响系统性能。N 增加的同时会导致硬件实现复杂度上升，所以实验应恰当地选择系统子载波数 N，以最优化系统性能。

图6-38给出了不同子载波数对系统性能的影响，仿真参数如下：QAM阶数 M 为64；信道模型为一阶低通信道，其 $f_c=35$ MHz；子载波数分别为15，31，63和127。

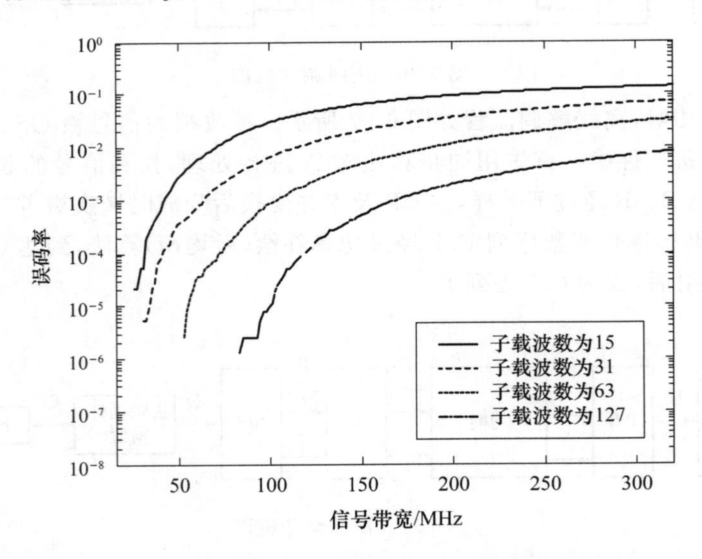

图6-38　一阶低通信道下子载波数 N 对系统性能的影响

图6-38中横坐标表示信号的带宽，纵坐标表示系统误码率。由图6-38可知，当系统子载波数保持一定时，子载波中心频率间距越大，信号带宽越宽，系统性能越差；当信号带宽一致时，子载波数越多，系统性能越好。其变化原因取决于子载波对信道的划分细致程度，越细致系统性能越好。同时，在上述仿真条件下，当信号带宽小于10 MHz时，15个子载波即

可满足要求；当信号带宽超过 50 MHz 时，63 个子载波为最佳选择；当信号带宽超过 100 MHz 时，子载波数宜采用 127。

3. DCO-OFDM 信号带宽 B

DCO-OFDM 信号带宽 $B=N\cdot\Delta f$，表示 DCO-OFDM 信号在频域所占的宽度。它由两个因素决定，即符号速率及系统子载波数，且其与每个因素均成正比。当信号带宽较宽时，系统中会引入较多的背景噪声，且其频带超过系统带宽的部分，所受衰减较大，均会导致系统性能恶化。

4. QAM 阶数 M

QAM 阶数 M 决定 QAM 星座图的大小。相互正交的子载波之间可以有不同阶数、不同大小的星座图。当功率一定时，高阶 QAM 的相邻星座点之间欧式距离较近，即横纵轴量化较细，易受噪声干扰。

5. 系统比特传输速率 BR

系统比特传输速率 BR 表征系统的信息传输能力，其计算式如下：

$$\begin{aligned}\mathrm{BR} &= R_{\mathrm{s}}\cdot\sum_{i=1}^{N}\log_2 M_i \\ &= B\cdot\sum_{i=1}^{N}\log_2 M_i/N \end{aligned} \tag{6-20}$$

由式(6-20)可知，当系统子载波数不变时，增大 OFDM 符号发送频率或者增加子载波 QAM 阶数可以提升 BR，但此时会增加信号带宽；在保持带宽一定的条件下，只能通过提高平均 QAM 阶数，增加 BR，即系统频带利用率等于所有子载波 QAM 阶数的平均值。

上述概念为最大的系统比特速率，在实际应用中，其中应包含一定的比特开销，如信令、信道编码等，所占比例为 7%～11%[22-24]，所以，实际的比特传输速率应略低于 BR。

6. IFFT 变换点数 N_{ifft}

在 DCO-OFDM 系统中，N_{ifft} 计算式如下：

$$N_{\mathrm{ifft}} = (N+1)\times 2 \tag{6-21}$$

为了应用快速蝶形运算，一般要求 N_{ifft} 取 2 的整数次幂，如 8，16，32 等。

7. CP 长度 N_{cp}

为了在保持子载波正交性的同时减少符号间干扰，在 OFDM 系统中引入 CP。N_{cp} 一般与信道冲击响应时域特性有关：多径效应越强，响应拖尾越长，N_{cp} 越大。信道冲击响应与发送端的数量、排列形式、房间构造以及接收端的位置等因素均有关系[25-26]。一般情况下，取 $N_{\mathrm{cp}}=N_{\mathrm{ifft}}/8$，即可减少符号间干扰。

8. AWG 采样率 S_{awg}

从原理来看，AWG 采样率只与 N_{ifft} 和 T_{s} 有关，即在一个符号时间内发送的点数为

S_{awg}。但是，为了减少频谱泄露，减轻仪表低通滤波的压力，一般采用上采样算法对采样点数进行处理。

由第2章可知，OFDM系统中IFFT变换结果为波形的时域采样值序列。在波形保持不变的情况下，增加采样速率的过程称为上采样。上采样的实质是内插，算法的手段是插零，分为时域插零和频域插零两类，后者因其易理解等特性被广泛使用[27]，该算法又被称为zero-padding。不同上采样率的波形对比如图6-39所示。计算参数如下：$M=16$，$N=31$，$N_{cp}=8$，上采样率su分别为1，2，5，10。

对比图6-39可知，过采样会使波形变平滑、细腻，但是当su较大时，该效果并不明显，相反，会增加系统数据处理量，且对AWG及示波器的储存深度提出了更高的要求，所以，应适当地选择上采样率su。

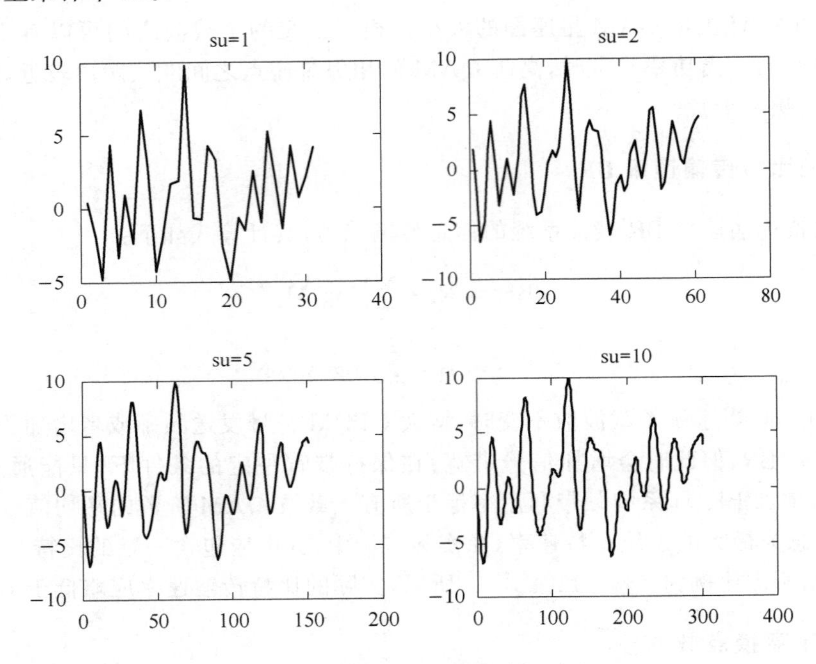

图6-39　不同上采样率的波行对比

综上所述，S_{awg}的计算式如下：

$$S_{awg}=\text{su}\cdot N_{ifft}/T \tag{6-22}$$

9. OSC采样率S_{osc}

为保证DCO-OFDM能正确解调，OSC的采样率一般与AWG的采样率相同，即$S_{osc}=S_{awg}$。S_{osc}亦可为S_{awg}的整数倍，但是由于发端已经过采样，所以收端的过采样意义不大。应当注意，因为S_{osc}不能取任意值，一般是以1，2.5和5为单位的，所以S_{awg}不能为任意值，即在其他条件不变的情况下，系统中BR也不能取任意值。

10. 系统量化比特数

DCO-OFDM系统中的量化比特数是一个重要参数。在量化电压范围一定的情况下，量化比特数较少会产生较大量化噪声，降低系统性能，当M较大时，影响更严重；相反，量化比特数较多,会对仪器造成压力,并增加硬件实现的难度和成本。所以,应合理地选择系统量化比特数。

不同量化比特数对系统性能的影响如图6-40所示。系统仿真参数为:量化电平范围为$-0.5\sim0.5$ V;$M=64$;$N=15$;信道模型为AWGN;噪声功率为-10 dBm。

在图6-40中,横坐标表示信号功率,纵坐标表示误码率。由图6-40可知,针对上述仿真系统,量化比特数取6为最佳选择,因为6比5性能要好,但跟7差别较小;系统最佳功率随着量化比特数变小而增加,这是因为量化比特数变少,量化噪声增大,与信道噪声叠加,所以需要较大的信号功率使系统性能达到最佳。

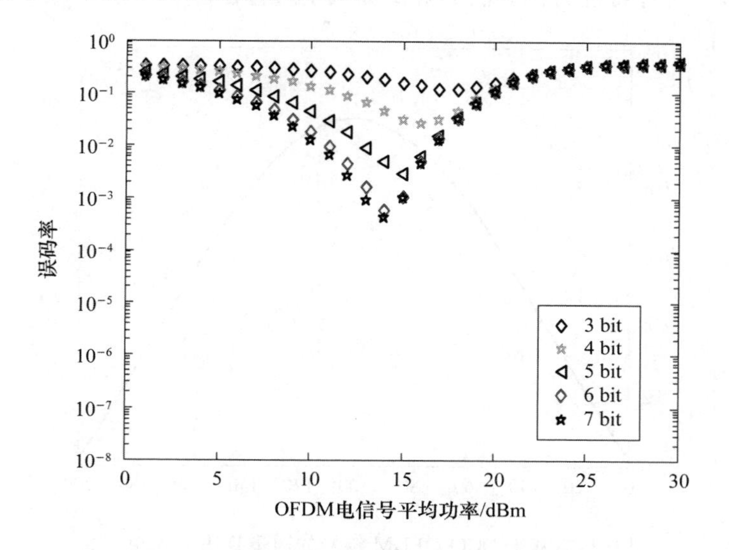

图6-40 不同量化比特数对系统性能的影响

6.5 关键算法

基于可见光离线传输系统,本节将阐述其中的关键算法,包括同步算法、功率分配与均衡算法及比特分配算法等,并对其性能进行仿真分析。

6.5.1 同步算法

接收端离线处理的第一步即同步,具体为符号同步,其含义及意义已在第2章进行了详细的说明,此处不再赘述。在离线传输系统中,可以采用第2章中介绍的算法,如Barker或者ML。但是Barker算法需借助经过特殊设计的导频,ML算法性能较差,所以,在离线实验中,采用一种基于DCO-OFDM符号的同步算法。

基于DCO-OFDM符号的同步算法的核心思想是利用一个DCO-OFDM符号作为同步导频。具体来讲,发送端不再插入特殊设计的导频,而是发送一串DCO-OFDM符号,并把第一个符号作为同步符号;接收端根据相关性在采样序列中寻找该同步符号,完成同步过程。

设发送端的同步符号序列为 SS,长度为 S_n,接收端收到的序列为 RS,长度为 R_n,则同步位置 SP 的计算式如下：

$$SP = \max\sum_{i=0}^{S_n} SS(i) \cdot RS(i+j) \tag{6-23}$$

其中,$j=1,2,\cdots,R_n-i+1$。

基于 DCO-OFDM 符号的同步算法的符号内相关性如图 6-41 所示。对比图 6-23 中 Barker 导频的自相关性可知,该算法的符号自相关性尖锐程度不如 Barker 算法,但是其自相关的变化趋势及对称特性为该算法的应用提供了可行性。

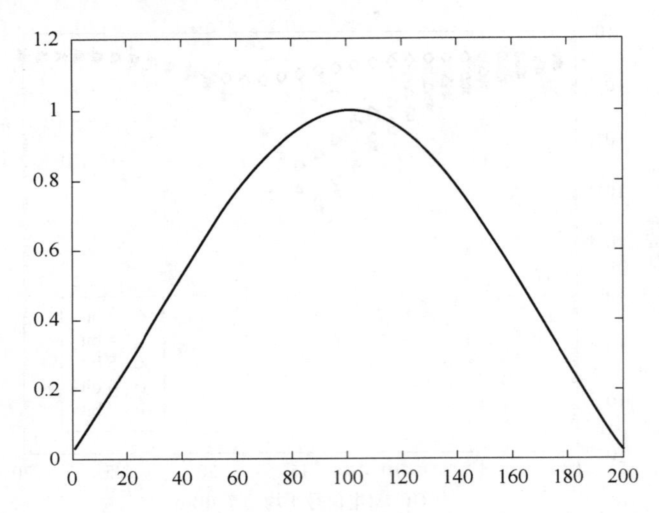

图 6-41　基于 DCO-OFDM 符号的同步算法的内相关性

DCO-OFDM 符号间相关性如图 6-42 所示。由图 6-42 可知,离线实验中 DCO-OFDM 符号间具有良好的相关性,即同步符号与其前后的 DCO-OFDM 符号相关性不强,具体体现在峰值 1 处比较尖锐(解调起始点),其他点的相关性介于−0.5 与 0.5 之间,这为该算法的应用提供了有力的支持。

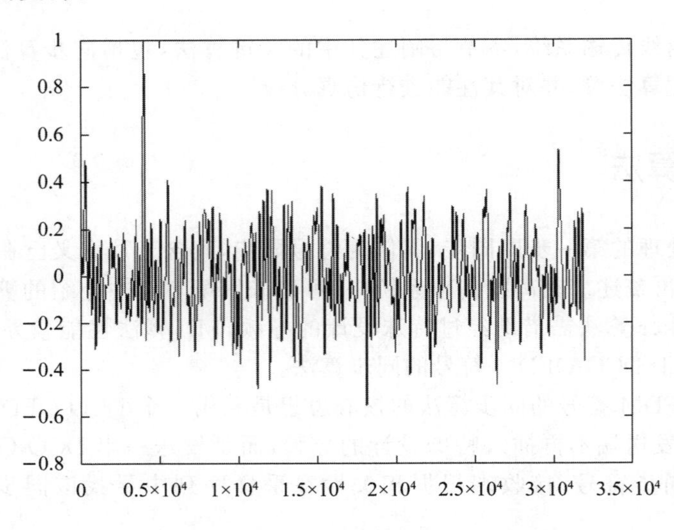

图 6-42　DCO-OFDM 符号间相关性

在性能上,同步算法应介于 Barker 算法与 ML 算法之间:因为自相关性不如 Barker 算法尖锐,所以其抗噪性能劣于 Barker 算法;由于 CP 是 OFDM 符号的一部分,并且 ML 算法也是计算相关性,所以两者具有共通点,不同之处在于前者在算法中利用一个 DCO-OFDM 符号整体进行相关性运算,并且计算相关性的两者只有一个受到信道影响,所以其性能优于 ML 算法。

在编程实现上,该算法的简单性优于另外两种算法。在发送端,由于不用插入特殊设计的导频,所以在程序上可保持一致性,有利于参数的设计与计算;在接收端,该算法的编程复杂度也较简单。

综合考量算法的性能及实现难度,本实验在离线实验过程中采用基于 DCO-OFDM 符号的同步算法。

在应用算法的过程中,应注意以下问题。

首先,本算法中用作同步的 DCO-OFDM 符号,应在程序上避免其出现在数据符号中,否则接收端有可能同步解调失败。为避免这个问题,可以将 OFDM 同步符号设计为频域全零,此时相关性的计算不能套用式(6-23),而应采用寻找差值绝对值之和最小点的方法进行符号同步。

其次,由于 AWG 发送的符号序列是循环重复发送的,而 OSC 采样序列的起始点很可能不是发送序列的起始点,如图 6-43 所示,为了保证接收端能采到一个完整的发送序列,要求 $S_n > 2R_n$。

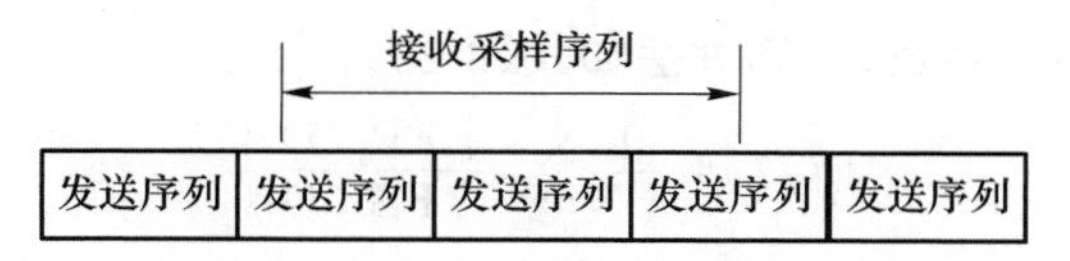

图 6-43 发送序列与接收采样序列

最后,在精确到一个采样点的同步算法中,过采样有利于减少相位误差,提升同步效果,如图 6-44 所示。由上文可知,在一个 DCO-OFDM 符号内,对于最高频的子载波,如果不过采样,则每个周期内包含两个时域抽样值,恰好符合奈奎斯特抽样定律,相邻两点之间相位相差 180°。此时于接收端进行同步,由于采样时间的随机性,所以符号同步抽样点与原始数据点之间存在相位误差,随机分布于 −90° 和 90° 之间;如果进行过采样处理,设过采样率为 N_s,此时相邻两点之间相位相差 $180°/N_s$,接收端经过符号同步,抽样点与原始数据点之间的相位误差随机分布于 $-90/N_s$ 和 $90/N_s$ 之间,所以,过采样有利于减少相位误差,提升同步效果。上述分析均基于最高频子载波,对于低频子载波,相同的抽样时间差 t_{offset} 导致的相位偏差小于高频子载波。

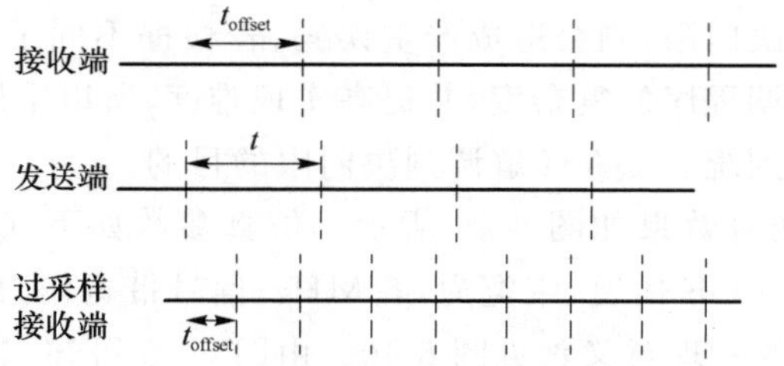

图 6-44 过采样有利于减少相位误差

6.5.2 均衡算法与预均衡算法

在数字通信系统中，为了克服多径及衰落引起的码间干扰，提高通信性能，往往在接收端应用均衡技术或者在发送端应用预均衡技术。

在 DMT 系统（如 ADSL）中，往往在接收端采用时域均衡算法，如分路算法[27]及其改进算法[29-30]，其基本思想是在 FFT 变换之前，利用复杂的横向抽头系数，消除抽样值间的干扰，对抗信道多径效应。

在可见光通信系统中，时域均衡技术也有应用，多用于 OOK 系统。一般地，首先建立信道模型，可通过仿真[31]或实际测量的方式，之后，根据上述模型，在接收端设计横向均衡器[30]消除码间干扰，或者采用模拟高通滤波器等电路级方法提升信道带宽[32]，从而改善系统性能。

在 DCO-OFDM 可见光通信系统中，往往采用频域均衡算法，又称为功率补偿算法。该算法在接收端 FFT 模块之后，设置一组系数，对不同子载波分别进行振幅补偿，即功率补偿，其算法具体如式(6-24)。

$$R'(i) = \frac{R(i)}{F(i)} \tag{6-24}$$

其中 $i=1,2,\cdots,N$，N 表示子载波数，R 表示图 6-3 中 F 处的每一路信号，R' 表示 G 处的每一路信号，F 表示各路补偿系数，计算方法如式(6-25)。

$$F(i) = \frac{1}{\mathrm{FN}}\sum_{j=1}^{\mathrm{FN}} \frac{|\mathrm{FR}_j(i)|}{|\mathrm{FS}_j(i)|} \tag{6-25}$$

其中 $i=1,2,\cdots,N$，FN 表示估算补偿系数的 OFDM 符号数，FS 表示图 6-36 中 D 处发送的各路信号，FR 表示图 6-37 中 F 处的各路解调信号。

该算法的核心思想是将 FN 个 OFDM 符号作为实验组，在接收端将其与原信号进行对比，计算信道衰落特性，并将结果应用于非实验组符号，达到均衡的目的。在可见光通信系统中应用该算法存在两个前提：首先，系统信道模型为时间平稳信道，以保证补偿系数在一段时间内的通用性；其次，其信道幅频特性随着频率的增长平稳下降，以保证每个子载波都可以用一个常数来补偿即可。

该算法的作用为：在时域可以减少抽样点间干扰，在频域可以统一各个子载波的功率。对于前者，由于式中的 F 是一组频域乘法系数，其在时域对应一组卷积系数，这与上述横向均衡器原理相符，所以该算法可以减少抽样点间干扰；对于后者，由图 6-37 可知，均衡后的信号为 QAM 符号，在假设子载波内衰减水平的情况下，接收端 QAM 星座图和发送端相比变密集，若不改变解调判决门限，则会造成严重误码，若根据不同子载波设计不同的判决门限，则会增加离线实验解调程序的复杂度，并提高实现难度，所以采用功率补偿算法，可以放大相对密集的星座图，达到统一 QAM 解调判决门限的目的。

上述均衡算法应用仿真效果如图 6-45 所示。仿真参数如下：QAM 阶数 $M=64$，子载波数 $N=31$；信道模型为 EOE 信道，带宽为 35 MHz；信号带宽作为区分不同线的变量。

图 6-45 中横纵坐标的物理意义参见图 6-40。由图 6-45 可知，当信号带宽增加时，系统最佳性能点需要的信号功率增大。这是由于受到一阶低通信道的衰减，高频子载波信号在

接收端信号功率较低，信号带宽越大，所受衰减越大，信噪比越低；在补偿子载波功率的同时，噪声功率也被放大，即功率补偿算法不能改变子载波信噪比。在功率补偿之后，系统噪声被放大，所以系统最佳性能点需要的信号功率增大。对于噪声，功率补偿算法可理解为高频功率放大器。

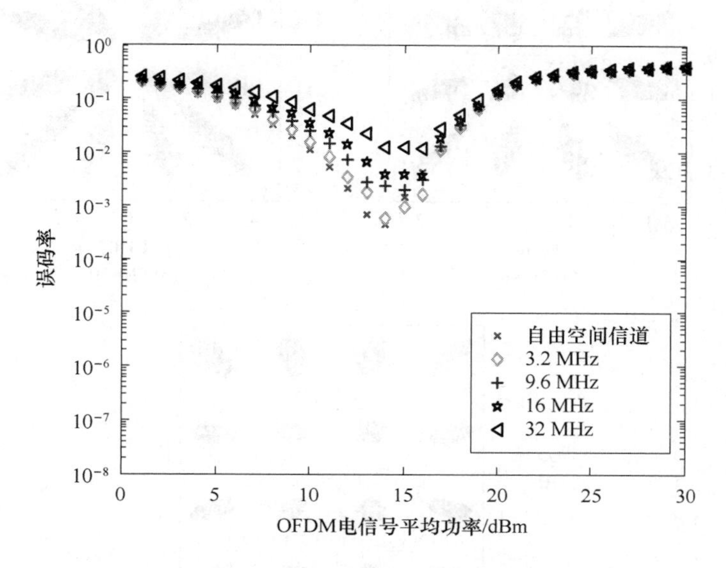

图 6-45 均衡算法与系统性能

式(6-25)中 FN 为大小可选的参数，当 FN 较小时，对信道的估算不足，使均衡算法性能下降；当 FN 较大时，增加非业务符号的数量，减少数据的净传输量。图 4-46 为 FN 大小对算法性能影响的仿真图，图像显示接收端解调星座图，仿真参数如下：子载波数 $N=63$，信号带宽为 22 MHz，QAM 阶数 $M=16$，信道采用一阶低通模型，带宽为 15 MHz，从左至右 FN 依次为 6，30，100。

由图 6-46 可知，当 FN=6 时，接收端解调星座图的星座间距离较小，并存在串扰，这是由于 FN 较小并且符号具有随机性，所以算法计算结果不能准确估算信道衰减，均衡效果差；当 FN=30 时，与左图相比，解调星座图分布区域明显，说明均衡效果较好；当 FN=100 时，与前两图相比，解调星座点偏离最小，均衡效果最好。

图 6-47 从数学上描述了 FN 对均衡算法性能的影响，图中横坐标表示 FN，纵坐标表示发送与接收的 QAM 符号欧氏距离的方差，仿真参数同图 6-46。由图可知，FN 增大可以减少上述方差，并且当 FN 小于 20 时，其大小对系统性能影响较为明显，当 FN 大于 30，其对系统性能增益影响很小。

预均衡算法是指将上述均衡系数 $F(i)$ 应用于发送端，即在图 6-36 中 E 加入该算法。预均衡算法应用仿真效果如图 6-48 所示。仿真参数如下：QAM 阶数 $M=64$，子载波数 $N=31$；信道模型为 EOE 信道，带宽为 35 MHz；信号带宽作为区分不同线的变量。

图 6-48 中横纵坐标的物理意义参见图 6-40。由图 6-48 可知，当信号带宽增加时，系统最佳性能点需要的信号功率减少。这是由于信号带宽越大，高频子载波受到的衰减越大，$F(i)$ 越大，则在接收端相同信噪比的前提下，发送端需要的信号能量越小，所以系统最佳性能点需要的功率变小。对于噪声，预均衡算法可理解为低通滤波器。

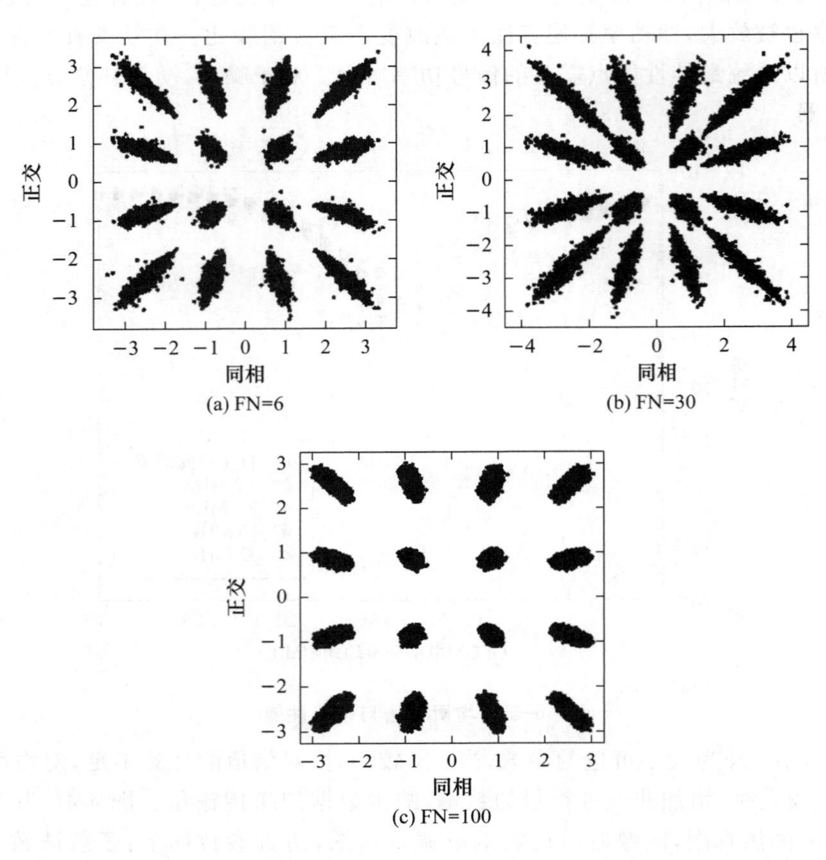

图 6-46　FN 大小与星座图

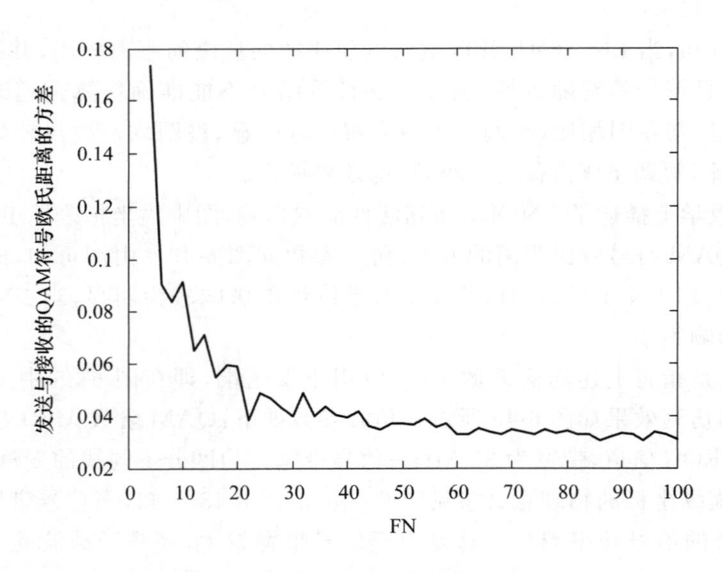

图 6-47　FN 与均衡算法性能

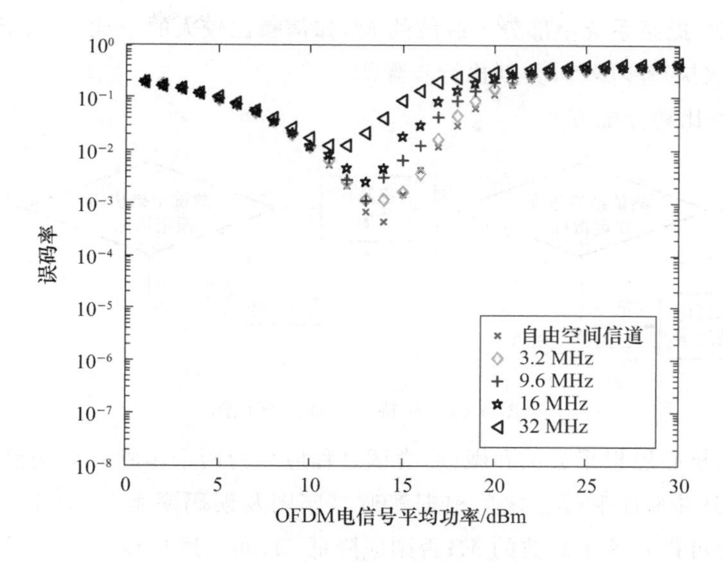

图 6-48 预均衡算法与系统性能

与均衡算法相比,预均衡算法位于发送端,而发送端本身无法对信道做出估算,所以算法中使用的均衡系数 $F(i)$需从接收端进行反馈。对于离线实验系统,预均衡算法需进行两次实验,首先采用均衡算法估算信道衰减特征,然后在发送端应用预均衡算法进行预补偿;对于硬件实现,该算法增加了系统复杂度。预均衡算法的优点是可以改善高频载波的信噪比,即在发送端提高高频功率,有利于提升系统性能。

6.5.3 比特分配算法

在可见光通信系统中,不同频率信号的信噪比不一,原因在于:首先,信道对信号的不同频率衰减不同,一般地,高频衰减大于低频;其次,信道噪声频域功率分布不均匀。在不计噪声频域分布不均的前提下,接收端的高频信号信噪比低于低频。

在基于 DCO-OFDM 的可见光通信系统中,实际信道被划分为若干频域子信道,每个子信道都对应一个子载波。其优势在于,针对上述信噪比不均的情况,系统可结合子载波实际信噪比灵活地分配比特速率,在保证一定的系统性能的条件下,如误码率等,能够实现信道容量的最大化。

具体地,在调制过程中,系统子载波根据其实际信噪比采用不同的 QAM 阶数 M。M 不同,对应的信噪比与误码率性能曲线不同。传输系统中信噪比低的子载波应采用低阶 QAM,以保证系统性能;信噪比高的子载波宜采用高阶 QAM,以增加系统信道容量。

该算法的实现流程图如图 6-49 所示,具体步骤阐述如下。

① 初始化比特分配方案,最佳选择是全部子载波采用统一 QAM 阶数 M,并且 M 应尽量小。

② 测试该分配方案,如误码性能不合格,则调整初始方案,减小 M 后,并再次执行步骤②;如性能合格则继续执行步骤③。

③ 调整方案，提高系统中部分子载波的 M，如信噪比较大的子载波。测试方案性能，如符合要求，则再次执行步骤③；否则执行步骤④。

④ 确定最终比特分配方案。

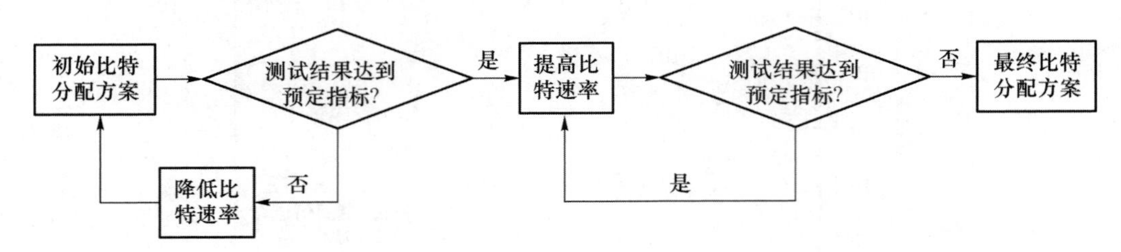

图 6-49　比特分配算法流程图

上述算法的核心思想是尝试和微调，尝试过程应分为两个步骤。首先粗调，确定基准调制阶数 M，即上述步骤①和②。之后根据解调星座图及误码率微调：某个子载波星座图清晰，误码率低，则可提高该子载波的 M；否则应降低 M，即上述步骤③。

比特分配算法对时域信号特性（如峰均比）不产生影响，仿真结果如图 6-50 所示。仿真参数如下：子载波数 $N=31$，电压范围为 -1 到 1，OFDM 符号数为 20K 个。

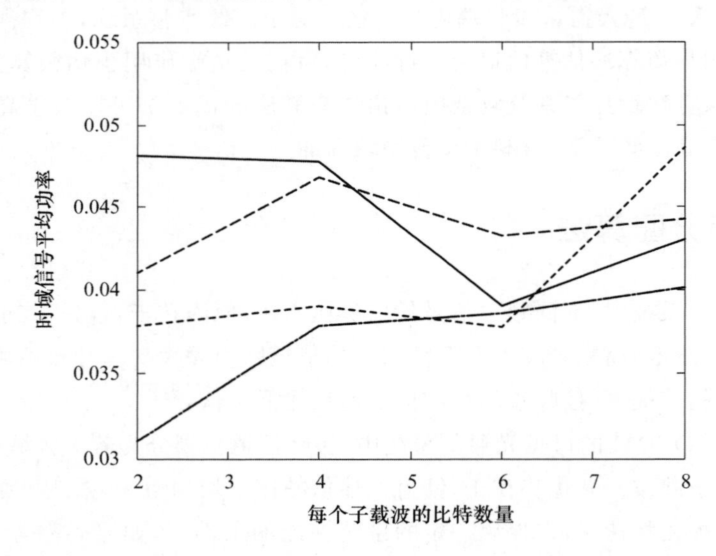

图 6-50　不同调制阶数 M 与信号平均功率

图 6-50 中横坐标为每个子载波的比特数量，分别对应 M 为 4，16，64，256；纵坐标为时域信号平均功率；四条曲线分别代表四次仿真结果。由图 6-50 可知，四条曲线的走向不定，无一致规律，即信号平均功率和每个子载波的比特分配数量无关。并且在 OFDM 系统中，不同子载波相互独立，所以比特分配算法对时域信号的峰均比没有影响。

在比特分配算法的应用过程中，不同阶数 M 的星座图之间平均功率应保持一致，才能得出上述仿真结果。如果某个子载波需要增加功率，改善信噪比，应采用 6.3.2 节所述的功率补偿算法或预均衡算法。

6.6 离线传输实验及分析

6.6.1 发射端和接收端

作为物理信号承载单位,发射端和接收端的特性对系统性能的影响至关重要,所以选择合适的收发器件是迈向实验成功的第一步。

衡量系统物理性能的重要指标包括两个:系统频率响应和噪声功率。系统频率响应涉及 DCO-OFDM 信号的使用带宽和子载波分配,直接影响系统比特传输速率;噪声功率的大小影响信号传输质量,其频域分布特征影响比特分配方案。

系统频率响应的测试方案如图 6-35 所示,由 AWG 发送某频率正弦波,测量接收端波形振幅的平均值,并记录。变换正弦波频率,重复上述过程(该过程中正弦波峰值保持不变)。最后对该组数据进行归一化处理,即可得到系统频率响应曲线。

噪声的测试方案如图 6-35 所示,发送端闲置,不发送信号,此时接收端采集的信号为系统噪声信号,再用软件对其做频域分析。由于噪声主要由背景光和接收电路电热噪声两部分组成,并且接收端示波器采用交流耦合,发送端即使发送直流信号,也不会被接收端记录,所以发送端在该组测量中应被闲置。

下面针对上述两项指标,分别对三组系统进行测试,分析测试结果,最后择优作为离线传输实验系统的收发装置。

组一实验收发装置如图 6-51 所示。发射装置采用 Cree CLP6C 型 LED,其红、绿、蓝三颗灯珠的连接方式为串联,电路结构简单。接收装置采用 S6968 型 PD,其电路接口输出为 PD 的响应信号。系统频率响应曲线如图 6-54 虚线所示,其 3 dB 带宽约为 9 MHz,衰落部分曲线较为平坦,类似一阶衰落过程;其噪声频域分布如图 6-55(a)所示,功率为−11 dBm,主要集中于 0~1 MHz、85~110 MHz 及 760~770 MHz 三段频率范围。

图 6-51 组一实验收发装置

组二实验收发装置如图 6-52 所示。发射装置同组一。接收装置采用 Analog 713A-4 型 APD。系统频率响应曲线如图 6-54 点划线所示,其 3 dB 带宽约为 4 MHz,带内频响变化陡峭，具有二阶衰落特性；其噪声频域分布如图 6-55(b)所示，功率为－7 dBm，主要集中于 20～40 MHz、87～92 MHz 及 100～107 MHz 三段频率范围。

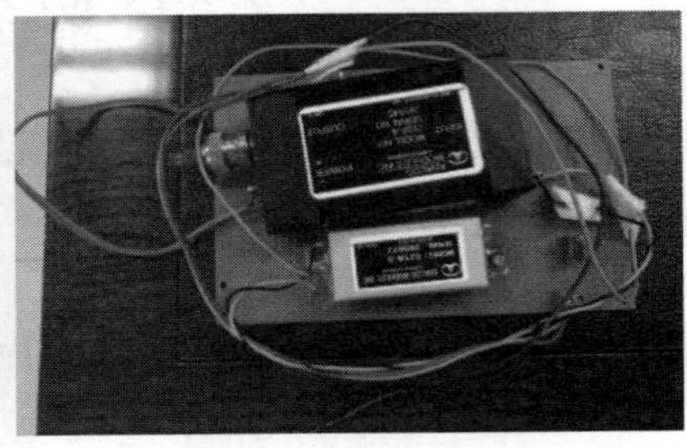

图 6-52　组二实验收发装置

组三实验收发装置如图 6-53 所示。发射装置同组一。接收装置采用 Thorlabs PDA10A 型 PD 电路模块，其小信号带宽为 150 MHz[33]。系统频率响应曲线如图 6-54 实线所示，其 3 dB 带宽约为 15 MHz，衰落部分曲线平坦，类似一阶衰落过程；其噪声频域分布如图 6-55(c)所示，功率为－33 dBm，主要集中于 50～200 MHz 频率范围，在该范围内，噪声功率分布比较平均。

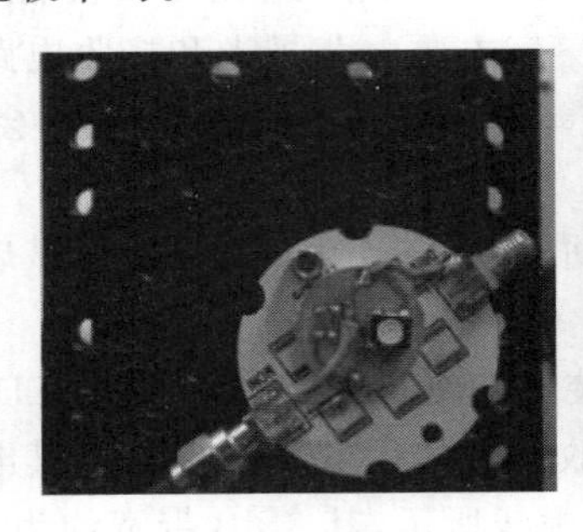
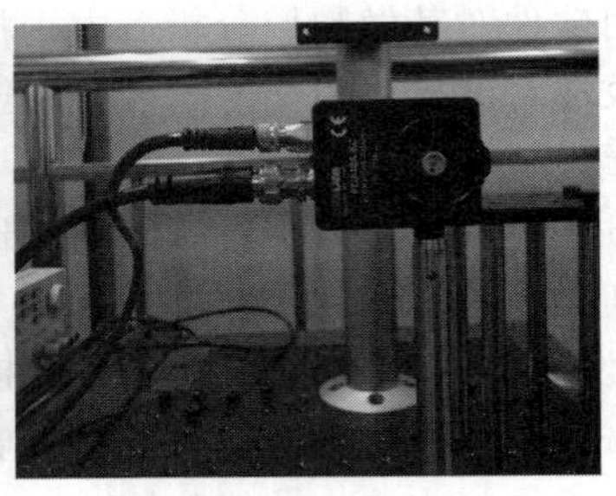

图 6-53　组三实验收发装置

由图 6-54，对比三组实验装置的系统频率响应，可知：首先，从 3 dB 带宽看，组三带宽最大，组二带宽最小；其次，从衰减平坦度看，组三衰减速度最慢，曲线最平坦，最接近一阶衰减过程，组二曲线走势最陡峭。

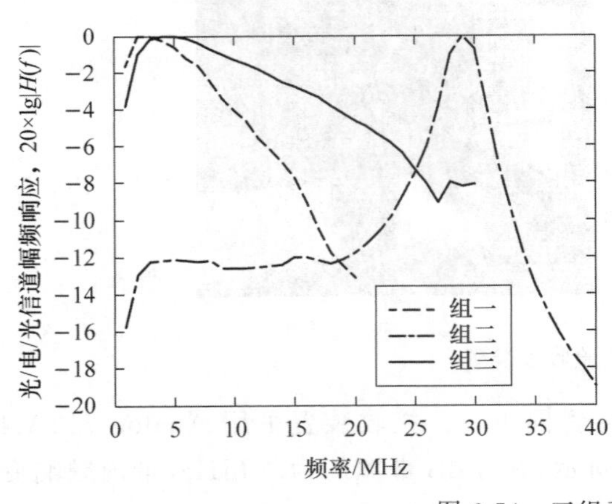

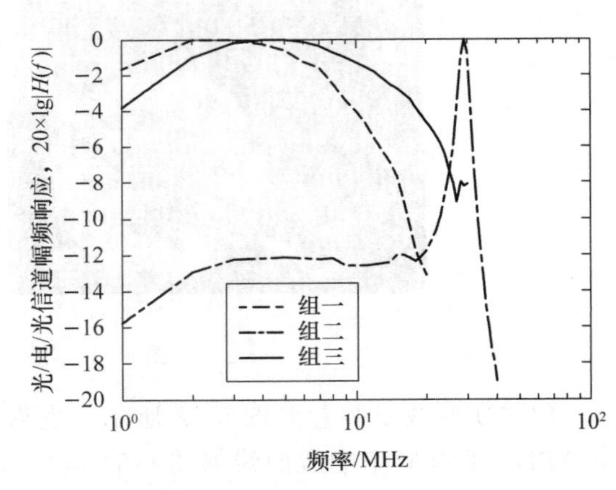

图 6-54　三组系统频率响应曲线

由图 6-55(d),对比三组实验装置的系统噪声频域特性,可知:首先,组三噪声特性最佳,因为其噪声功率最小,并且分布较为均匀,组二噪声特性因其高功率而最差;其次,三组装置的噪声于 85～110 MHz 之间均有较大的分布,说明室内背景光噪声主要分布于此频段,与电路电热噪声关系不大。

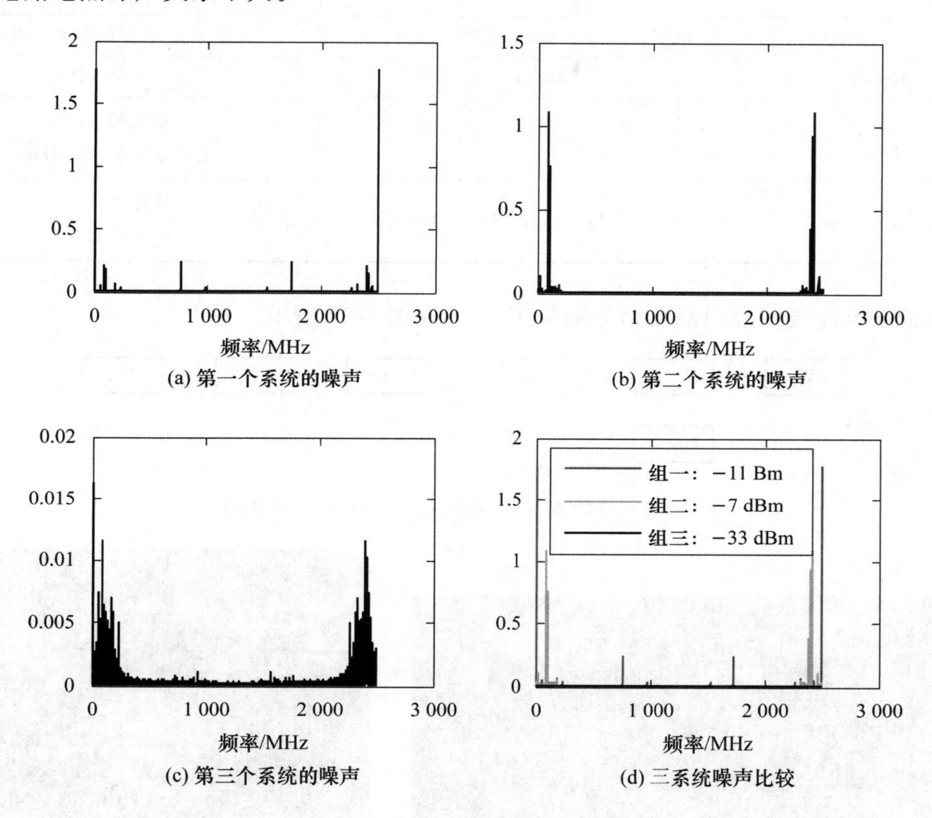

图 6-55 三组系统噪声频谱图

综合上述测试结果,可知组三在频响和带宽方面均优于其余两组装置,最有利于实现高速率传输,所以在实验时宜加以采用。

6.6.2 143 Mbit/s 离线传输系统

在前文分析的基础上,离线传输实验系统结构如图 6-35 所示,其收发装置采用组三,实验系统组件及其主要性能指标如表 6-1 所示。

表 6-1 140 Mbit/s 离线传输系统组件型号及其主要性能参数

组件名称	组件型号	主要性能参数
AWG	Agilent 81150A	带宽:150 MHz 采样率:2 GSa/s
Bias-T	Mini-circuits ZFBT-6GWB+	下截止频率:0.1 MHz 上截止频率:6 GHz

续 表

组件名称	组件型号	主要性能参数
DC Power supply	Agilent U8001A	最大电压:30 V 最大电流:3 A
LED	Cree CLP6C	RGB 三色串联
Receiver(PD)	Thorlabs PDA10A	带宽:150 MHz
LPF	Mini-circuits LSP 50+	下截止频率:DC 上截止频率:48 MHz
Oscilloscope	Tektronix DPO 4104B-L	带宽:1 GHz 采样率:5 GSa/s

实验系统连接示意图及实物分别如图 6-56 和图 6-57 所示。

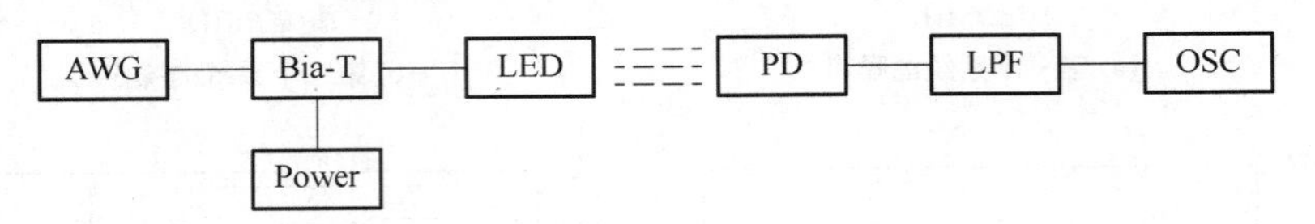

图 6-56　140 Mbit/s 离线传输系统连接示意图

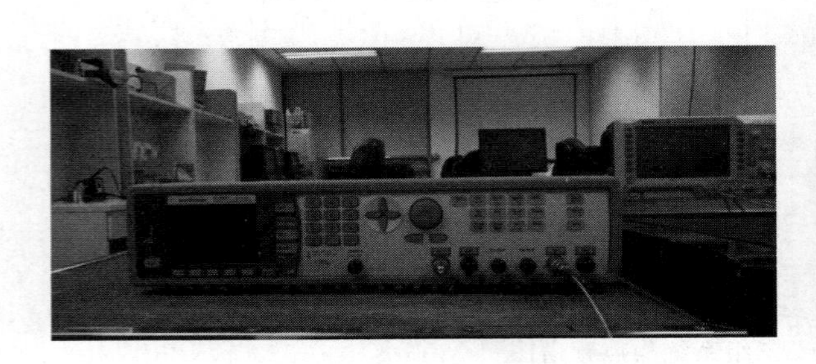
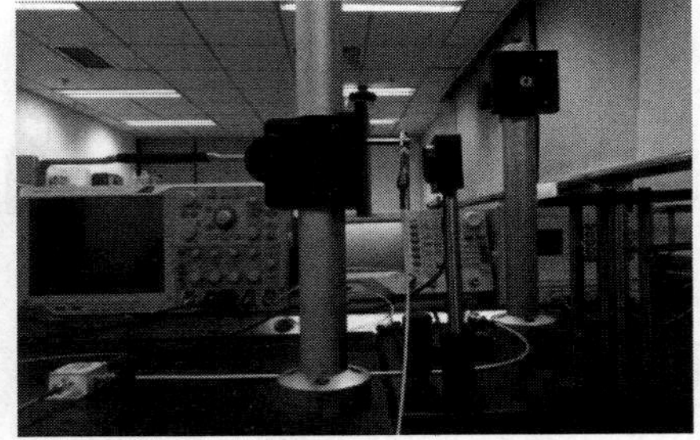

图 6-57　140 Mbit/s 离线传输系统实物连接图

基于 DCO-OFDM,离线实验信号主要参数如表 6-2 所示。

表 6-2　140 Mbit/s 离线传输系统 DCO-OFDM 信号的主要参数

参数名称	参数数值	参数名称	参数数值
子载波数	63	信号带宽	44 MHz
CP 长度	16	OFDM 符号速率	0.7 MBaud
QAM 阶数	0,4,16	比特速率	143 Mbit/s
上采样率	5	OFDM 符号数	150
信号采样率	500 MSa/s	比特传输总量	30 992

其中比特分配方案如图 6-58 所示,由于系统低频部分频响走向陡峭,性能较差,所以 1～4 号载波空置,5～49 号载波 QAM 阶数为 16;由于高频信号衰减较大,信噪比低,所以 50～63 号载波 QAM 阶数为 4。

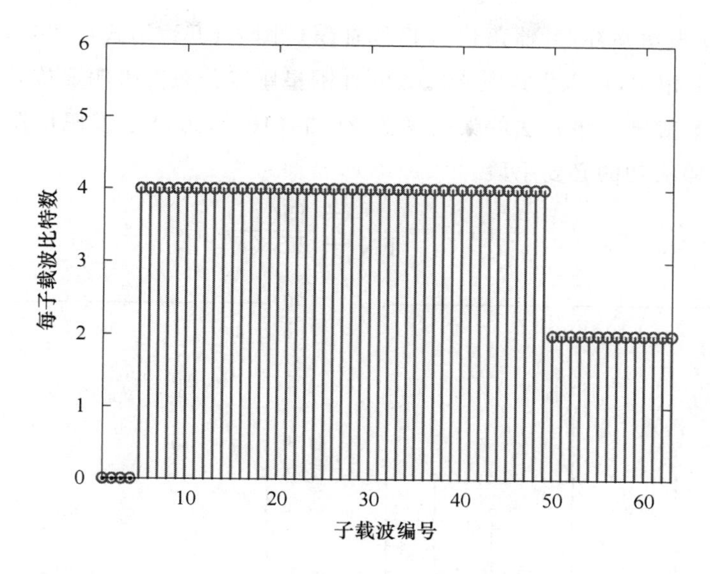

图 6-58 140 Mbit/s 离线传输实验比特分配方案图

实验系统解调结果如图 6-59 所示。由图可知，16QAM 星座图清晰，而 4QAM 星座图较为散乱。

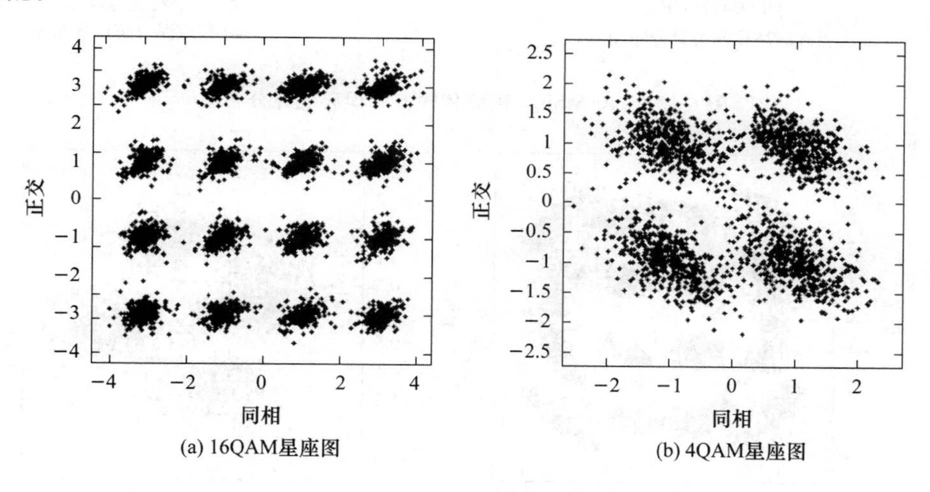

图 6-59 DCO-OFDM 解调星座图

实验解调误码统计分布如图 6-60 所示。图 6-60(a)为时域误码统计分布图，以 OFDM 符号编号为横坐标，误码个数为纵坐标，由图可知，误码分布较为均匀，并且具有随机性，说明传输系统的性能在时域内不存在问题，即该系统可视为时域稳定系统；图 6-60(b)为频域误码统计分布图，以子载波编号为横坐标，误码个数为纵坐标，由图可知，误码集中在 47～63 号载波之间，说明系统在该频段衰减变大，信噪比变低，误码率增加。经计算得，系统误码率为 1.4×10^{-3}，低于国际误码门限标准 2×10^{-3}，即通过纠错编码机制可实现可靠传输。

实验在均衡方面对前文的均衡算法做出改进，采用的算法如式(6-26)所示。与式(6-26)相比，其均衡系数由实数变为复数。实数表示只补偿功率，复数表示既补偿功率，又补偿相位:模代表功率补偿,辐角代表相位补偿。图 6-61 为用式(6-26)均衡算法解调的星座图,与图 6-59 相比,可以发现其 16QAM 外围星座点分布发生明显旋转,4QAM 星座点分布中心发生明显旋转。该算法的误码率为 21.6×10^{-3},远高于误码门限,所以采用改进型均衡算法是实验成功的必要手段。

$$F(i)=\frac{1}{\mathrm{FN}}\sum_{j=1}^{\mathrm{FN}}\frac{\mathrm{FR}_j(i)}{\mathrm{FS}_j(i)} \tag{6-26}$$

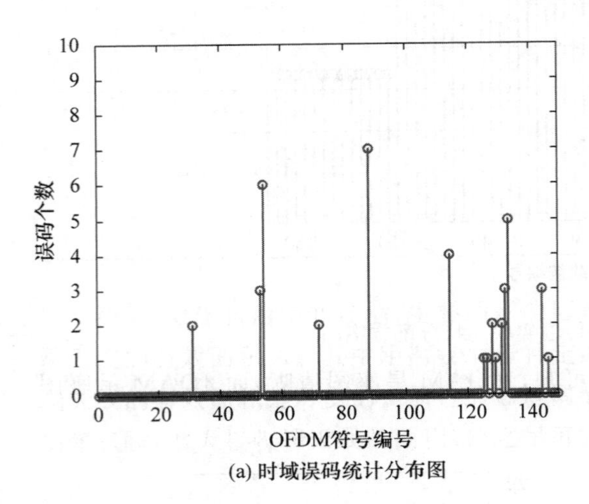

(a) 时域误码统计分布图

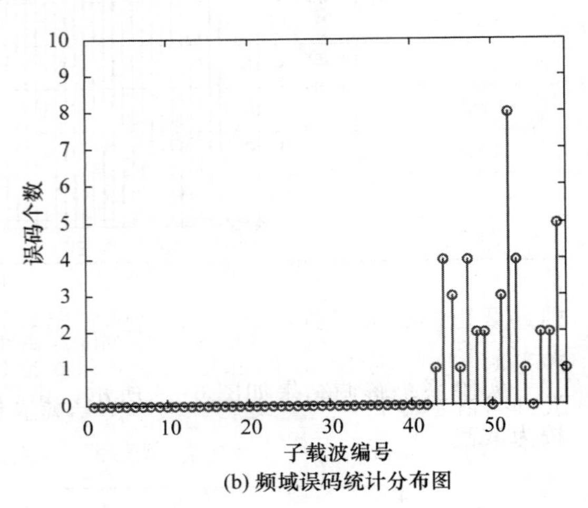

(b) 频域误码统计分布图

图 6-60　140 Mbit/s 离线传输实验误码统计分布图

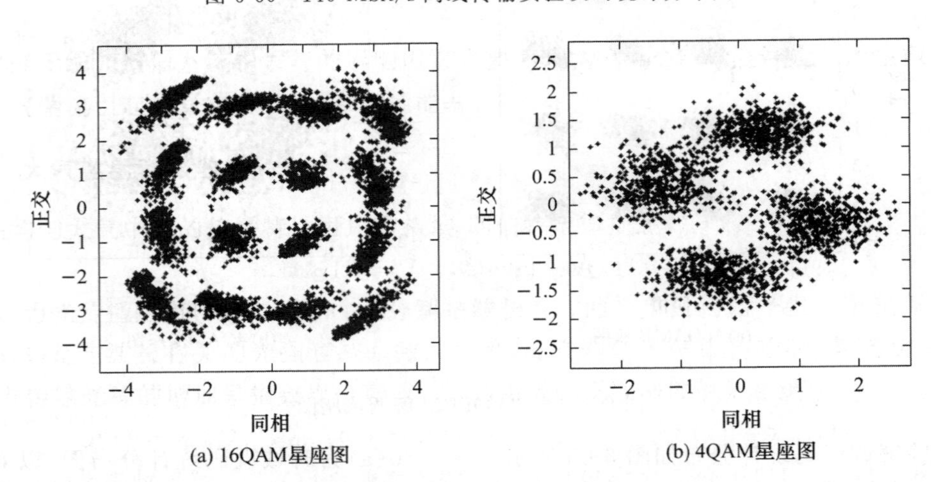

(a) 16QAM星座图　　(b) 4QAM星座图

图 6-61　原均衡算法解调星座图

实验均衡系数如图 6-62 所示。图 6-62(a)横坐标表示子载波编号,纵坐标表示均衡系数的模值,由图可知,高频子载波的振幅衰减量是低频子载波的 4 倍,即在各个子载波发射功率相同的前提下,接收端低频子载波功率比高频子载波高 12 dB。图 6-62(b)横坐标表示子载波编号,纵坐标表示均衡系数的辐角,由图可知,系统相位具有非线性,即辐角正负不一,且不存在单调性,说明系统存在色散。

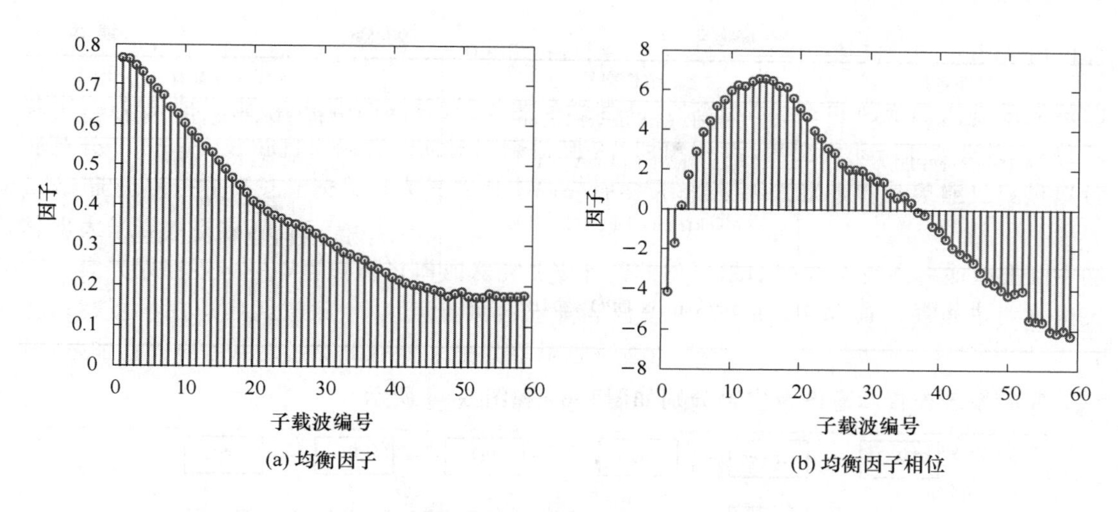

图 6-62　140 Mbit/s 离线传输实验均衡系数图

上述色散会引起一定的码间干扰,因为辅角为负值时表示后一个符号会影响前一个符号,而上文所述的 CP 结构并不能消除该影响。为消除码间干扰,可调整 CP 结构,如图 6-63 所示,即在 OFDM 符号前后均加入保护间隔。

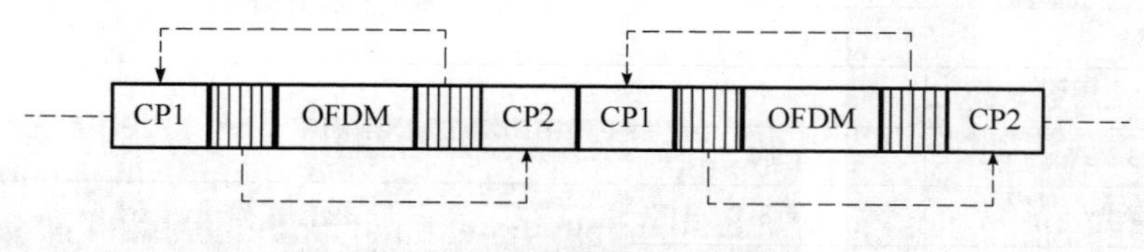

图 6-63　调整后的 CP 结构图

综上,采用上述装置和算法,离线传输实验速率可达到 143 Mbit/s,传输距离为 5 cm,同时,误码率为 1.4×10^{-3}。

6.6.3　715 Mbit/s 离线传输系统

在前文实验的基础上,发射端被替换为新型驱动电路,该电路具有更大的带宽,有利于提升传输速率;同时在接收端前面放置透镜,以汇聚光线,提高接收光功率,有利于增加传输距离。

实验系统组件及其主要性能指标如表 6-3 所示。

表 6-3　715 Mbit/s 离线传输系统组件型号及其主要性能参数

组件名称	组件型号	主要性能参数
AWG	Agilent 8190A	带宽:3.5 GHz 采样率:12 GSa/s
Bias-T	Mini-circuits ZFBT-6GWB+	下截止频率:0.1 MHz 上截止频率:6 GHz
DC Power supply	Agilent U8032A	最大电压:60 V 最大电流:3 A

续 表

组件名称	组件型号	主要性能参数
Sender	LED with driver circuit	蓝色灯珠，带宽：120 MHz
Receiver(PD)	Thorlabs PDA10A	带宽：150 MHz
LPF	Tektronix DPO 4104B-L	下截止频率：DC 上截止频率：240 MHz
示波器	Tektronix DPO 4104B-L	带宽：1 GHz 采样率：5 GSa/s

实验系统连接示意图及实物分别如图 6-64 和图 6-65 所示。

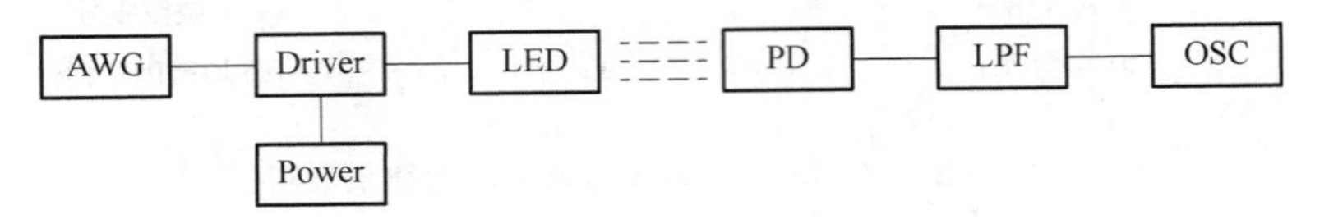

图 6-64　715 Mbit/s 离线传输系统连接示意图

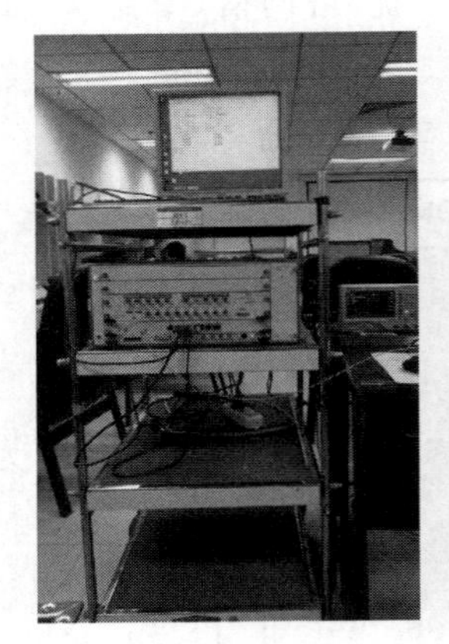
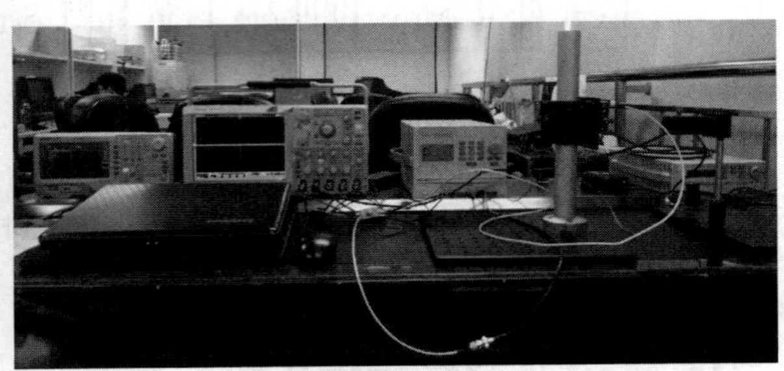

图 6-65　715 Mbit/s 离线传输系统实物连接图

基于 DCO-OFDM，离线实验信号主要参数如表 6-4 所示。

表 6-4　715 Mbit/s 离线传输系统 DCO-OFDM 信号的主要参数

参数名称	参数数值	参数名称	参数数值
子载波数	127	信号带宽	185 MHz
CP 长度	32	OFDM 符号速率	1.74 MBaud
QAM 阶数	0,4,16,64	比特速率	715 Mbit/s
上采样率	5	OFDM 符号数	30
信号采样率	2.5 GSa/s	比特传输总量	12 360

其中比特分配方案如图 6-66 所示，1～10 号和 31～80 号载波 QAM 阶数为 16；11～30 号载波 QAM 阶数为 64；81～106 号载波 QAM 阶数为 4。由于高频信号衰减过大，信噪比低，所以 107～127 号载波被空置。

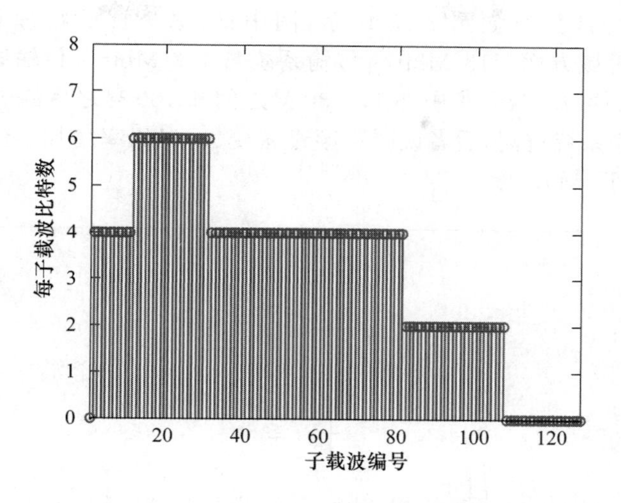

图 6-66 715 Mbit/s 离线传输系统比特分配方案图

实验系统解调结果如图 6-67 所示，从左至右依次为 64QAM，16QAM 和 4QAM 星座图。由图 6-67 可知，16QAM 和 4QAM 星座图清晰，而 64QAM 星座图较为散乱。

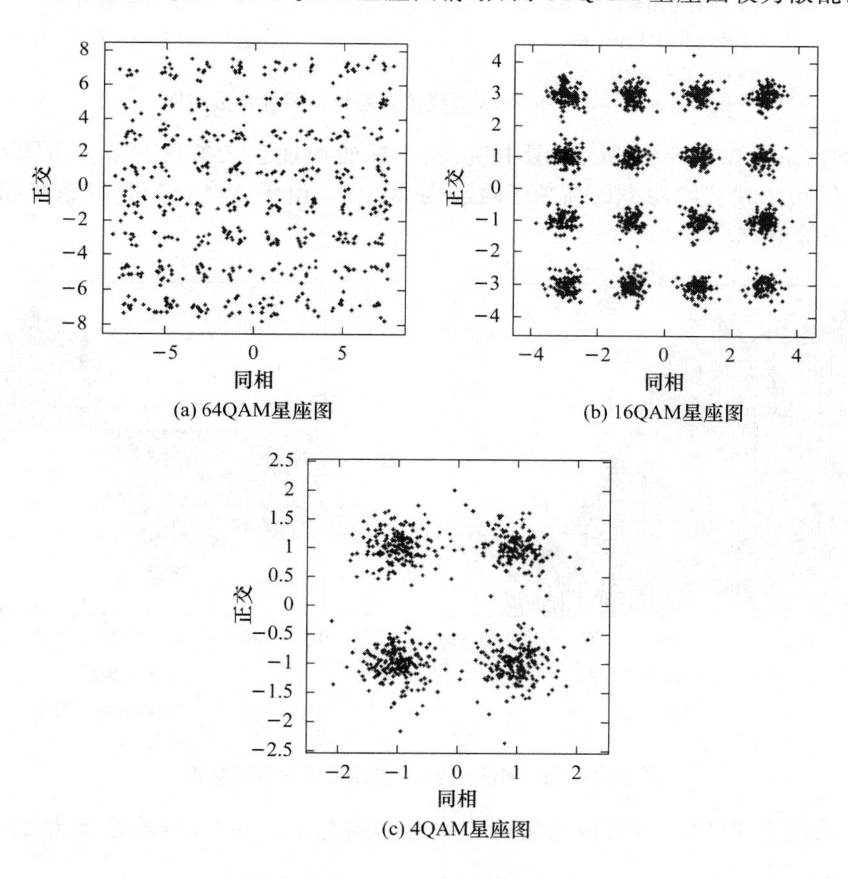

图 6-67 DCO-OFDM 解调星座图

实验解调误码统计分布如图 6-68 所示，图中横、纵坐标的物理意义参见上节。由图 6-68(a)可知，在时域方面，715 Mbit/s 传输系统与 143 Mbit/s 传输系统相似，具有时域稳定性；由图 6-68(b)可知，误码集中在 11～30 号之间和 100 号之后的子载波，前者说明 64 阶 QAM 对于此传输系统过高，后者说明高频衰减变大，误码率增加。经计算得，系统误码率为 1.3×10^{-3}，低于误码门限。

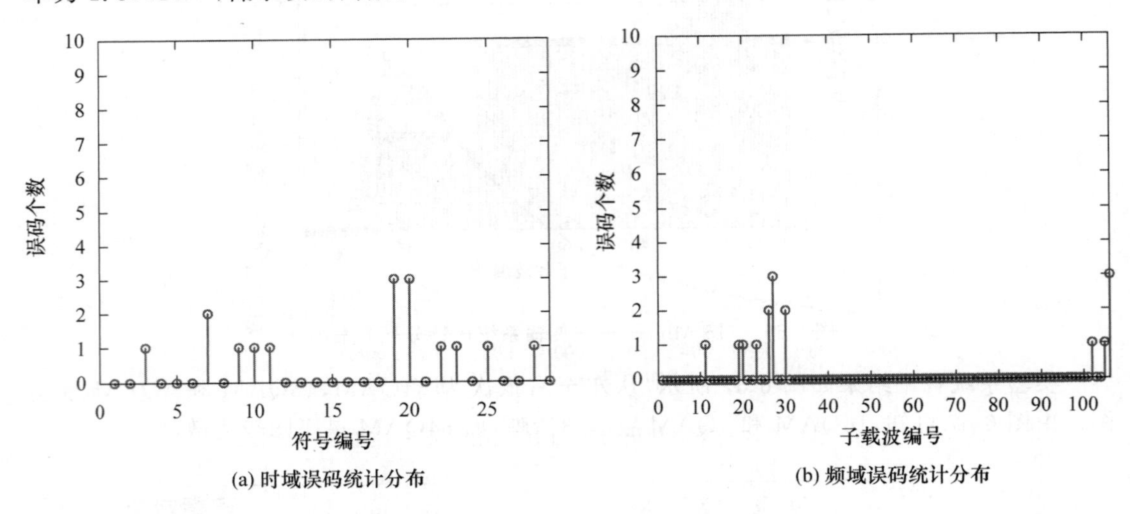

(a) 时域误码统计分布　(b) 频域误码统计分布

图 6-68　715 Mbit/s 离线传输系统误码统计分布图

实验均衡系数如图 6-69 所示，图中横、纵坐标的物理意义参见上节。由图 6-69(a)可知，接收端低频子载波的功率比高频子载波高 20 dB。由图 6-69(b)可知，系统相位具有非线性，系统存在色散。

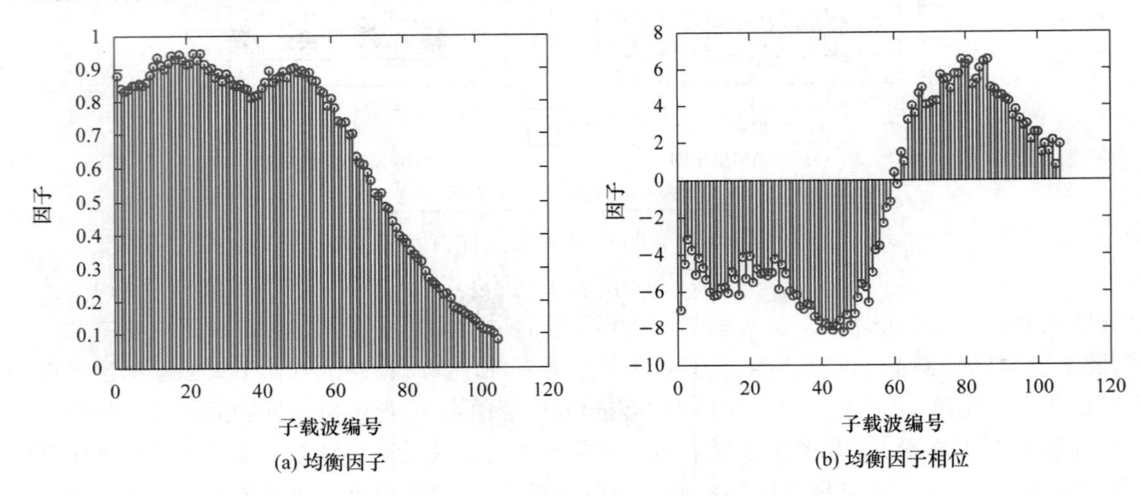

(a) 均衡因子　(b) 均衡因子相位

图 6-69　715 Mbit/s 离线传输系统均衡系数图

综上，采用上述装置，离线传输实验速率可达到 715 Mbit/s，传输距离为 20 cm，同时，误码率为 1.3×10^{-3}。

本章小结

本章首先介绍了 OFDM 系统的基本原理和框架结构，在此基础上简述了 DCO-OFDM 和 ACO-OFDM 系统，并仿真了不同条件下的系统误码性能。针对 OFDM 系统中的难题，本章还介绍了三个方面的算法，包括同步算法、峰均比抑制算法和预失真算法，并针对里面的某些具体算法做了系统性能仿真，如 ML、Barker 和限幅等，简述了室内可见光离线传输实验系统的物理架构，并介绍了 DCO-OFDM 的调制解调软件流程，然后探讨了一些关键系统参数和算法对传输性能的影响，并给出了仿真结果。

本章参考文献

[1] 陈锟. 基于 OFDM 的室内高速可见光通信系统的研究与实现[D]. 北京：北京邮电大学，2014.

[2] Mesleh R，Elgala H，Haas H. An overview of indoor OFDM/DMT optical wireless communication systems[C]// International Symposium on Communication Systems Networks & Digital Signal Processing. 2010：566-570.

[3] Khalid A M，Cossu G，Corsini R，et al. 1-Gb/s Transmission Over a Phosphorescent White LED by Using Rate-Adaptive Discrete Multitone Modulation[J]. IEEE Photonics Journal，2012，4(5)：1465-1473.

[4] Zhang S，Watson S，McKendry J，et al. 1. 5 Gbit/s multi-channel visible light communications using CMOS-controlled GaN-based LEDs [J]. Journal of Lightwave Technology，2013，31(8)：1211-1216.

[5] Haigh P A，Ghassemlooy Z，Papakonstantinou I. 1. 4-Mb/s White Organic LED Transmission System Using Discrete Multitone Modulation[J]. IEEE Photonics Technology Letters，2013，25(6)：615-618.

[6] 周炯槃，庞沁华，续大我，等. 通信原理[M]. 3 版. 北京：北京邮电大学出版社，2008.

[7] González O，Rodríguez S，Pérez-Jiménez R，et al. Adaptive OFDM system for communications over the indoor wireless optical channel[J]. IEEE Proceedings-Optoelectronics，2006，153：139-144.

[8] Armstrong J，Schmidt B. Comparison of Asymmetrically Clipped Optical OFDM and DC-Biased Optical OFDM in AWGN[J]. Communications Letters IEEE，2008，12(5)：343-345.

[9] Armstrong J. OFDM for Optical Communications[J]. Journal of Lightwave Technology，2009，27(1)：189-204.

[10] Lee S. Discrete multitone modulation for short-range optical communications[D]. Technische Universiteitndhoven，2009.

[11] Kluwer. Multi-Carrier Digital Communications Theory and Applications of OFDM

[J]. Springer Berlin, 2004.

[12] van de Beek J J, Sandell M . ML estimation of time and frequency offset in OFDM systems[J]. IEEE Transactions on Signal Processing, 1997, 45(7):1800-1805.

[13] Schmidl T M, Cox D C. Robust frequency and timing synchronization for OFDM [J]. IEEE Transactions on Communications,1997,45(12):1613-1621.

[14] Minn H M, Letaief K B. A robust timing and frequency synchronization for OFDM systems[J]. IEEE Transactions on Wireless Communications,2003, 2(4):822-839.

[15] Park B, Cheon H, Kang C P, et al. A novel timing estimation method for OFDM systems [J]. IEEE Communications Letters, 2003, 7(5):239-241.

[16] Wang R Y, Wang Z, Wu D P, et al. A novel timing synchronization method for ACO-OFDM-based optical wireless communications [J]. IEEE Transactions on Wireless Communications, 2008, 7(12):4958-4967.

[17] Vucic J, Kottke C, Nerreter S , et al. 513 Mbit/s Visible Light Communications Link Based on DMT-Modulation of a White LED [J]. Journal of Lightwave Technology, 2010, 28(24):3512-3518.

[18] Mesleh R, Elgala H, Haas H. On the Performance of Different OFDM Based Optical Wireless Communication Systems[J]. IEEE/OSA Journal of Optical Communications & Networking, 2011, 3(8):620-628.

[19] Stefan I, Elgala H, Mesleh R, et al. Optical Wireless OFDM System on FPGA: Study of LED Nonlinearity Effects[C]// IEEE Vehicular Technology Conference. Budapest: IEEE, 2011.

[20] Elgala H, Mesleh R, Haas H. Predistortion in Optical Wireless Transmission Using OFDM [C]// International Conference on Hybrid Intelligent Systems. Shenyang: IEEE, 2009.

[21] Elgala H, Mesleh R, Haas H. A study of LED nonlinearity effects on optical wireless transmission using OFDM [C]//IEEE International Conference on Wireless and Optical Communications Networks. Cairo: IEEE, 2009: 1-5.

[22] Vucic J, Fernandez L, Kottke C, et al. Implementation of a real-time DMT-based 100 Mbit/s visible-light link [C]//36th European Conference and Exhibition on Optical Communication. Turin: IEEE, 2010: 19-23.

[23] Wang Y Q, Shao Y F, Shang H L, et al. 875-Mb/s Asynchronous Bi-directional 64QAM-OFDM SCM-WDM Transmission over RGB-LED-based Visible Light Communication System [C]// Optical Fiber Communication Conference & Exposition & the National Fiber Optic Engineers Conference. Anaheim: IEEE, 2013.

[24] Vucic J, Kottke C, Nerreter S , et al. 125 Mbit/s over 5 m wireless distance by use of OOK-Modulated phosphorescent white LEDs [C]// European Conference on Optical Communication. Vienna: IEEE, 2009: 20-24.

[25] Zhang M, Zhang Y, Yuan X, et al. Mathematic models for a ray tracing method and its applications in wireless optical communications[J]. Optics Express, 2010,

18(17):18431-18437.

[26] Barry J R, Kahn J M, Krause W J, et al. Simulation of multipath impulse response for indoor wireless optical channels [J]. IEEE Journal on Selected Areas in Communications, 2006, 11(3):367-379.

[27] Thomas G. Interpolation Algorithms for Discrete Fourier Transforms of Weighted Signals[J]. IEEE Transactions on Instrumentation & Measurement, 2007, 32(2): 350-355.

[28] Acker K V, Leus G, Moonen M, et al. Per tone equalization for DMT receivers [C]// Global Telecommunications Conference. Rio de Janeiro: IEEE, 1999: 2311-2315.

[29] Rezaei S S C, Pakravan M R . Per tone equalization analysis in DMT based systems [C]// Tencon IEEE Region 10 Conference. Chiang Mai: IEEE, 2004.

[30] Trautmann S, Fliege N J. Perfect equalization for DMT systems without guard interval[J]. IEEE Journal on Selected Areas in Communications, 2002, 20(5):987-996.

[31] Komine T, Lee J H, Haruyama S , et al. Adaptive Equalization for Indoor Visible-Light Wireless Communication Systems [C]// Communications, Asia-Pacific Conference on. Perth: IEEE, 2005:294-298.

[32] Minh H L , O'Brien D, Faulkner G, et al. 100-Mb/s NRZ Visible Light Communications Using a Postequalized White LED[J]. IEEE Photonics Technology Letters, 2009, 21(15): 1063-1065.

[33] Thorlab. PDA10A Si Amplified Fixed Detector User Guide [EB/OL]. (2012-02-19) [2022-03-15]. www. thorlabschina. cn/thorProduct. cfm? Part Number = PDA10A-EC.

第7章

长距离可见光通信技术

本章将以一个长距离可见光通信项目为例，展示从设计到实验研制的全流程经过。远距离通信的难点是信号衰减和噪声干扰，综合表现为信号的信噪比较低。在进行远距离可见光通信系统设计和实验验证之前有必要对其进行理论分析。对于该系统，依据信号衰减分析进行相应设计，以提高接收信号功率。根据噪声分析提出具体的抑制方案，从而实现低噪声接收信号。

7.1 信道损伤

可见光通信系统的信道损伤主要分为四部分：①自由空间的传播衰减；②传输过程中的大气损耗；③噪声干扰；④接收机、光链路接头及光器件损耗。图7-1所示为对各类信道损伤及应对办法的总结。下面对各部分的信道损伤进行较详细的说明，并对系统光链路进行链路预算。

7.1.1 自由空间传播衰减

简单的系统发射接收模型可以用图7-2表示。

在图7-2中，发射端与接收端之间的距离为d，发射端发射角ϕ为发射方向偏离发射机与接收机之间连线的角度，接收端光探测器入射角为φ。

1. 发射端

在一般的视距链路中，可以将发射端光源等效为一个朗伯辐射源：设光源的半功率角为$\Phi_{1/2}$，在与发射端距离为d，发射角为ϕ处，发射光强度为

$$I_s(d,\phi) = \frac{P_t R_0(\phi)}{d^2} \tag{7-1}$$

其中

$$R_0(\phi) = \frac{m+1}{2\pi}\cos^m\phi \tag{7-2}$$

$$m = -\frac{\ln 2}{\ln(\cos \Phi_{1/2})} \tag{7-3}$$

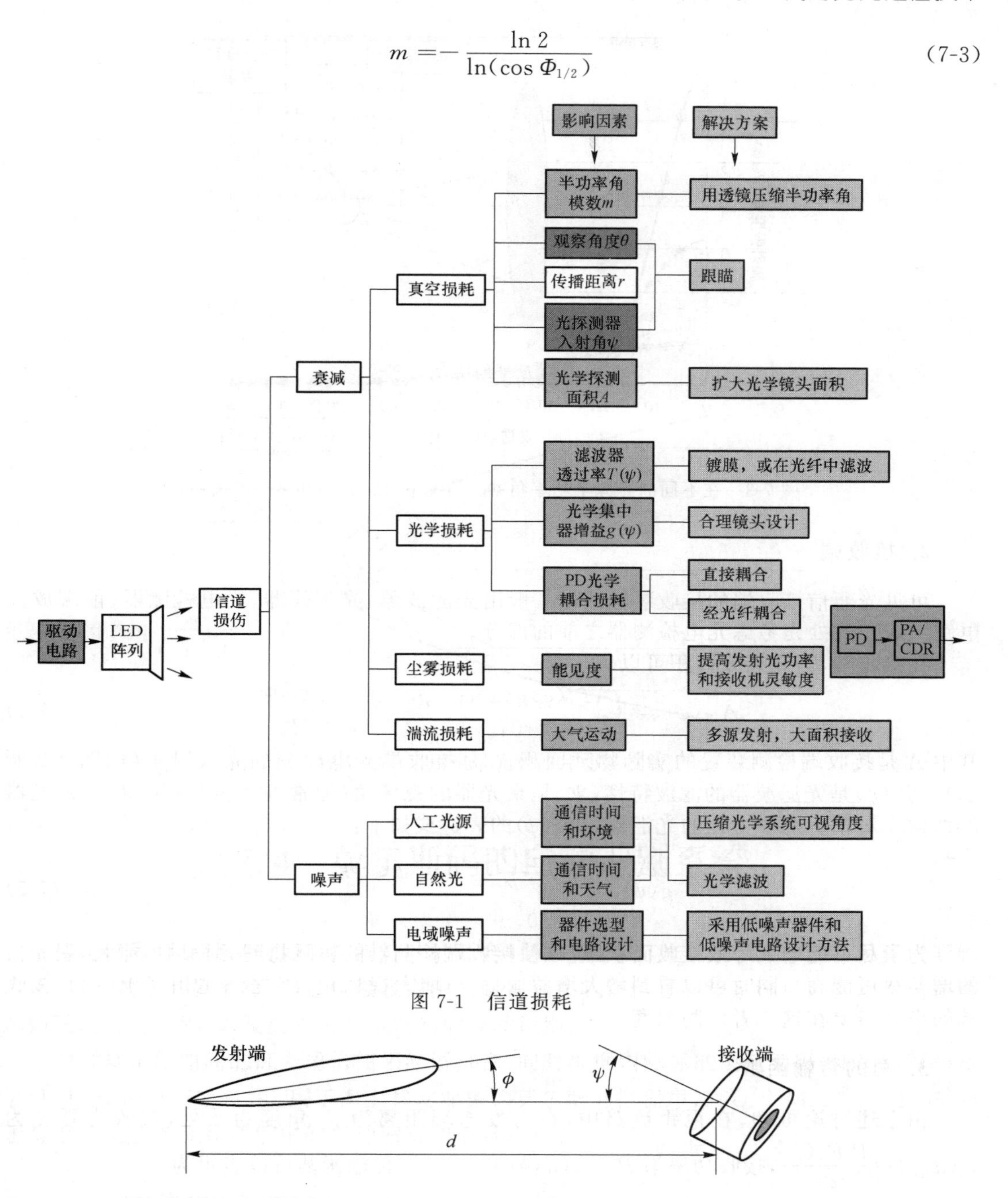

图 7-1　信道损耗

图 7-2　可见光通信系统光链路

可见 I_s 与距离 d 的平方成反比，且与发射角 ϕ 和光源的半功率角 $\Phi_{1/2}$ 有关。在不同的光源半功率角 $\Phi_{1/2}$ 情况下，$R_0(\phi)$ 与角度 ϕ 的关系如图 7-3 所示。

从图 7-3 中可以看到，减小光源的半功率角 $\Phi_{1/2}$，可以增大光源在主发射方向上的辐射功率，但会使系统对角度误差更敏感。在实际应用中，可以在发射端通过利用抛物面反射镜来尽可能减小半功率角，增大光源在主发射方向上的辐射光功率。

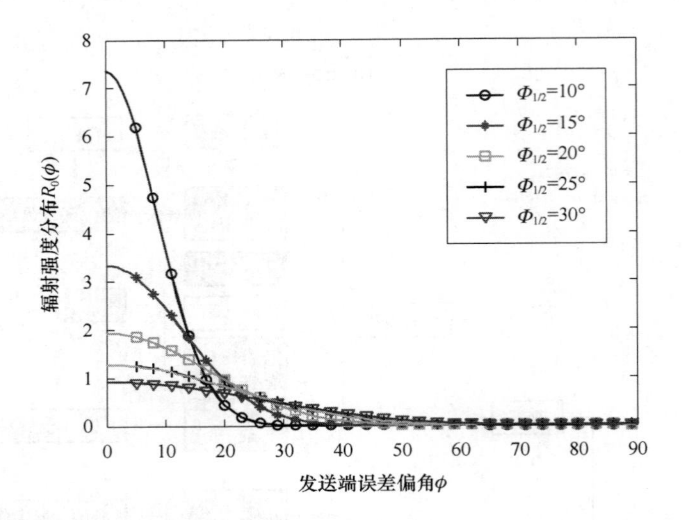

图 7-3 在不同的光源半功率角 $\Phi_{1/2}$ 情况下，$R_0(\phi)$ 与角度 ϕ 的关系

2. 接收端

可见光通信接收端的接收装置前端一般由光滤波器、光汇聚器、光电检测器、前端放大电路组成。此处先考虑光电检测器之前的部分。

在接收端，等效接收面积可以表示为

$$A_{\mathrm{eff}}(\psi)=\begin{cases}AT_{\mathrm{s}}(\psi)g(\psi)\cos\psi, & 0\leqslant\psi\leqslant\Psi_{\mathrm{c}}\\ 0, & \psi>\Psi_{\mathrm{c}}\end{cases}\tag{7-4}$$

其中 A 是接收端检测装置的实际物理面积，ψ 是接收端光电检测的光入射角（如图 7-2 所示）。$T_{\mathrm{s}}(\psi)$是光滤波器的滤波特性，Ψ_{c} 是聚光器的视场角（通常 $\Psi_{\mathrm{c}}\leqslant\pi/2$），$g(\psi)$是聚光器的增益。对于折射率为 n 的光汇聚器，$g(\psi)$的表达式如下：

$$g(\psi)=\begin{cases}\dfrac{n^2}{\sin^2\Psi_{\mathrm{c}}}, & 0\leqslant\psi\leqslant\Psi_{\mathrm{c}}\\ 0, & \psi>\Psi_{\mathrm{c}}\end{cases},\tag{7-5}$$

为了尽可能增大等效接收面积，应该使接收端检测器的实际物理面积尽可能大，聚光器的增益尽可能高。同时可以看到增大增益 $g(\psi)$与增大视场角 Ψ_{c} 之间是相互矛盾的，接收端的设计需要在这二者之间权衡。

3. 总的传输函数

由上述讨论可知，在视距链路中，在与发送端距离为 d，角度为 ϕ 处，接收光强度为 $I_{\mathrm{s}}(d,\phi)=\dfrac{P_{\mathrm{t}}R_0(\phi)}{d^2}$，接收功率为 $P=I_{\mathrm{s}}(d,\phi)A_{\mathrm{eff}}(\psi)$，则传输函数可以表示为

$$\begin{aligned}H(0)_{\mathrm{LOS}}&=\frac{P}{P_{\mathrm{t}}}\\&=\begin{cases}\dfrac{A}{d^2}R_0(\phi)T_{\mathrm{s}}(\psi)g(\psi)\cos\psi, & 0\leqslant\psi\leqslant\Psi_{\mathrm{c}}\\ 0, & \psi>\Psi_{\mathrm{c}}\end{cases}\\&=\begin{cases}\dfrac{(m+1)A}{2\pi d^2}\cos^m\phi T_{\mathrm{s}}(\psi)g(\psi)\cos\psi, & 0\leqslant\psi\leqslant\Psi_{\mathrm{c}}\\ 0, & \psi>\Psi_{\mathrm{c}}\end{cases}\end{aligned}\tag{7-6}$$

可见传输系数与 d^2 成反比。当距离 d 和 $R_0(\phi)$ 固定时,通过增加检测器的实际物理面积 A、增加聚光器的增益 $g(\psi)$ 可以增大传输系数,还可以通过优化发送端辐射强度角度分布函数 $R_0(\phi)$ 来增大传输系数。

若接收端角度调整误差为 0,即 $\psi=0$,暂且设 $T_s(\psi)=1, g(\psi)=1, A=0.1\ \text{m}^2$,则对于不同的 ϕ 和不同的光源半功率角 $\Phi_{1/2}$,传输系数的表达式可简化为

$$H(0)_{\text{LOS}}=\begin{cases}\dfrac{(m+1)A}{2\pi d^2}\cos^m\phi, & 0\leqslant\psi\leqslant\Psi_c\\ 0, & \psi>\Psi_c\end{cases} \tag{7-7}$$

当 $\phi=0°$时,传输系数 $H(0)$ 与半功率角 $\Phi_{1/2}$ 及距离 d 的关系如图 7-4 所示。

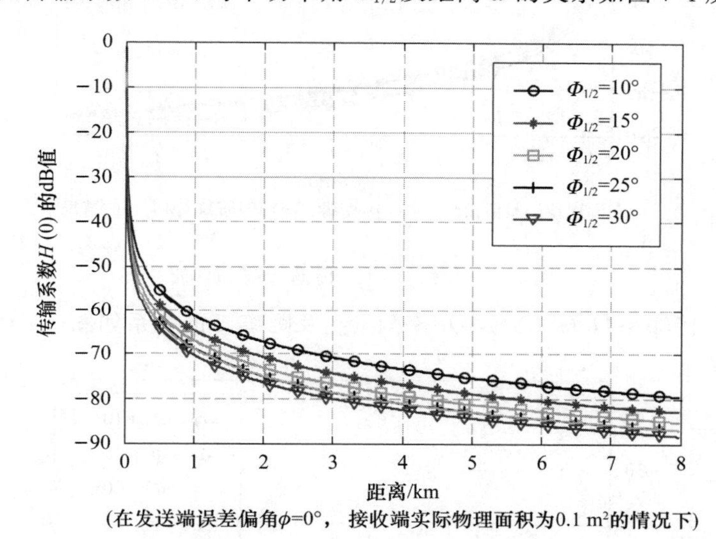

图 7-4 当 $\phi=0°$ 时,传输系数 $H(0)$

当 $\phi=10°$时,传输系数 $H(0)$ 与半功率角 $\Phi_{1/2}$ 及距离 d 的关系如图 7-5 所示。

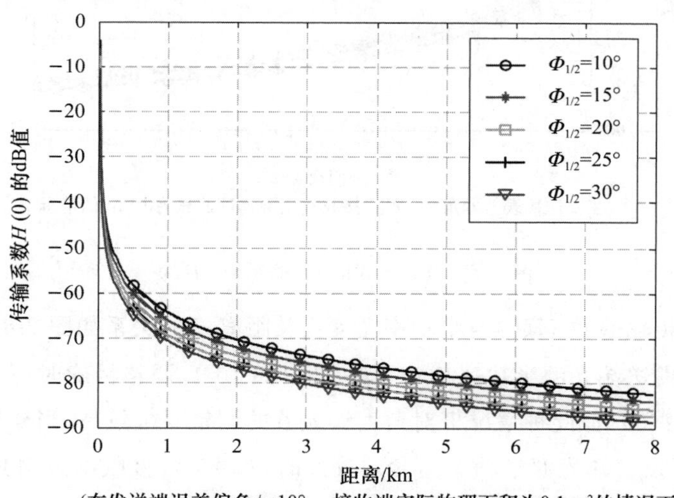

图 7-5 当 $\phi=10°$时,传输系数 $H(0)$

当 $\phi=15°$ 时，传输系数 $H(0)$ 与半功率角 $\Phi_{1/2}$ 及距离 d 的关系如图 7-6 所示。

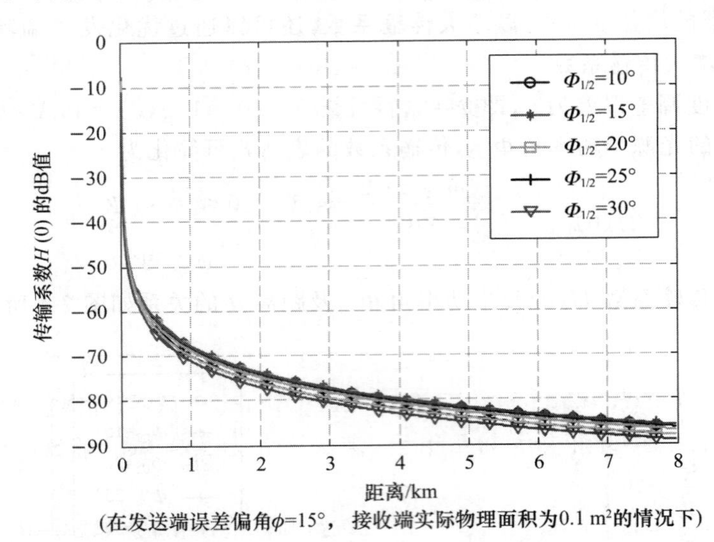

图 7-6　当 $\phi=15°$ 时，传输系数 $H(0)$

当 $\phi=20°$ 时，传输系数 $H(0)$ 与半功率角 $\Phi_{1/2}$ 及距离 d 的关系如图 7-7 所示。

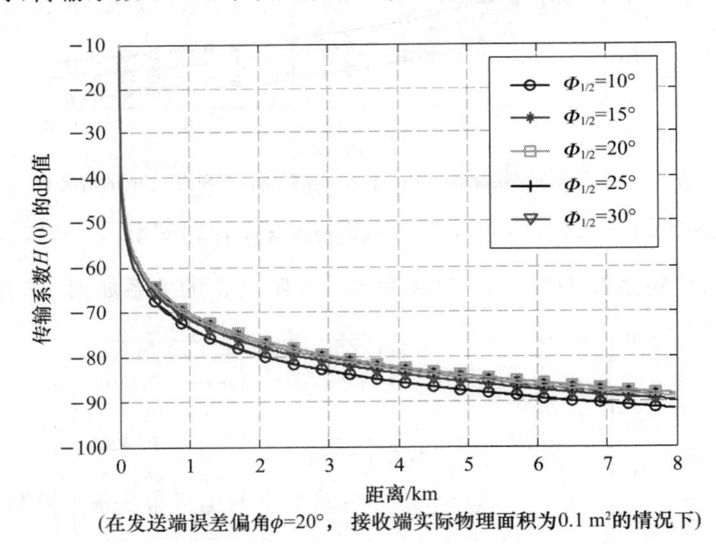

图 7-7　当 $\phi=20°$ 时，传输系数 $H(0)$

当 $\phi=30°$ 时，传输系数 $H(0)$ 与半功率角 $\Phi_{1/2}$ 及距离 d 的关系如图 7-8 所示。

可以看出，当发送端光源半功率角 $\Phi_{1/2}$ 较小时（如 10°），调整精确时（$\phi<10°$），可以得到较大的传输系数 $H(0)$，但此种情况下对角度误差 ϕ 的调整要求较高，当 ϕ 较大（$\phi>20°$）时，$H(0)$ 下降较快；当发送端光源半功率角 $\Phi_{1/2}$ 较大时（如 25°），接收端入射角误差 ϕ 变化时，传输系数 $H(0)$ 较为稳定，没有出现较大变化，但此种情况下得到的最大传输系数 $H(0)$ 较小。

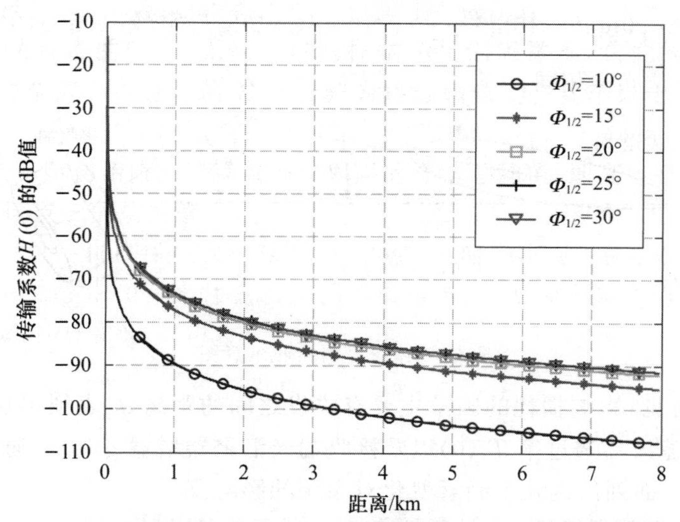

(在发送端误差偏角ϕ=30°，接收端实际物理面积为0.1 m²的情况下)

图 7-8 当 $\phi=30°$时，传输系数 $H(0)$

4. 各部分损耗/增益的详细分析

下面对上面得到的总传输函数中各类衰减因素进行较详细的分析。

从发送端到接收端，未考虑大气损耗时的接收功率表达式为

$$P_{\mathrm{r}}=P_{\mathrm{Tx}}\frac{(m+1)A}{2\pi d^2}\cos^m\phi T_{\mathrm{s}}(\psi)g(\psi)\cos\psi, 0\leqslant\psi\leqslant\Psi_{\mathrm{c}} \tag{7-8}$$

其中，m 与光源半功率角有关，$m=-\frac{\ln 2}{\ln(\cos\Phi_{1/2})}$，$\phi$ 为观察角度(如图 7-9 所示)，ψ 为光探测器入射角(如图 7-9 所示)，A 为光电探测器接收天线面积，d 为收发之间的距离，$T(\psi)$ 为滤波器透过率，$g(\psi)$ 为光学集中器增益，则链路的损耗为

$$\begin{aligned}L_{\mathrm{p}}&=10\lg\frac{P_{\mathrm{Tx}}}{P_{\mathrm{r}}}\\&=10\lg\frac{P_{\mathrm{Tx}}}{P_{\mathrm{Tx}}\frac{(m+1)A}{2\pi d^2}\cos^m\phi T_{\mathrm{s}}(\psi)g(\psi)\cos\psi}\\&=10\lg\frac{2\pi}{m+1}\frac{d^2}{A\cos^m\phi}\frac{1}{T_{\mathrm{s}}(\psi)g(\psi)\cos\psi}\end{aligned} \tag{7-9}$$

当系统调整精确时，图 7-9 中的 φ 和 ψ 都为 0，此时

$$\begin{aligned}L_{\mathrm{p}}&=10\lg\frac{P_{\mathrm{Tx}}}{P_{\mathrm{r}}}\\&=10\lg\frac{P_{\mathrm{Tx}}}{P_{\mathrm{Tx}}\frac{(m+1)A}{2\pi d^2}T_{\mathrm{s}}(0)g(0)}\\&=10\lg\frac{2\pi}{m+1}\frac{d^2}{A}\frac{1}{T_{\mathrm{s}}(0)g(0)}\end{aligned}$$

$$= 20\lg d - 10\lg \frac{m+1}{2\pi} - 10\lg A - 10\lg T_s(0) - 10\lg g(0) \tag{7-10}$$

其中，d^2 和 A 的单位必须相同。

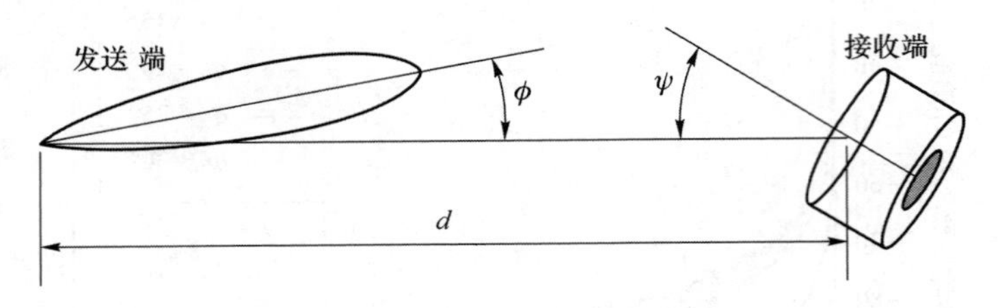

图 7-9　系统发射接收示意图

由式(7-10)可见，影响损耗的因素主要有收发之间的距离 d、表征半功率角的 m、接收天线面积 A、接收滤波器透过率 $T_s(0)$以及接收端光汇聚器增益 $g(0)$。通常变化范围较大的有 d,m 和 A。下面列出这几个因素变化对系统的影响。

(1) 由距离 d 引起的损耗

由距离 d 引起的损耗如表 7-1 所示。

表 7-1　由距离 *d* 引起的损耗

d/km	距离导致的衰减/dB	*d*/km	距离导致的衰减/dB
1.00	60.00	8.00	78.06
2.00	66.02	9.00	79.08
3.00	69.54	10.00	80.00
4.00	72.04	11.00	80.83
5.00	73.98	12.00	81.58
6.00	75.56	7.40	77.38
7.00	76.90		

由距离 d 引起的损耗比较直观的描述如图 7-10 所示。

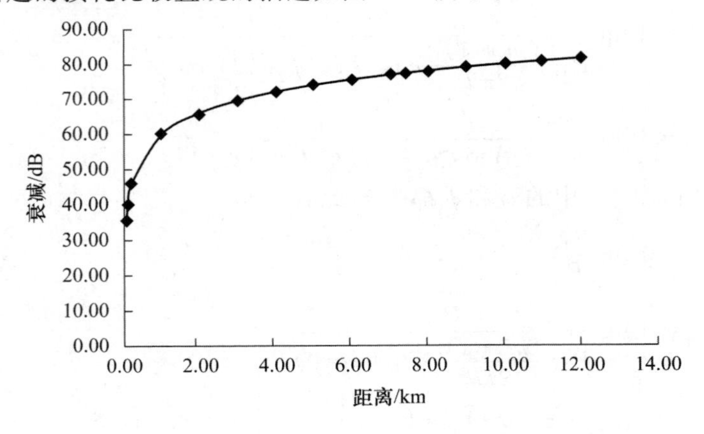

图 7-10　距离导致的衰减

从图 7-10 中可以看出，当距离 d 在 2 km 以内时，随着 d 的增长，衰减迅速增加；当距离 d 大于 2 km 时，随着距离 d 的增长，衰减变化减缓。分析原因是，靠近光源时（$d<2$ km），光束的发散角较大，因而距离增加，接收到的光强度会迅速下降；远离光源时（$d>2$ km），光束的发散角较小，接近平行光，因而随着距离的增加，接收到的光强度下降缓慢。

（2）由半功率角 $\Phi_{1/2}$ 引起的增益

由半功率角 $\Phi_{1/2}$ 引起的增益如表 7-2 所示。

表 7-2　由半功率角 $\Phi_{1/2}$ 引起的增益

半功率角/(°)	m	半功率角引起的增益/dB
1	4 550.70	28.60
2	1 137.50	22.58
3	505.43	19.06
4	284.20	16.57
5	181.81	14.64
6	126.18	13.06
7	92.64	11.73
8	70.88	10.58
9	55.95	9.57
10	45.28	8.67

由半功率角 $\Phi_{1/2}$ 引起的增益比较直观的描述如图 7-11 所示。

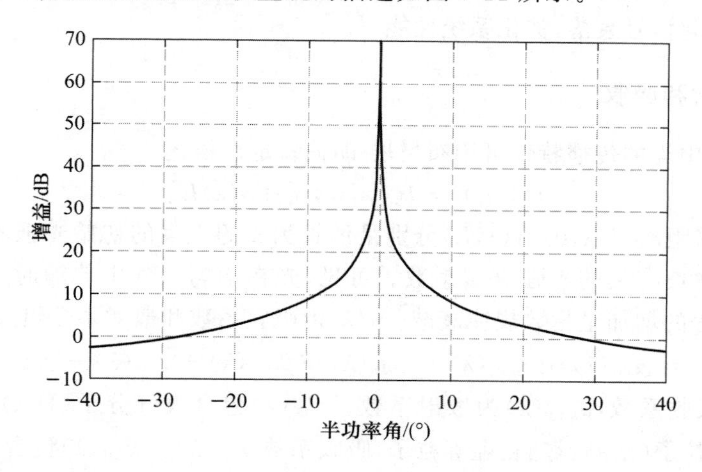

图 7-11　由半功率角 $\Phi_{1/2}$ 引起的增益

从图 7-11 中可以看出，当光源的半功率角较小时（小于 3°），可以将几乎所有的光功率集中在一个方向上发射，从而达到较大的增益，随着光源半功率角从 0°到 10°变化，由半功率角 $\Phi_{1/2}$ 带来的增益会迅速降低。

（3）由接收端天线面积 A 引起的增益

由接收端天线面积 A 引起的增益如表 7-3 所示。

表 7-3 由接收端天线面积 A 引起的增益

镜头直径/cm	镜头面积 A/cm^2	增益/dB	镜头直径/cm	镜头面积 A/cm^2	增益/dB
1	0.79	−41.05	11	95.03	−20.22
2	3.14	−35.03	12	113.10	−19.47
3	7.07	−31.51	13	132.73	−18.77
4	12.57	−29.01	14	153.94	−18.13
5	19.63	−27.07	15	176.71	−17.53
6	28.27	−25.49	16	201.06	−16.97
7	38.48	−24.15	17	226.98	−16.44
8	50.27	−22.99	18	254.47	−15.94
9	63.62	−21.96	19	283.53	−15.47
10	78.54	−21.05	20	314.16	−15.03

小结：对于自由空间传输，主要的影响因素有传输距离 d、光源半功率角 $\Phi_{1/2}$ 以及接收端天线的有效面积 A。其中距离 d 对于特定的通信系统是固定的，而光源半功率角和接收端天线的有效面积是可变的。通过适当地调节光源半功率角，使之尽量小，可以增强接收光功率；通过增大接收端天线的面积，使之尽可能大，可带来增益。

7.1.2 大气衰减

室外无线光通信系统中大气的影响因素主要表现为：大气会对信号光源产生散射吸收以及大气湍流引起信号衰落，劣化系统性能[1]。

1. 大气散射和吸收

在均匀大气中光的传播特性可用布格埃-朗伯特定律描述：

$$I(\lambda,L)=I(\lambda,0)\exp[-\alpha(\lambda)L] \tag{7-11}$$

式中，L 为光传播距离，$I(\lambda,0)$，$I(\lambda,L)$分别是波长为 λ 的光束的初始光强和距光源 L 处的光强，$\alpha(\lambda)$是与波长有关的光强衰减系数。可见，光在均匀大气中传输时，其光功率（即光强）随着传输光程的增加呈指数规律衰减。$\alpha(\lambda)$由吸收系数和散射系数组成：

$$\alpha(\lambda)=\alpha_{\mathrm{abs}}(\lambda)+\alpha_{\mathrm{scatt}}(\lambda)=\beta_{\mathrm{abs}}(\lambda)+\beta_{\mathrm{scatt}}(\lambda)+\gamma_{\mathrm{abs}}(\lambda)+\gamma_{\mathrm{scatt}}(\lambda) \tag{7-12}$$

式中，$\alpha_{\mathrm{abs}}(\lambda)$为吸收系数，$\alpha_{\mathrm{scatt}}(\lambda)$为散射系数。$\alpha_{\mathrm{abs}}(\lambda)$包含大气分子（$H_2O$、$CO_2$）吸收系数 $\beta_{\mathrm{abs}}(\lambda)$和气溶胶粒子（雨滴、雾滴、霾等粒子）吸收系数 $\gamma_{\mathrm{abs}}(\lambda)$。$\alpha_{\mathrm{scatt}}(\lambda)$包含大气分子散射系数（即瑞利散射系数）$\beta_{\mathrm{scatt}}(\lambda)$和气溶胶粒子散射系数（即米氏散射系数）$\gamma_{\mathrm{scatt}}(\lambda)$。一般情况下，气溶胶粒子的吸收作用和气体分子的散射作用不明显，可忽略不计。而通过选择合适的“大气窗口”也可以避免气体分子的吸收，因而可得到只包含气溶胶粒子散射作用的简化布格埃-朗伯特定律：

$$I(\lambda,L)=I(\lambda,0)\exp[-\gamma_{\mathrm{scatt}}(\lambda)L] \tag{7-13}$$

工程上常用经验公式来估计散射系数 $\gamma_{\mathrm{scatt}}(\lambda)$和能见距离：

$$\gamma_{\text{scatt}}(\lambda)=\gamma_{\text{scatt}}(\lambda=0.55\ \mu\text{m})\left(\frac{\lambda}{0.55}\right)^{-\delta}=\frac{3.91}{V}\left(\frac{\lambda}{0.55}\right)^{-\delta} \tag{7-14}$$

式中:V 为能见距离(能见距离越长,能见度等级越高),它定义为在可见光区人眼最灵敏的光波长 0.55 μm 处的目标和背景对比度降低到 2%时的距离,单位为 km;λ 是波长,单位为 μm。能见度是在可见光波段对大气透射率的一种度量,根据天气预报的气象能见度可以计算出大气衰减系数,如表 7-4 所示。

大气散射吸收一般可以通过增加发射功率和接收机灵敏度的方法克服。如果遇到中雾至浓雾这样的恶劣天气条件,大气衰减会造成可见光通信中断,影响通信的可靠性和全天候,这时就需要使用微波备份系统来辅助系统进行通信。

表 7-4　能见度与大气衰减

天气状况	降雨/雪量/(mm·h^{-1})	能见度	大气衰减/(dB·km^{-1})
浓雾		50 m	315.0
厚雾		200 m	75.3
中雾		500 m	28.9
轻雾	倾盆大雨:100	770 m	18.3
		1 km	13.8
薄雾	大雨:25	1.9 km	6.9
		2 km	6.6
霾	中雨:12.5	2.8 km	4.6
		4 km	3.1
轻霾	小雨:2.5	5.9 km	2.0
		10 km	1.1
晴朗	细雨:0.25	18.1 km	0.6
		20 km	0.54
很晴朗		23 km	0.47
		50 km	0.19

2. 大气湍流

大气湍流形成了许多不均匀的气体旋涡,它们具有不同的折射率。光波入射到这些气团后发生折射,从而使发射的光波经过多条传播路径到达同一接收点,引起光强的随机起伏,表现为接收信号的快衰落,这就是大气湍流效应。用于度量大气湍流强弱的指标有两个。

归一化光强起伏方差(又称为闪烁指数):

$$\sigma_I^2=\frac{\langle I^2\rangle}{\langle I\rangle^2}-1 \tag{7-15}$$

这里 I 是载波光强,$\langle\cdot\rangle$表示统计平均。

对数光强起伏方差:

$$\sigma_{\ln I}^2 = < \ln I - < \ln I >^2 > = \ln(\sigma_I^2 + 1) \tag{7-16}$$

在弱湍流区，归一化光强起伏方差与对数光强起伏方差近似相等，有

$$\sigma_I^2 = \sigma_{\ln I}^2 = \sigma_R^2 = 1.23 C_n^2 k^{7/6} L^{11/6} \tag{7-17}$$

其中 σ_R^2 为 Rytov 方差，是根据 Kolmogorov 湍流理论得到的信道参数，它由大气折射率结构常数 C_n^2、光载波波数 $k=2\pi/\lambda$ 和通信距离 L 决定。

大气湍流传输模型一般采用双伽马(Gamma-Gamma，GG)模型。GG 模型认为光强闪烁是大尺度涡旋元和小尺度涡旋元联合作用的结果。归一化光强 $I=I_x I_y$，其中 I_x 和 I_y 分别为大尺度和小尺度涡旋元引起的光强起伏随机过程，分别服从参数为 α 和 β 的 Gamma 分布，因此可推导出 I 服从 Gamma-Gamma 分布：

$$f_I(I) = \frac{2(\alpha\beta)^{(\alpha+\beta)/2}}{\Gamma(\alpha)\Gamma(\beta)} I^{\left(\frac{\alpha+\beta}{2}-1\right)} K_{\alpha-\beta}(2\sqrt{\alpha\beta I}), I > 0 \tag{7-18}$$

α 和 β 分别为大尺度和小尺度涡旋元的闪烁系数，$K_a(\cdot)$是 a 阶第二类修正贝塞尔函数，$\Gamma(\cdot)$是 Gamma 函数。假定光波是平面波，α 和 β 的定义为

$$\begin{aligned} \alpha &= \left(\exp\left[\frac{0.49\sigma_R^2}{(1+0.65d^2+1.11\sigma_R^{12/5})^{7/6}}\right]-1\right)^{-1} \\ \beta &= \left(\exp\left[\frac{0.51\sigma_R^2(1+0.69\sigma_R^{12/5})^{-5/6}}{(1+0.90d^2+0.62d^2\sigma_R^{12/5})^{5/6}}\right]-1\right)^{-1} \end{aligned} \tag{7-19}$$

其中 $d=[kD^2/(4L)]^{1/2}$，D 为接收天线孔径。

图 7-12 给出了大气湍流信道模型的概率分布函数曲线，可以看出，随着 Rytov 方差 σ_R^2 的增加，湍流模型从对数正态分布向负指数分布过渡。

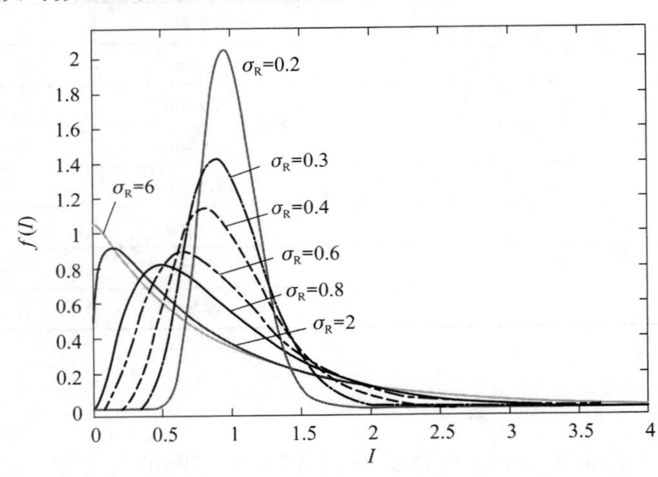

图 7-12　大气湍流信道模型的概率分布函数曲线

湍流引起的信号衰落会劣化可见光通信系统的性能。与大气激光通信系统相比，可见光通信系统由于光源光谱较宽，光斑面积较大，受湍流的影响相对较小。

小结：对于大气衰减，主要的影响因素是大气散射吸收以及大气湍流。大气散射吸收对于特定波长的光、特定传输距离和特定的天气条件来说是固定的。通过适当地增加光源光谱宽度可以部分减小大气散射吸收。对于大气湍流，可以通过适当地增大光源的半功率角，增大光源光斑面积来降低其影响。

7.1.3 噪声干扰

可见光通信系统中的噪声干扰可以分别从光域和电域来分析。

1. 光域噪声

可见光通信系统中常见的光噪声源主要有太阳、天空等自然光源，白炽灯、日光灯、荧光灯等人造光源。它们单位波长的归一化功率谱如图 7-13 所示。

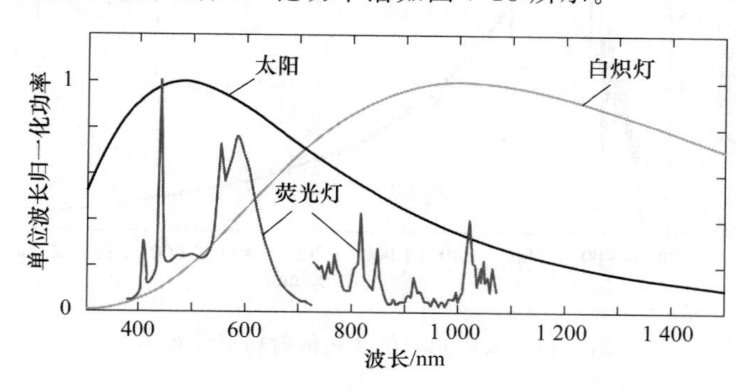

图 7-13　常见干扰光源单位波长功率谱

其中的自然光源可以认为是没有经过调制的，而人造光源一般包含基波和多个谐波的频率分量。通常情况下，在接收端使用滤波器等措施处理过后，干扰光功率仍远大于信号光功率。光域噪声对可见光通信系统造成的影响主要是：①过强的光噪声会使接收端光电检测、放大装置出现饱和；②光噪声的功率波动会使光电检测、放大过程中出现基线漂移，并且要求光电检测装置有更大的动态范围；③当噪声光功率波动较快时还会对信号光的检测产生很大的干扰。

对于室外光通信系统，主要的干扰源是太阳光。太阳光在各个波长上的辐射强度可以表示为

$$W_{\text{approx}}(\lambda) = S_{\text{peak}} \frac{W(\lambda, 6\,000)}{\max[W(\lambda, 6\,000)]} \tag{7-20}$$

其中，$W(\lambda, T_{\text{B}}) = \frac{2\pi hc^2}{\lambda^5}\left[\frac{1}{e^{hc/\lambda kT_{\text{B}}} - 1}\right]$，$h$ 是布朗克常量，c 是光速，λ 是波长（单位为 μm），k 是玻尔兹曼常数，T_{B} 是太阳表面平均温度（取为 6 000 K），S_{peak} 是太阳光谱峰值照度，单位为 $\text{W} \cdot \text{m}^{-2} \cdot \mu\text{m}^{-1}$，可以用经验公式拟合得到

$$S_{\text{peak}} = 0.000\,1E_{\text{global}}^2 + 1.576\,8E_{\text{global}} \tag{7-21}$$

E_{global}（global irradiance）为天空无云时的太阳光照直射和散射强度之和，单位为 $\text{W} \cdot \text{m}^{-2}$，由实际测量得到。图 7-14 是一种情况下测得的太阳光单位波长辐射功率分布图。

在接收端，若带通滤波器的上下截止波长分别为 λ_1 和 λ_2，则接收到的干扰光强度 E_{det} 为

$$E_{\text{det}} = \int_{\lambda_1}^{\lambda_2} W_{\text{approx}}(\lambda)\,\text{d}\lambda \tag{7-22}$$

在接收端，接收天线装置的实际面积为 A，干扰光的入射角为 ψ_{n}，则检测到的噪声光功

率为

$$P_{\mathrm{n}} = E_{\mathrm{det}} A g(\psi_{\mathrm{n}}) T_0 \cos \psi_{\mathrm{n}} \tag{7-23}$$

考虑环境噪声光各向同性(通常为散射或漫反射),则接收到的干扰光功率为

$$P_{\mathrm{n}} = E_{\mathrm{det}} A T_0 n^2 \tag{7-24}$$

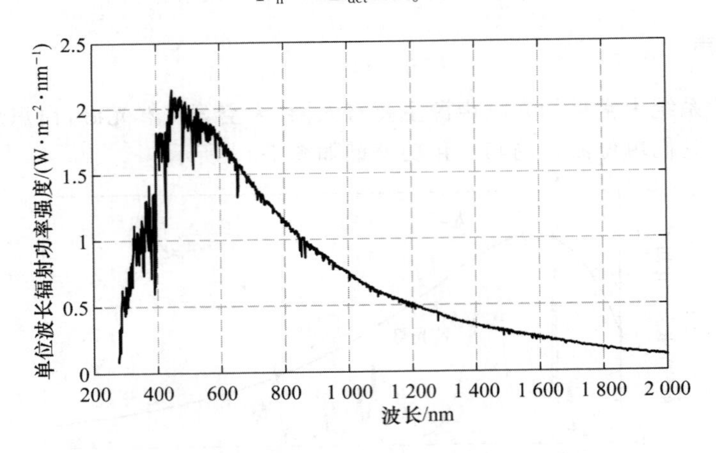

图 7-14　太阳光单位波长辐射功率分布图

2. 电域噪声

可见光通信系统中的电域噪声主要有:背景光噪声产生的光电流、散粒噪声及暗电流噪声和接收端前置放大热噪声。

光接收机的构成如图 7-15 所示。

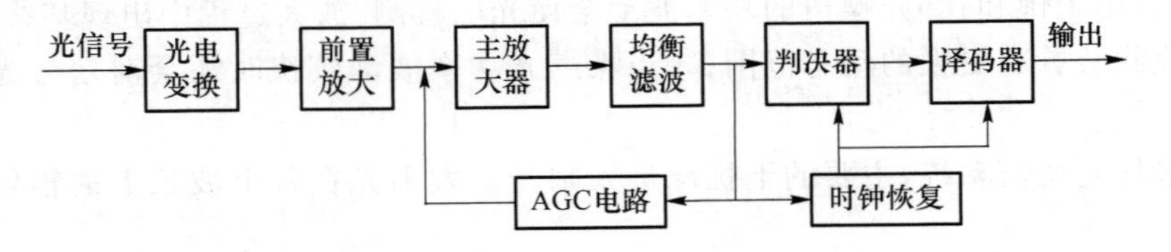

图 7-15　光接收机的构成

此处主要论述的是光电变换和前置放大部分的噪声问题。

(1) 背景光噪声产生的光电流

在室外可见光通信系统中,在接收端,通常噪声光功率要远大于信号光功率,得到的噪声光电流也远大于信号光电流。其中的背景光噪声主要是太阳光等未经调制的自然光源,其瞬时光功率随时间变化缓慢,产生的噪声光电流虽然远大于信号光电流,但噪声光电流信号的频谱分布存在一定的特征。去除大部分噪声光电流影响的方法是,将有用信号调制到噪声光电流信号频谱值很小的频带上,在接收端用带通滤波器就可以滤除极大一部分噪声光电流的干扰。实现的条件是需要对噪声光电流的频谱分布进行研究、测试,我们对日光灯管的发光功率谱进行了测量,测量结果如图 7-16 所示。

从图 7-16 中可以看出,日光灯管光电流的低频分量很丰富,并且在 85 kHz 和 170 kHz 左右存在较为明显的功率谱峰值。在大于 250 kHz 的频率上,其能量分布已经很小了。

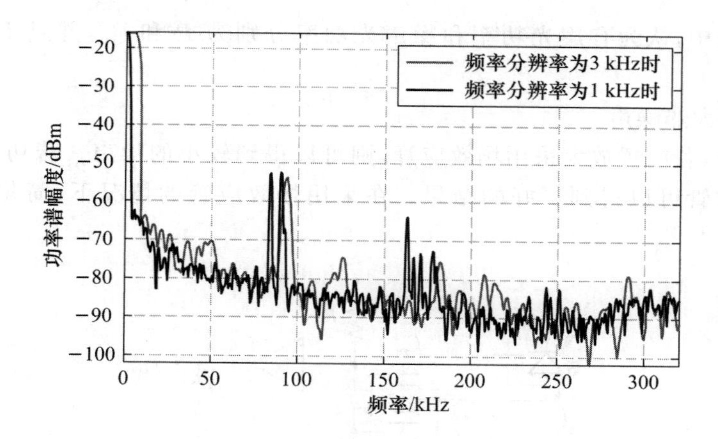

图 7-16 日光灯管光电流的电功率谱

(2) 散粒噪声和暗电流噪声

① 采用 PIN 管检测时的计算

设接收端总的光信号功率为 $p(t)$，产生的光电流为 $I_p(t)=R\cdot p(t)$（其中 R 为 PIN 管的响应度，单位为 A/W）。假设在接收到的光信号中，有用光信号功率和噪声光功率分别为 P 和 P_n，并且认为 $P_n \gg P$，则光电转换后产生的散粒噪声和暗电流噪声的双边功率谱密度分别为

$$S_s(f)=\frac{d\langle i_s^2\rangle}{df}=qI_p=qR(P_n+P)\approx qRP_n \tag{7-25}$$

$$S_d(f)=qi_d \tag{7-26}$$

其中 q 为电子电荷，为 1.60×10^{-19} C，I_p 为光生电流，i_d 为暗电流。则散粒噪声的方差：

$$\sigma_s^2=2qRP_nI_2R_b \tag{7-27}$$

暗电流噪声的方差：

$$\sigma_d^2=2qi_dI_2R_b \tag{7-28}$$

其中 I_2 是噪声带宽因子，为接收机参数，与输入和输出波形有关，采用不归零码 OOK 调制时 $I_2=0.562$。

总的电流噪声：

$$\sigma_i^2=\sigma_s^2+\sigma_d^2=2q(RP_n+i_d)I_2R_b \tag{7-29}$$

② 采用 APD 管检测时的计算

倍增噪声：

$$\sigma_s^2=2qI_p\langle M\rangle^{2+x}I_2R_b=2qRP_n\langle M\rangle^{2+x}I_2R_b \tag{7-30}$$

暗电流噪声（经历倍增）：

$$\sigma_{d1}^2=2qi_{d1}\langle M\rangle^{2+x}I_2R_b \tag{7-31}$$

漏电流噪声（未经历倍增）：

$$\sigma_{d2}^2=2qi_{d2}I_2R_b \tag{7-32}$$

总电流噪声：

$$\begin{aligned}\sigma_{iAPD}^2&=\sigma_s^2+\sigma_{d1}^2+\sigma_{d2}^2\\&=2q\left[(I_p+i_{d1})\langle M\rangle^{2+x}+i_{d2}\right]I_2R_b\\&=2q[(RP_n+i_{d1})\langle M\rangle^{2+x}+i_{d2}]I_2R_b\end{aligned} \tag{7-33}$$

在上述讨论中，认为有用光功率和噪声光功率分别为 P 和 P_n，并且 $P_n \gg P$，即 $P_n + P \approx P_n$。

(3) 前置放大热噪声

一般情况下，若前置放大采用场效应管，则可以得到较小的噪声。若功率损耗受限，则采用双极型晶体管可以得到更好的结果。在采用场效应管的情况下，简化的前端电路如图 7-17 所示。

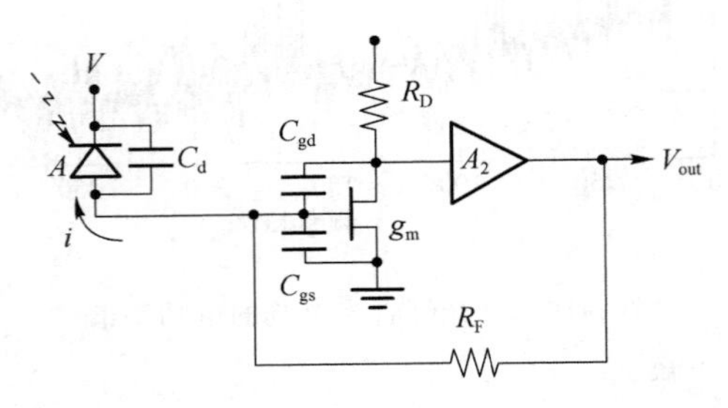

图 7-17 接收机前端电路

假设放大器增益 A_2 是理想的，前端电路的 3 dB 截止频率为

$$f_{-3\ \mathrm{dB}} = (g_m R_D A_2 + 1)/(2\pi R_F C_T) \tag{7-34}$$

总的输入电容为 $C_T = C_d + C_{gs} + C_{gd}$，通常 C_d 要远大于 C_{gs} 和 C_{gd}。

热噪声单边功率谱密度的表达式为

$$S_{\mathrm{thermal}}(f) = \frac{4kT}{R_F} + \frac{16\pi^2 kT}{g_m}\left(\Gamma + \frac{1}{g_m R_D}\right)C_T^2 f^2 + \frac{4\pi^2 K I_D^a C_T^2 f}{g_m^2} \tag{7-35}$$

其中，k 是玻尔兹曼常数，T 是绝对温度，Γ 是场效应管噪声因子，K 和 a 是场效应管 $1/f$ 噪声系数，ID 是场效应管的漏电流。式(7-35)中第一项是来源于反馈电阻 R_F 的白噪声，通过选取尽可能大并且能够满足前置放大截止频率要求的 R_F，可以减小此项。式(7-35)中第二项来源于场效应管的通道白噪声，其大小与 f_2 成正比，当发送比特速率很高时，该项成为主要项，可通过减小 C_T 和选择传输导纳 g_m 尽可能大的场效应管来减小此项。式(7-35)中第三项来源于场效应管的通道 $1/f$ 噪声，其大小与 f 成正比，可通过减小 C_T 和选择传输导纳 g_m 尽可能大的场效应管来减小此项。

对应的热噪声方差为

$$\sigma_{\mathrm{thermal}}^2 = \frac{4kT}{R_F} I_2 R_b + \frac{16\pi^2 kT}{g_m}\left(\Gamma + \frac{1}{g_m R_D}\right)C_T^2 I_3 R_b^3 + \frac{4\pi^2 K I_D^a C_T^2}{g_m^2} I_f R_b^2 \tag{7-36}$$

I_3 和 I_f 为电路参数，与输入和输出波形有关，采用不归零码 OOK 调制时，$I_3 = 0.086\ 8$，$I_f = 0.184$。上式中的三项分别与 R_b、R_b^3、R_b^2 成正比。

小结：光域噪声对室外可见光通信系统的影响主要为：①过强的光噪声会使接收端光电检测、放大装置出现饱和；②光噪声的功率波动会使光电检测、放大过程中出现基线漂移，并且要求光电检测装置有更大的动态范围；③当噪声光功率波动较快时还会对信号光的检测产生较大干扰。为了应对光域噪声对系统带来的影响，需要采取一系列的措施。可以通过缩短曝光时间、加遮光片、添加窄带光滤波片的方法来防止出现饱和，必要时可以在接收机前端添加光学自动增益控制来减轻背景光噪声带来的影响。

电域噪声主要分为背景光噪声产生的光电流、散粒噪声及暗电流噪声、前置放大热噪声三部分。对于背景光噪声产生的光电流，通过研究其电功率谱分布可以用滤波的方法消除其大部分影响。对于散粒噪声及暗电流噪声，需要通过设计电路的参数、选择合适的调制码型联合的方式来尽可能减小其影响。对于前置放大热噪声，可以通过设计放大电路、选择合适的电路参数来尽量减小其影响。

7.2 光探测器的选择

在可见光通信系统中，对光电探测器的主要要求是：①在响应波长范围内有尽可能高的响应度；②要有尽可能快的响应速度；③尽可能低的噪声。常见的光电探测器有 PIN 光电二极管、雪崩倍增光电二极管和成像器件。

PIN 光电二极管的突出优点是低噪声性能和温度稳定性。其输出噪声相对 APD 光电二极管要小，且响应度随温度变化小。但其不足是响应度较小，会导致接收机的灵敏度差，系统传输距离有限。

APD 光电二极管由于有雪崩倍增效应，因而其突出优点是高响应度，这可以使接收机的灵敏度大大提高，使系统的传输距离更远。在选取适合偏压的情况下，APD 光电二极管也能达到较快的响应速度，有利于提高系统的传输速率。APD 光电二极管的不足是其噪声比 PIN 光电二极管要大。

采用光电成像器件作为接收端的光电探测器，其优点是可以同时检测多路光信号。其缺点是需要复杂的高速数字信号处理软件和硬件，且价格昂贵。这种方案由于图像处理软硬件的速度有限，因而使系统的通信速率没有较大的提升空间，限制了系统速率的进一步升级。

结论：通过对三种光电探测器方案的比较，考虑室外远程可见光通信系统传输距离较远，系统传输速率应能够实现进一步的升级，因而决定采用 APD 光电二极管作为接收端的光电探测器。

7.3 光学天线设计

远程可见光通信系统发射端、接收端需要进行天线的光学设计。在发射端，发射天线将 LED 发出的朗伯光线转变成平行光，以使光线传播更远；在接收端，接收天线将接收到的有用信号光线汇聚到光电探测器的表面，以达到更好的接收效果。

LED 基本光学类型可以分为两类：反射镜和透镜。另外，也可以将两者结合来改变发射光的光形分布。

1. 反射镜

反射镜方案如图 7-18 所示。

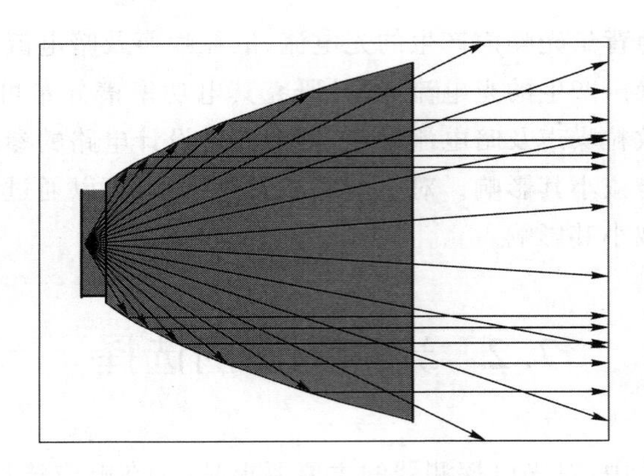

图 7-18　反射镜方案

一定形状的反射镜可以改变 LED 发射光线的传播方向。反射后的光线分布因反射镜的形状不同而不同。抛物面形状的反射镜从焦点收集光线后转化成平行光线；非球面的轮廓能够在大范围内矫正光线，提供普通的泛光照明。通常反射镜有一个大的开口，有一些光线不能到达镜面（即溢出），溢出的光线围绕在中心光线的四周，这在可见光通信中会造成一定光功率的损失。反射镜越大，光源尺寸越小，反射镜越能更好地控制光线，得到的光形也越接近期望的光形。

2. 透镜

发射端天线的选择：在室外可见光通信系统中，要求光线传播得尽可能远，因此应该使尽可能多的发射光线保持平行，可以使用全内反射式透镜作为发射天线。这种全内反射式透镜较为简单，无溢出光，可以将半功率角压缩到很小的范围，如图 7-19 所示。

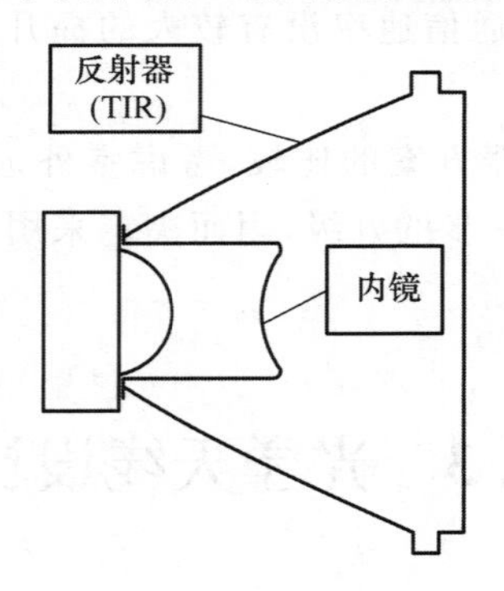

图 7-19　发射天线

接收端天线的选择：在室外可见光通信系统中，由于传播距离较远，有用信号光线损耗较大，因而接收天线应尽可能增大有效接收面积。同时接收端采用单波长滤波方式接收，需要进行窄带滤波处理。窄带滤波的实现可以通过在透镜上镀膜实现，也可以使汇聚的光线在到达 APD 管之前通过滤片来实现。这两种方案分别如图 7-20 和图 7-21 所示。另外考虑角度调节误差因素，接收端的视场角在不影响接收端增益的情况下，应尽量大一些。

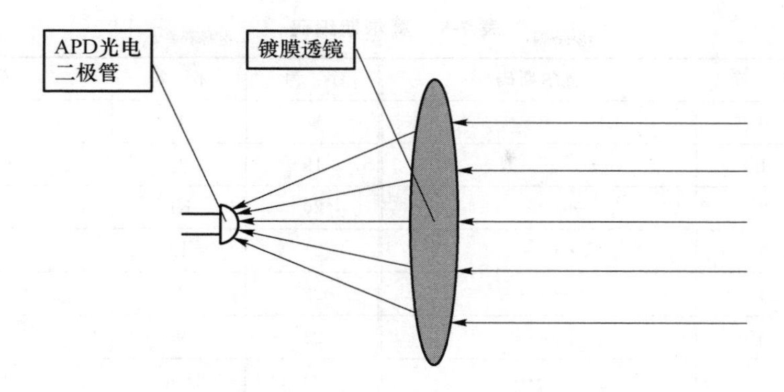

图 7-20 采用镀膜透镜的接收端

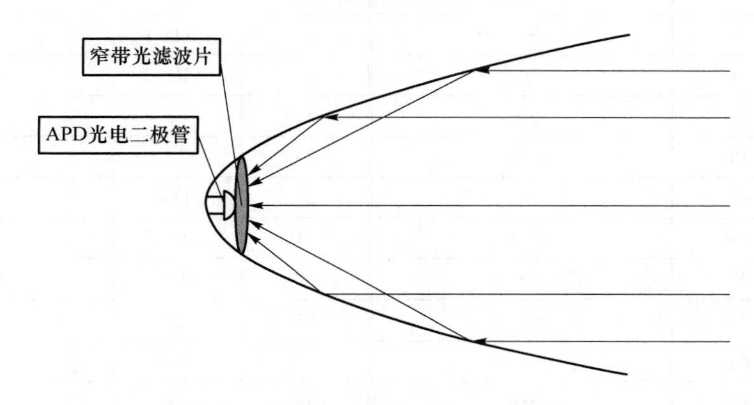

图 7-21 采用窄带光滤波片的接收端

7.4 莫尔斯码的自动识别系统

传统信号灯在使用时用手控制灯叶的开合时间来显示灯光的有无和长短，用莫尔斯码表示字母、数字和勤务符号，通信接收方由人眼识别接收灯信号。该系统可以实现发送端莫尔斯码的自动编码，以及接收端莫尔斯码的自动识别。

中国规定舰船间的灯光通信使用汉语拼音，同时根据国际标准规范编码，使用缩写和短语(ITU-R M. 1170—1995 用于海上移动业务的莫尔斯电报程序，ITU-R M. 1172—1995 用于海上移动业务无线通信中的各种缩写和信号)[2]。

7.4.1 莫尔斯码的描述

莫尔斯码的信号中包括 26 个大写英文字母(A～Z)、数码(0～9)、12 个标点符号和 4 个专用业务码。

莫尔斯码是由若干个点(·)、划(—)和空格组成的，它们之间不同的组成形式代表了不同的字符。其字母和数字的编码如表 7-5 所示。

表 7-5　莫尔斯编码

序　号	字　符	莫尔斯码	序　号	字　符	莫尔斯码
0	0	— — — — —	18	Ii	••
1	1	• — — — —	19	Jj	• — — —
2	2	•• — — —	20	Kk	— • —
3	3	••• — —	21	Ll	• — ••
4	4	•••• —	22	Mm	— —
5	5	•••••	23	Nn	— •
6	6	— ••••	24	Oo	— — —
7	7	— — •••	25	Pp	• — — •
8	8	— — — ••	26	Qq	— — • —
9	9	— — — — •	27	Rr	• — •
10	Aa	• —	28	Ss	•••
11	Bb	— •••	29	Tt	—
12	Cc	— • — •	30	Uu	•• —
13	Dd	— ••	31	Vv	••• —
14	Ee	•	32	Ww	• — —
15	Ff	•• — •	33	Xx	— •• —
16	Gg	— — •	34	Yy	— • — —
17	Hh	••••	35	Zz	— — ••

在莫尔斯码中，点（•）的持续时间为 1 个单位时间，划（—）的持续时间长度等效为 3 个点的长度。点与点、划与划、点与划之间的间隔称为"码间隔"，码间隔规定为 1 个单位时间。一组码称为一个"字"，字与字之间的间隔为 3 个单位时间。一组字称为"词"，词与词之间的时间间隔规定为 5 个单位时间。人工操作的时候，在每句话结束时，都有一个比词间隔更长的等待时间，一般规定为 7 个单位时间，这个句与句之间的等待过程称为句间隔，如表 7-6 所示。

表 7-6　莫尔斯码中的时间间隔关系

名　称	点	划	码间隔	字间隔	词间隔	句间隔
时间长度	t	$3t$	t	$3t$	$5t$	$7t$

发报员以传统方式手动输入莫尔斯码时，以高电平代表点或者划，以低电平表示各信号之间的时间间隔。虽然莫尔斯码中的点和划都表现为高电平脉冲，但它们两者之间的区别是脉冲的持续时间有所不同，即脉冲宽度不一致。与此相同的是，不同的时间间隔表示为低电平状态的持续时间不一致。只有通过算法的识别才能够较好地区分出各类信号。例如，字符"A"和字符"X"的莫尔斯码分别为"• — "和"— • • —"，则脉冲波形如图 7-22 所示。

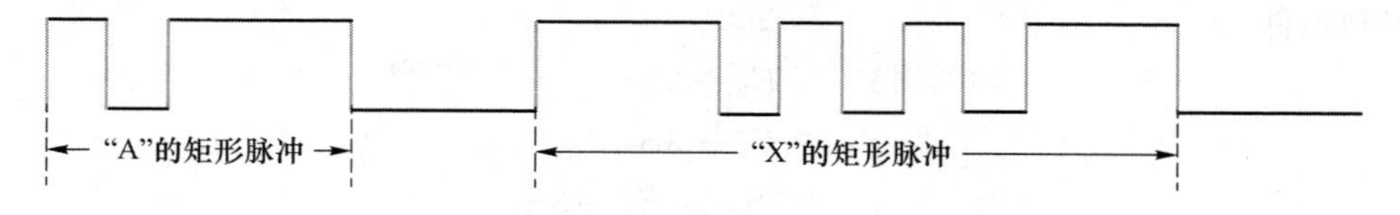

图 7-22　字符"A"和字符"X"对应的脉冲波形

7.4.2　问题分析

人工发送莫尔斯码无法像机器一样准确地控制时长，必定会存在或多或少的偏差。其中的偏差将会随着操作人员的熟练程度而不同，因为不同的操作人员发送速率是不一样的。即使整个发送过程都由同一个人来操作，仍然存在着很多的不稳定因素，依旧可以导致电平的脉冲宽度不同。从以上分析中可以显而易见地发现，要能够准确地识别莫尔斯码，就必须保证能够解决人为因素造成的偏差。

7.4.3　自动识别原理

人工发送莫尔斯码的自动识别原理主要包括 AD 采样变换、分析存储、点划识别、时间间隔识别几个步骤，整体的流程图如图 7-23 所示。

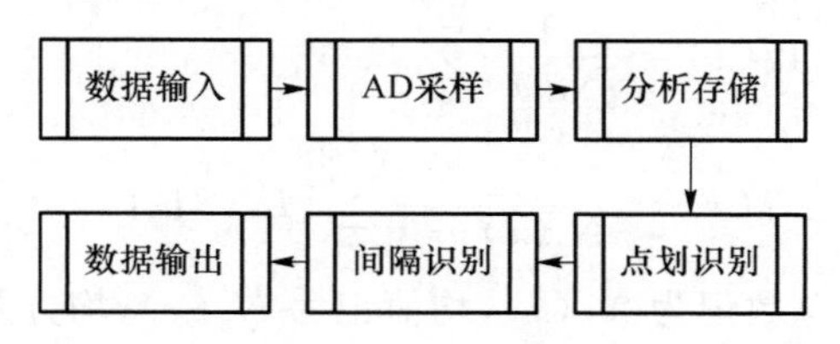

图 7-23　人工发送莫尔斯码的自动识别原理

1. AD 采样变换及分析存储

首先，在接收端对输入的光学信号利用光学天线转变为电学信号，并对电学信号进行 AD 采样变换，进而将模拟信号变换为数字信号。

其次，在该变换过程中同时完成数据的解析工作，数据解析包括两个方面的工作：一方面是电平幅值的二值化，以区分高电平和低电平；另一方面是分别统计高电平和低电平的持续时间长度，其中的高电平数据信号即点或者划数据，而低电平数据信号即时间间隔数据。

最后，再完成对上述相关数据的存储，为了方便进一步的识别操作，将点码和划码的持续时间长度数据进行分开存储。

2. 点划识别

(1) 原理简介

设 Y_1,N_1,E_1,S_1 分别是点码的样本、样本容量、样本均值和样本均方差，Y_2,N_2,E_2,S_2 分别是划码的样本、样本容量、样本均值和样本均方差，大多数情况下莫尔斯灯光信号符合以下识别条件：

$$\begin{cases}Y_1 \leqslant E_1 + 3S_1 \\ Y_2 \geqslant E_2 - 3S_2 \\ E_2 - 3S_2 > E_1 + 3S_1\end{cases}$$

$$\begin{cases}Y_1 \leqslant E_1 + 3S_1 \\ Y_2 \geqslant E_2 - 3S_2 \\ E_2 - 3S_2 > E_1 + 3S_1\end{cases} \tag{7-37}$$

$$\begin{cases}Y_1 \leqslant E_1 + 3S_1 \\ Y_2 \geqslant E_2 - 3S_2 \\ E_2 - 3S_2 > E_1 + 3S_1\end{cases}$$

设阈值为 Q，它应满足：$E_1+3S_1<Q<E_2-3S_2E_1+3S_1<Q<E_2-3S_2$。由于在求出阈值 Q 之前，E_1，S_1，E_2 和 S_2 均无法计算出来，上述条件无法直接利用，故需要进一步的变换。

此时，设 x 为一截取点，则 x 亦需满足

$$E_1 + 3S_1 < x < E_2 - 3S_2 \tag{7-38}$$

以该截取点 x 将信号记录中所有数据分成两部分，小于或等于 x 的数据记为 L_i，其个数记为 $N_1(x)$，均值记为 $E_1(x)$，均方差记为 $S_1(x)$。它们分别由下列式子计算：

$$\begin{cases}E_1(x) = \dfrac{1}{N_1(x)}\sum\limits_{i=1}^{N_1(x)} L_i \\ S_1^2(x) = \dfrac{1}{N_1(x)-1}\sum\limits_{i=1}^{N_1(x)} [L_i - E_1(x)]^2\end{cases} \tag{7-39}$$

大于 x 的数据记为 G_i，其总数记为 $N_g(x)$，均值记为 $N_g(x)$，均方差记为 $S_g(x)$。它们由下列式子计算：

$$\begin{cases}E_g(x) = \dfrac{1}{N_g(x)}\sum\limits_{i=1}^{N_g(x)} G_i \\ S_g^2(x) = \dfrac{1}{N_g(x)-1}\sum\limits_{i=1}^{N_g(x)} [G_i - E_g(x)]^2\end{cases} \tag{7-40}$$

为此，在本次设计算法中考虑以下两个函数：

$$\begin{cases}f_1(x) = E_1 + 3 \cdot S_1 - x \\ f_g(x) = E_g - 3 \cdot S_g - x\end{cases} \tag{7-41}$$

若截取点恰好使函数 $f_1(x)<0, f_g(x)>0$，或 $\begin{cases}E_1+3 \cdot S_1<x \\ E_g-3 \cdot S_g>x\end{cases}$，则

$$\begin{cases}E_1 + 3 \cdot S_1 < x \\ E_g - 3 \cdot S_g > x\end{cases} \tag{7-42}$$

该截取点 x 记为临界点 Q，因此上式亦可用来作为检验条件，用以区分点码（·）和划码（—）。算法中需要选取一个初值 x，当该 x 值无法满足上式时，便通过迭代重新计算 x 值，直到满足上式，此时该 x 值即所求阈值 Q。

(2) 算法设计

对于相对较为标准的信号，无论是点码样本还是划码样本，它们的均方差都相对较小，点码和划码的全部样本总均值 E 也会较为接近阈值 Q。基于以上考虑，算法的具体设计如下。

① 为截取点 x 赋初始值。计算点码和划码的样本总均值，即高电平信号的样本均值，将该均值赋作截取点 x 的初始值。

② 分别计算式(7-41)中的 $f_1(x)$和 $f_g(x)$的值，此时会出现 4 种情况。

a. $f_1(x)<0, f_g(x)<0$。此时截取点 x 不满足条件，无法作为阈值使用，故需进行迭代，重新计算 x 值，计算式为

$$X_{i+1} = E_1(x_i) + 3 \cdot S_1(x_i) \tag{7-43}$$

b. $f_1(x)<0, f_g(x)>0$。此时 x 新值的计算式为

$$X_{i+1} = E_g(x_i) - 3 \cdot S_g(x_i) \tag{7-44}$$

c. $f_1(x)>0, f_g(x)>0$。此时满足条件，迭代计算结束，该 x 值即阈值，返回该值。

d. $f_1(x)>0, f_g(x)<0$。此时先利用情况 b 中式子进行预迭代计算，直到产生情况 c 结束迭代。需要注意的是，一旦该过程中出现 $x<E/3$，说明该预迭代无法获取结果，立即结束该预迭代。转而重新开始，利用情况 a 中式子开始重新迭代，计算阈值。

(3) 流程框图

点划识别程序流程框图如图 7-24 所示。

3. 时间间隔识别

(1) 识别单倍时间间隔数据

单倍时间间隔即点码、划码之间的时间间隔，也为最小的时间间隔。假设三个相邻时间间隔的持续长度分别为 B_{i-1}, B_i, B_{i+1}，如这三个数据满足

$$\begin{cases} B_i - B_{i-1} < k \cdot \min(B_i, B_{i-1}) \\ B_i - B_{i+1} < k \cdot \min(B_i, B_{i+1}) \end{cases} \tag{7-45}$$

其中，k 为可变系数，暂取为 0.2，此时将 B_i 标记。接着，遍历所有的时间间隔数据，统计所有符合 B_i 特性的数据的平均值 V1，该平均值即单倍时间间隔的大致平均值。

再次遍历时间间隔数据，当数据值处于[0.1 * V1, 2.1 * V1]区间之中时，则标记其为单倍时间间隔数据。

(2) 识别 3 倍时间间隔数据

3 倍时间间隔即各个字母间的间隔，模拟人工发送时产生的 4 类时间间隔如图 7-25 所示，其中纵轴代表了间隔数据的持续时间长度，横轴为时间间隔序列。

从图 7-26 中可以明显地看出，4 类时间间隔数据分为了 4 个层次，在(1)中识别出了单倍时间间隔数据后，剩下的数据基本上主要是 3 倍时间间隔数据和 5 倍时间间隔数据，7 倍时间间隔数据可以先暂且归为 5 倍间隔数据。具体计算步骤如下。

首先，统计除去单倍时间间隔数据的样本平均值 V2。

其次，遍历剩余的时间间隔数据，当该持续时间值小于 1.2 * V2 时，即标记该数据为 3 倍时间间隔数据。

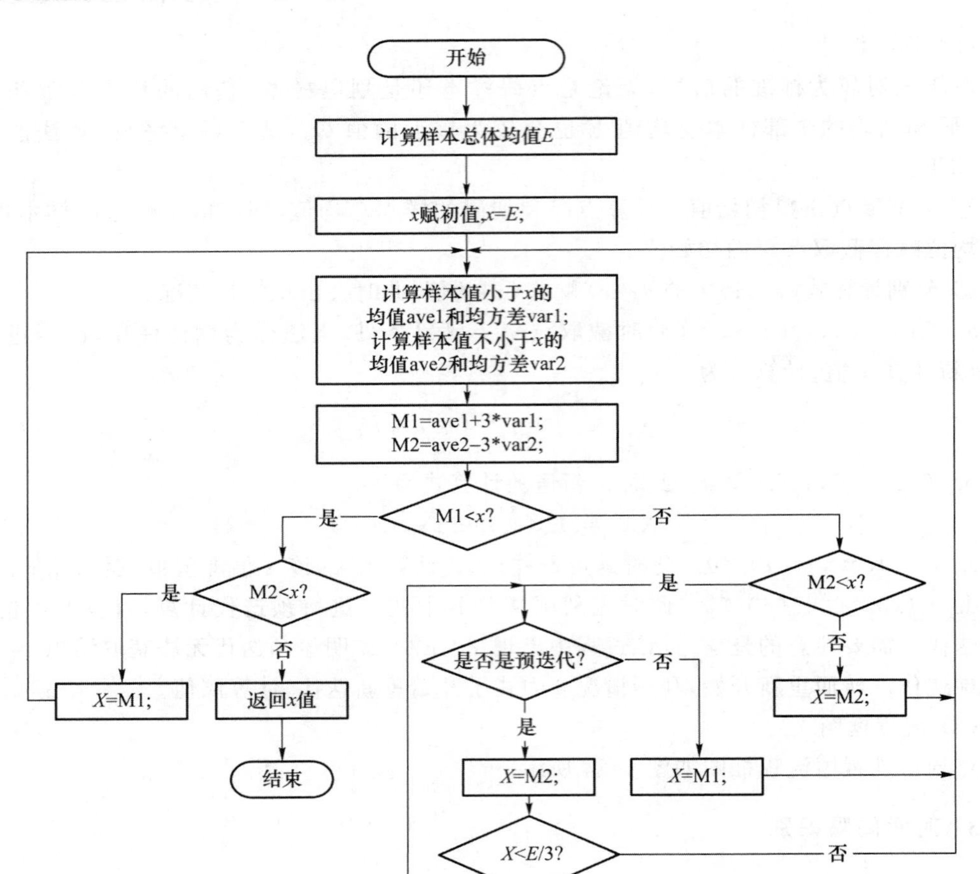

图 7-24　点划识别程序流程框图

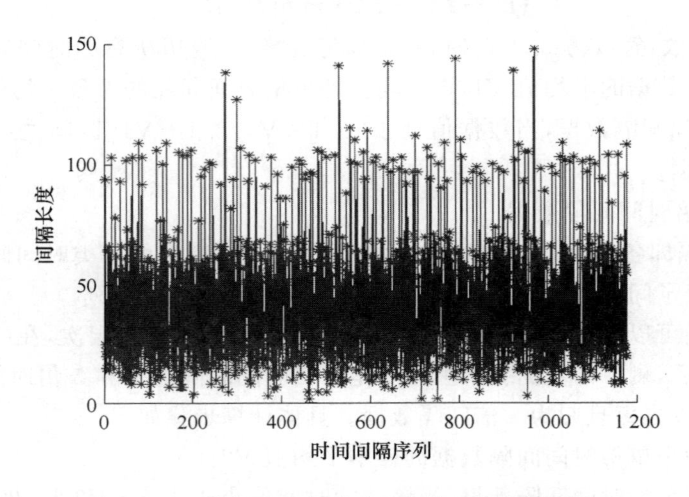

图 7-25　模拟人工发送时产生的 4 类时间间隔

(3) 识别 5 倍、7 倍时间间隔数据

识别完单倍时间间隔数据和 3 倍时间间隔数据后，存储的样本数据中仅剩下 5 倍时间间隔数据和 7 倍时间间隔数据。先对剩下的数据统计平均值 V3，选取阈值为 1.2 * V3，遍历剩下的存储数据，当数据小于等于 1.2 * V3 时，该数据标记为 5 倍时间间隔数据，当数据大于 1.2 * V3 时，该数据标记为 7 倍时间间隔数据。

(4) 流程框图

时间间隔数据识别的程序流程框图如图 7-26 所示。

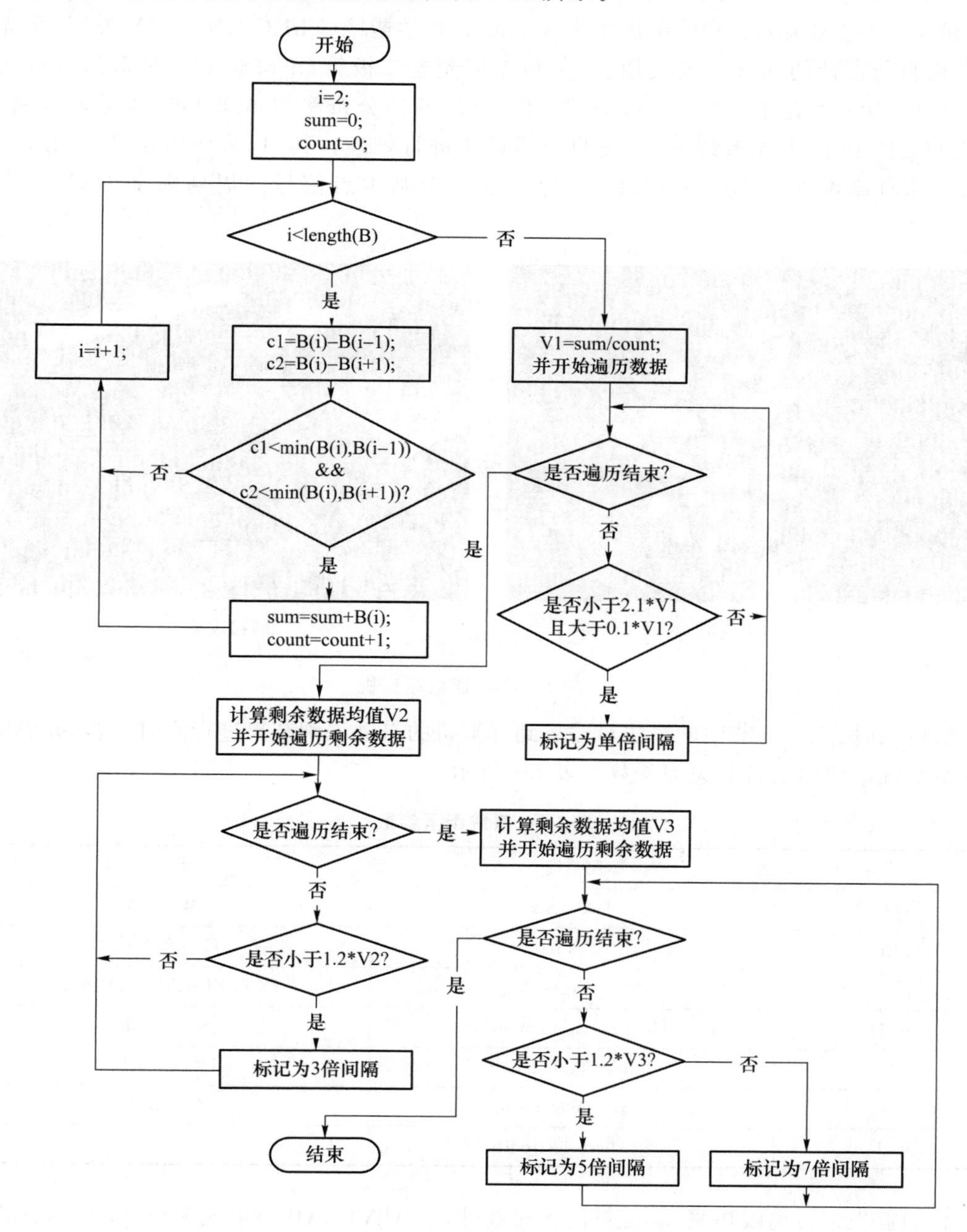

图 7-26　时间间隔数据识别流程框图

7.4.4 离线仿真与原型机实时实验验证

自动识别系统实验测试如图 7-27 所示，我们利用这个原型机产生一个真实不稳定的光莫尔斯编码信号，并验证我们提出的自动识别方法的可行性。在发送端（Tx），抖动的莫尔斯编码信号首先由任意波形发生器（AWG7051）产生，然后通过灯内封装的驱动电路调制 LED（XLamp®XP-L2）发射光信号，系统中采用了 LED 阵列组成的信号灯，以模拟海上光通信场景。在接收端（Rx），使用焦距为 50mm 的光学透镜（ZLKC-KM5012MP8）汇聚光信号，并由自行设计的光接收模块捕获，包括雪崩光电二极管（S8664-50K）和跨阻抗放大器（LTC6268-10），增益系数高达 200 万倍。信号经 16 位分辨率的 ADS8866 模数转换后，输入 STM32F446 嵌入式系统[3]，并按照上述算法进行处理。其中，采样周期 $T_s = 2.7$ ms，ADC 的采样率设置为 $F_s = 375$ Hz，以保证在一个基本点信号的周期内至少有 20 个采样点。

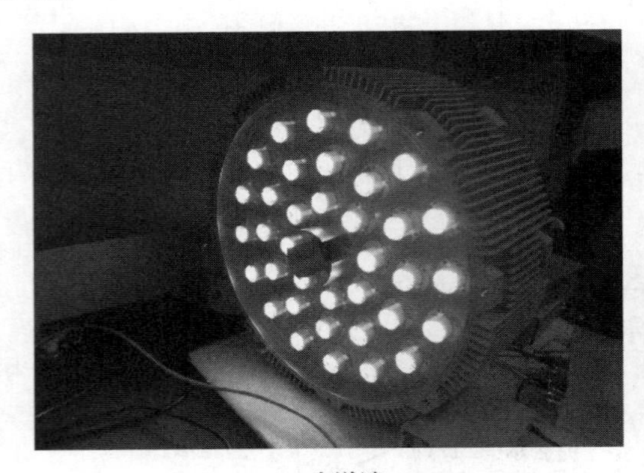
(a) 发送端

(b) 接收端

图 7-27　FSO 通信原型机

最后，利用 7.4.3 节中的算法对输出到计算机的自动识别结果进行实时分析，并确定精度。本系统所使用设备的关键参数如表 7-7 所示。

表 7-7　系统配置参数

设　备	制造商	型　号
AWG	Tektronix	AWG 7051
LED	Cree Inc	XLamp® XP-L2
Lens	ZhiSai Technology	ZLKC-KM5012MP8
APD	Hamamatsu Photonics	S8664-50K
TIA	Linear Technology	LTC6268-10
ADC	Texas Instruments	ADS 8866
MCU	STMicroelectronics	STM32F446

我们首先进行离线仿真，验证算法的有效性，在 MATLAB 中生成表征“hello world”的

莫尔斯信号，通过调整 μ 和 σ^2 值来控制信号抖动，加入噪声来控制信号的幅值波动。图 7-28 为基于 mk-means 聚类算法的离线预处理结果，从图上可以观察到输出信号波形与原始信号完全相同，这表明我们的方法是有效的。

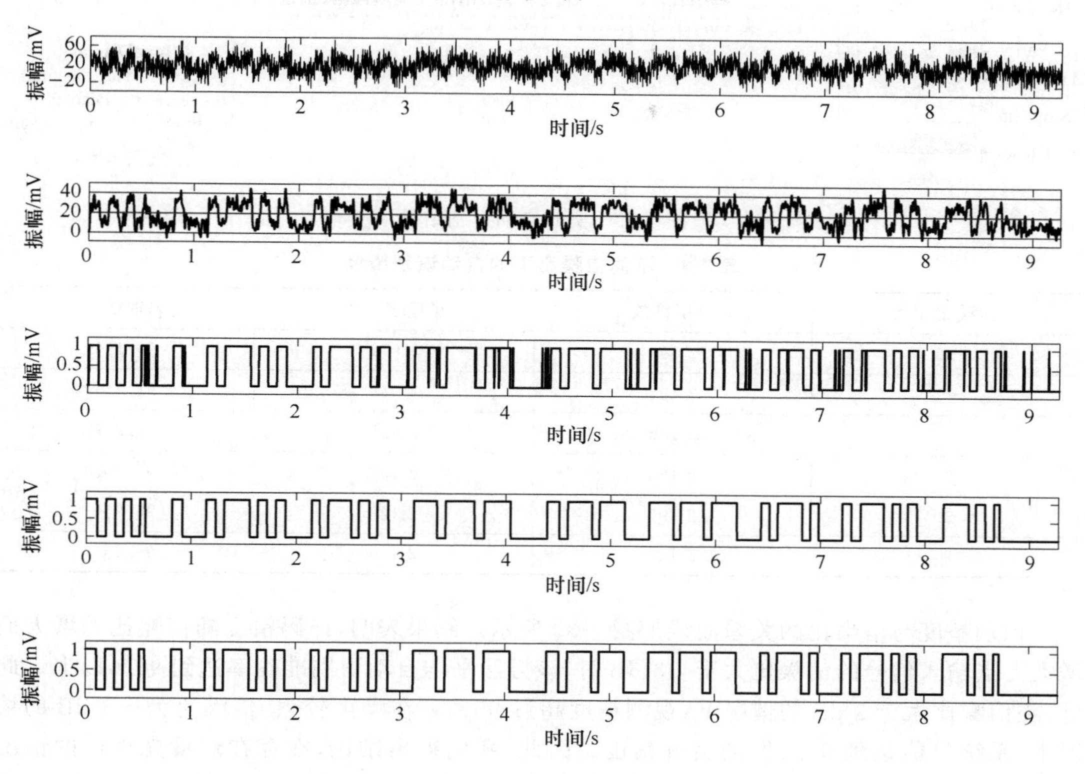

图 7-28 "hello world"莫尔斯信号仿真结果

之后，利用样机对该算法的实时译码精度进行了测试，识别结果由 STM32 嵌入式系统处理后通过串口软件输入上位机。图 7-29 显示了 STM32 派生的串行助手软件的实时识别结果。可以观察到，解码结果与原始字符串"hello world"完全相同。值得注意的是，该收发样机是为远程室外环境设计的，可以支持 4.8 km 的 FSO 通信[4]。其中，发射机由 30 个 LED 组成，每个 LED 的直流正向电流都为 1 500 mA，对应的电功率为 4.35 W，用于室内可见光通信完全足够。因此，在实验室环境下，接收光功率始终保持较高的水平，在增加距离后，识别精度也保持不变。

为了进一步评估系统的性能和鲁棒性，我们研究不同信噪比（SNR）条件下的识别精度。考虑光路上难以准确控制信噪比，本实验在 PC 机与 STM32 之间通过串口进行。在测试过程中，我们选取了一篇英文文本（共 2 196 个字符）作为原始数据，每个字符都是随机出现的。值得说明的是，这里传输的数据量远远超过实际海上场景通常使用的数据量。具体测试过程如下：首先，将长度为 2 196 个字符的原始数据在 MATLAB 中进行莫尔斯编码并加噪，通过控制噪声样本的比例，在 PC 上生成不同信噪比（−3～6 dB）的莫尔斯编码信号数据，通过串口传输到嵌入式 STM32 系统；其次，STM32 对接收到的数据进行存储和解码，并将识别结果返回给主机；最后，在上位机中对原始数据文件和解码后的数据文件进行检查，并对解码的准确性进行统计分析。实验中的解码结果统计如表 7-8 所示。

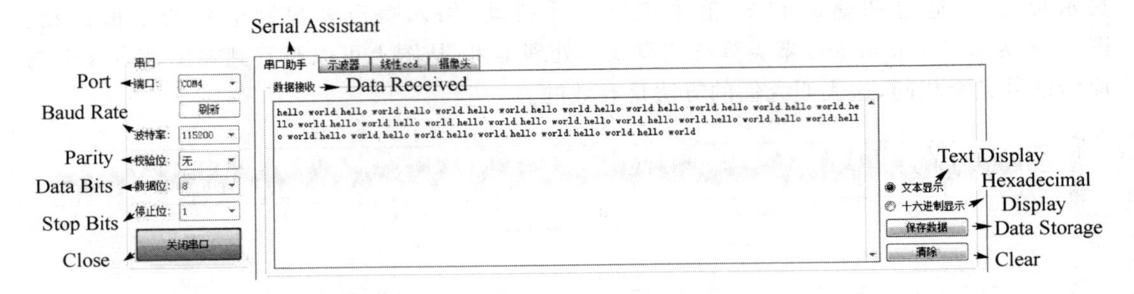

图 7-29　实时自动识别结果

表 7-8　不同信噪比下的自动识别精度

信噪比/dB	总字符数	正确字符数	识别精度
−3	2 196	1 979	90.1%
−1	2 196	2 003	91.2%
1	2 196	2 038	92.8%
3	2 196	2 102	95.7%
5	2 196	2 128	96.9%
6	2 196	2 176	99.1%

识别精度与信噪比的关系曲线如图 7-30 所示。结果表明，译码精度随信噪比的增大而增大。当输入信号的信噪比大于−3 dB 时，该方法平均自动识别准确率达到 90%以上。此外，在信噪比大于 3 dB 的情况下，观测精度超过 95%。在噪声较强、信噪比为−3 dB 的情况下，系统仍能达到 90.1%的良好精度。因此，我们得出结论，在存在环境光噪声的情况下，所提出的基于 mk-means 的识别系统在解码精度性能方面仍然表现良好。

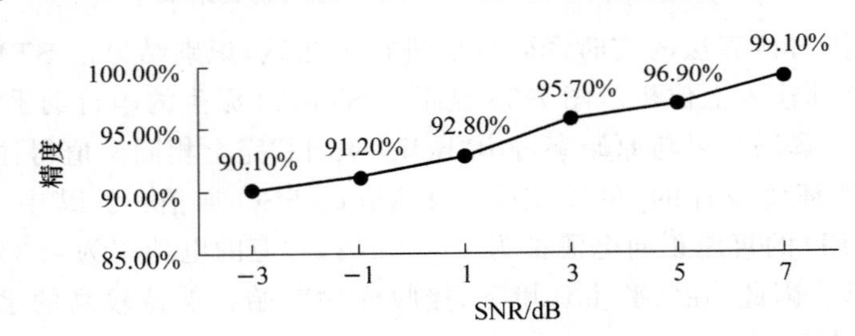

图 7-30　不同信噪比下的识别精度

本章小结

在本章中，我们讨论了信道衰减、器件选型、天线设计等一系列问题，最后设计了一种莫尔斯码的自动识别方法。我们也研究了所提方法的性能，包括识别精度，以及系统的鲁棒性。单片机实时识别结果表明，识别精度随信噪比的增加而提高，可达到 99%以上。

本章参考文献

[1] 赵鹏. 船间远距离可见光通信系统研究和实现[D]. 北京:北京邮电大学,2015.
[2] 林兴龙. 人工莫尔斯光信号自动识别技术的研究[D]. 北京:北京邮电大学,2019.
[3] ST. Microelectronics 32-bit Arm Cortex MCUs [EB/OL]. (2020-01-26)[2012-03-15]. www.st.com/en/microcontrollersmicroprocessors/stm32f446.html.
[4] Zhou H Y, Zhang M L, Wang X Z, et al. Implementation of High Gain Optical Receiver with the Large Photosensitive Area in Visible Light Communication[C]// Asia Communications and Photonics Conference. Chengdu: Optica Publishing Group, 2019.

第8章 水下可见光通信技术

8.1 海水光学性质研究

在海水中，水分子、浮游植物和悬浮颗粒等是影响海水的光学性质、导致光束衰减的主要原因。许多学者就海水中各种物质对光的影响机理以及对应物质的浓度进行了研究与现场测量，这可追溯到1963年，Duntley[1]对海水中光衰减的基本特性进行了研究，研究表明蓝绿波段光束在海水中的衰减明显低于其他波段的衰减，这意味着，在海水光谱中存在一个低衰减窗口，随后，Gilbert[2]等人对这个窗口以实验的方式进行了验证。水下蓝绿波段低衰减窗口的存在为水下无线光通信的发展打下了夯实的基础。

1976年，Jerlov[3]通过一系列深海的探险活动，证实了全球海水光学特性的多样性；同时，根据水体的纯净程度，提出了一个常用的海水分类标准。起初，该标准将海洋水划分为3类Jerlov水体和9种沿岸海水。其中，Ⅰ类海洋水是最清澈的，Ⅲ类海洋水是最浑浊的，Ⅰ类沿岸海水是最清澈的，9类沿岸海水是最混浊的。随后，Jerlov根据大量实测数据，对处于Ⅰ类和Ⅱ类的水体进行了细分，扩充了前述的分类方法。

海水是一个复杂的物理、化学和生物系统，海水中各种物质成分对光的影响机理不尽相同。国际物理海洋学协会从产生光衰减的原因出发，对海水的光学性质进行更深层次的讨论，将海水中的光衰减定义为吸收和散射两个部分[4]。

在Ⅰ类水体的基础上，Morel[5]建立了新的Morel模型，并在总结了前人数据的基础上，对海洋生物光学模型进行了参数化建模，针对浮游植物建立了吸收系数和散射系数模型。

在水体模型的基础上，Gordon[6]等对Ⅰ类水体的散射理论进行了研究，对Morel模型的散射系数进行了多次修正，在1992年提出了Ⅱ类水体的Gordon模型[7]。

随着测量技术的进步，光束在海水中的测量数据也得到了不断的修正与检验。Zaneveld[8]等人对现场测量仪器进行了改进，利用一种反射式测量管对波段在350～800 nm内可见光的总吸收系数进行了测量；同时，对比了可见光波段蒸馏水和纯净水的吸收系数，根据两种水质吸收系数的差值，可以获得水中非色素悬浮粒子的吸收系数。

另外,美国科学家Sogandares[9]和Pope[10]等人分别对纯水不同波段的吸收系数进行了测量,并给出了所测波段的典型值以及误差。除了水分子、浮游植物和非色素悬浮颗粒外,在光的吸收方面,黄色物质也起着一定的作用。其吸收系数光谱与非色素悬浮颗粒的吸收系数光谱都呈指数衰减趋势[11]。

2003—2004年,基于生物-光学模型,众多研究人员对不同海域光衰减系数与各物质浓度之间的关系进行了分析与研究[12-13]。虽然不同海域之间的海水在时间上和空间上都存在着一定的差异,但是海水中各个物质的衰减作用及其波长相关性存在着相似之处。

海水中含有丰富的溶质和颗粒物质,而且这些物质在类型和浓度上变化也很大,对海水光学性质的影响十分明显,表现出了很强的空间和时间特性。而海水光学空间传输特性主要表现为衰减效应,时间特性主要表现为时延扩展。对于本书的水下长距离无线光通信系统,为了寻找到适用性较好的系统工作波长,评估系统指标,需对海水光学的固有光学性质进行重点分析。

海水中光束的衰减效应主要是由水体的固有光学特性(IOP)引起的,包括吸收和散射两种效应。其中,吸收效应是指介质中的分子吸收光子,并在光子再次辐射出去之前将其转化为热能或者化学势能的不可逆过程。散射效应是指光子入射介质后没有发生不可逆的转化,而是再次沿着某个随机方向发射出去的过程。

光束与海水相互作用示意图如图8-1所示,假设一束能量为P_{i}的光入射到厚度为Δr,体积为ΔV的海水中,一部分光直接穿过海水射出,一部分光被海水里的各种成分吸收,剩下的一部分被海水散射而改变方向传播。设穿过海水、吸收和散射的光能量分别为P_{t},P_{a}和P_{s},根据能量守恒定律,则有

$$P_{\mathrm{i}} = P_{\mathrm{a}} + P_{\mathrm{s}} + P_{\mathrm{t}} \tag{8-1}$$

假设海水的吸收率$A = \dfrac{P_{\mathrm{a}}}{P_{\mathrm{i}}}$,散射率$B = \dfrac{P_{\mathrm{s}}}{P_{\mathrm{i}}}$,此时海水的吸收和散射系数可表示为

$$a(\lambda) = \lim_{\Delta r \to 0} \frac{A}{\Delta r}, \quad b(\lambda) = \lim_{\Delta r \to 0} \frac{B}{\Delta r} \tag{8-2}$$

吸收和散射两种效应的叠加表现为光的衰减效应,即衰减系数可以表示为吸收系数和散射系数之和:

$$c(\lambda) = a(\lambda) + b(\lambda) \tag{8-3}$$

其中,$a(\lambda)$代表海水的吸收系数,$b(\lambda)$代表海水的散射系数。$c(\lambda)$,$a(\lambda)$和$b(\lambda)$的单位为m^{-1}。

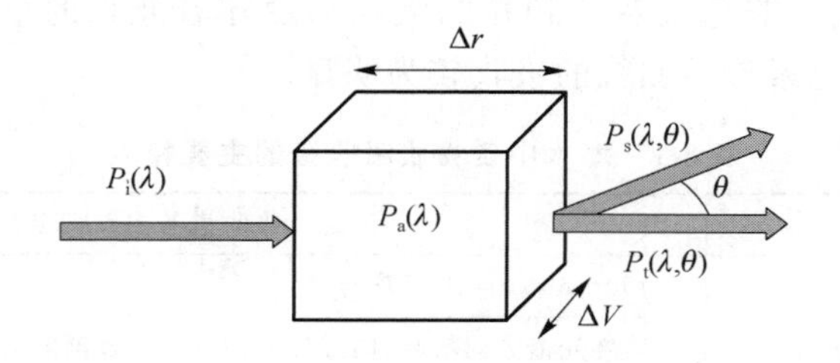

图8-1 光束与海水相互作用示意图

8.1.1 海水吸收效应

海水对光的吸收是由纯海水、黄色物质、浮游植物和悬浮微粒等引起的，海水总吸收系数可表示为各物质成分吸收系数的线性叠加：

$$a(\lambda)=C_w a_w(\lambda)+C_{phy}a_{phy}(\lambda)+C_g a_g(\lambda)+C_n a_n(\lambda) \tag{8-4}$$

其中，$a_w(\lambda)$为纯海水吸收系数，C_{phy}，C_g 和 C_n 分别为叶绿素、黄色物质和悬浮微粒浓度（mg/m^3），$a_{phy}(\lambda)$，$a_g(\lambda)$和 $a_n(\lambda)$则分别为各物质对应的吸收系数（m^2/mg）[24]。

由于海水的复杂性和多样性，要完全弄清楚海水中粒子的成分是非常困难的，考虑在地球上，大多数水体中的浮游植物的浓度都较高，其中，叶绿素对光的吸收作用较强。因此，Prieur[25]等人通过分析 90 种不同水体的光谱吸收数据，得到了基于叶绿素浓度的吸收模型，可将上式简化为

$$a(\lambda)=[a_w(\lambda)+0.06a_s(\lambda)C^{0.65}][1+0.2e^{-0.014(\lambda-440)}] \tag{8-5}$$

其中，$a_s(\lambda)$为由统计得到的叶绿素的吸收系数，C 为叶绿素的浓度（mg/m^3），不同的水体浓度不同。下面对各物质成分的吸收特性进行详细的分析。

纯海水是指水和溶解盐构成的混合物。溶解盐也会对光产生吸收作用，但是与水相比，其吸收作用可以忽略不计，因此可以用纯水的吸收系数代替纯海水的吸收系数。纯水的吸收系数和波长有关，如图 8-2(a)所示。[26]

在 500 nm 以下波段，纯水的吸收系数非常小，只有 0.018～0.026 m^{-1}。浮游植物（叶绿素）生长在海水表层，其浓度随着深度的增加迅速减小，在深海中几乎没有叶绿素。叶绿素主要对红光和蓝光吸收，而对黄光影响不大，如图 8-2(b)所示。[27]

黄色物质是海水中溶解的有机物，主要包括黄腐酸和腐殖酸，它的浓度在一定程度上与叶绿素的浓度相关。它是海水呈现黄色的主要原因之一，它对光只有吸收作用，如图 8-2(c)所示。[28]

悬浮颗粒主要源自生物死亡之后的碎屑、不溶于水的矿物质等，它主要分布在近海区域，深海中的分布较少，它对光具有吸收和散射作用。吸收效应如图 8-2(d)所示。

表 8-1 为上述海水各物质吸收谱的主要特点，其中黄色物质的吸收系数随着波长的增加呈现急剧降低的趋势。在蓝绿光波段，黄色物质的吸收效应较为突出。浮游植物吸收谱存在一高一低两个吸收波峰，高吸收波峰位于蓝光波段，低吸收波峰则位于红光波段。当浓度较低的时候，叶绿素吸收光谱较为平坦，数量级维持在 10^{-2}。当叶绿素浓度上升时，吸收光谱的峰谷值差距明显。非色素悬浮颗粒的吸收系数随着波长的增加呈现快速下降的趋势。在蓝绿光波段，非色素悬浮颗粒的吸收较为明显。

表 8-1　海水中各物质吸收谱的主要特点

吸收主体	吸收谱的主要特点
纯海水	450～580 nm 之间较弱
黄色物质（溶解有机物）	紫外光谱方向较高，向红外光谱区方向逐渐降为零
叶绿素（浮游植物）	440 nm 和 670 nm 附近有吸收峰
悬浮颗粒	主要存在于可见光波段的两端，对于中间蓝绿到橙红波段相对较弱

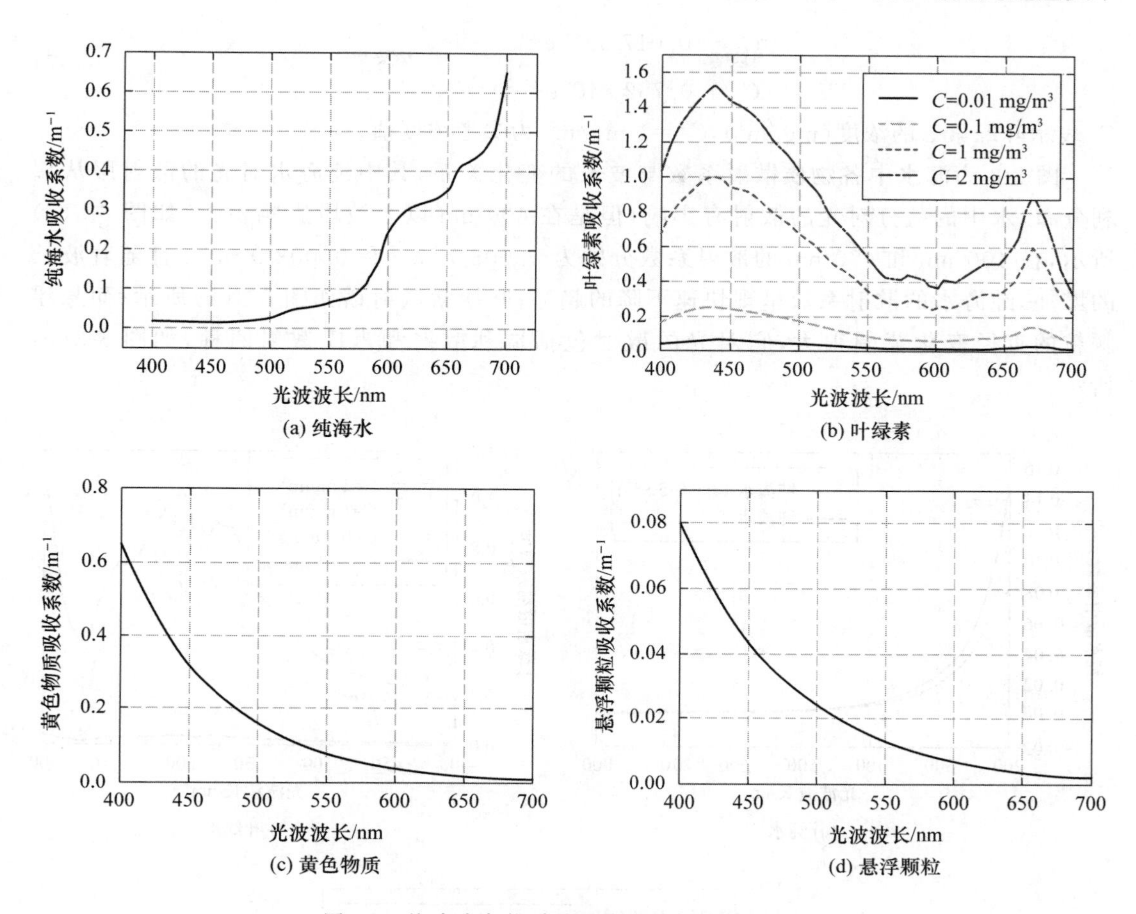

(a) 纯海水　(b) 叶绿素　(c) 黄色物质　(d) 悬浮颗粒

图 8-2　海水中各物质的吸收系数与波长的关系

8.1.2　海水散射效应

1. 海水散射谱

海水散射系数的表达式为

$$b(\lambda) = b_w(\lambda) + b_s^0(\lambda)C_s + b_l^0(\lambda)C_l$$

其中，b_w 是纯海水散射系数(m^{-1})，b_s^0 是小颗粒物的散射系数(m^2/g)，b_l^0 是大颗粒物的散射系数(m^2/g)，可由下式计算[29]：

$$\begin{aligned} b_w(\lambda) &= 0.005\,826(400/\lambda)^{4.322} \\ b_s^0(\lambda) &= 1.151\,3(400/\lambda)^{1.7} \\ b_l^0(\lambda) &= 0.341\,100\,582\,6(400/\lambda)^{0.3} \end{aligned} \tag{8-6}$$

C_s 和 C_l 分别代表小颗粒浓度(g/m^3)以及大颗粒浓度(g/m^3)，两者可根据叶绿素 a 的浓度计算得出：

$$C_s = 0.01739 C_c e^{[(0.11631(C_c/C_c^0)]}$$
$$C_l = 0.76284 C_c e^{[(0.03092(C_c/C_c^0)]} \tag{8-7}$$

C_c 表示叶绿素 a 的浓度(mg/m^3)，$C_c^0 = 1\ mg/m^3$ 为参考浓度值。

图 8-3 为海水中各物质散射系数与波长的变化关系，其中纯海水对光的散射服从瑞利分布，水中的盐分对光的散射有影响，但是在 400 nm 以上波段影响不大，如图 8-3(a)所示，在 400 nm 和 470 nm 的散射系数分别为 $0.0037\ m^{-1}$ 和 $0.0029\ m^{-1}$，且随着波长的增加，纯海水的散射系数呈现快速下降的趋势；叶绿素散射谱如图 8-3(b)所示；而悬浮颗粒的直径变化范围很大，它对光的散射包括瑞利散射和米氏散射两种，如图 8-3(c)所示。

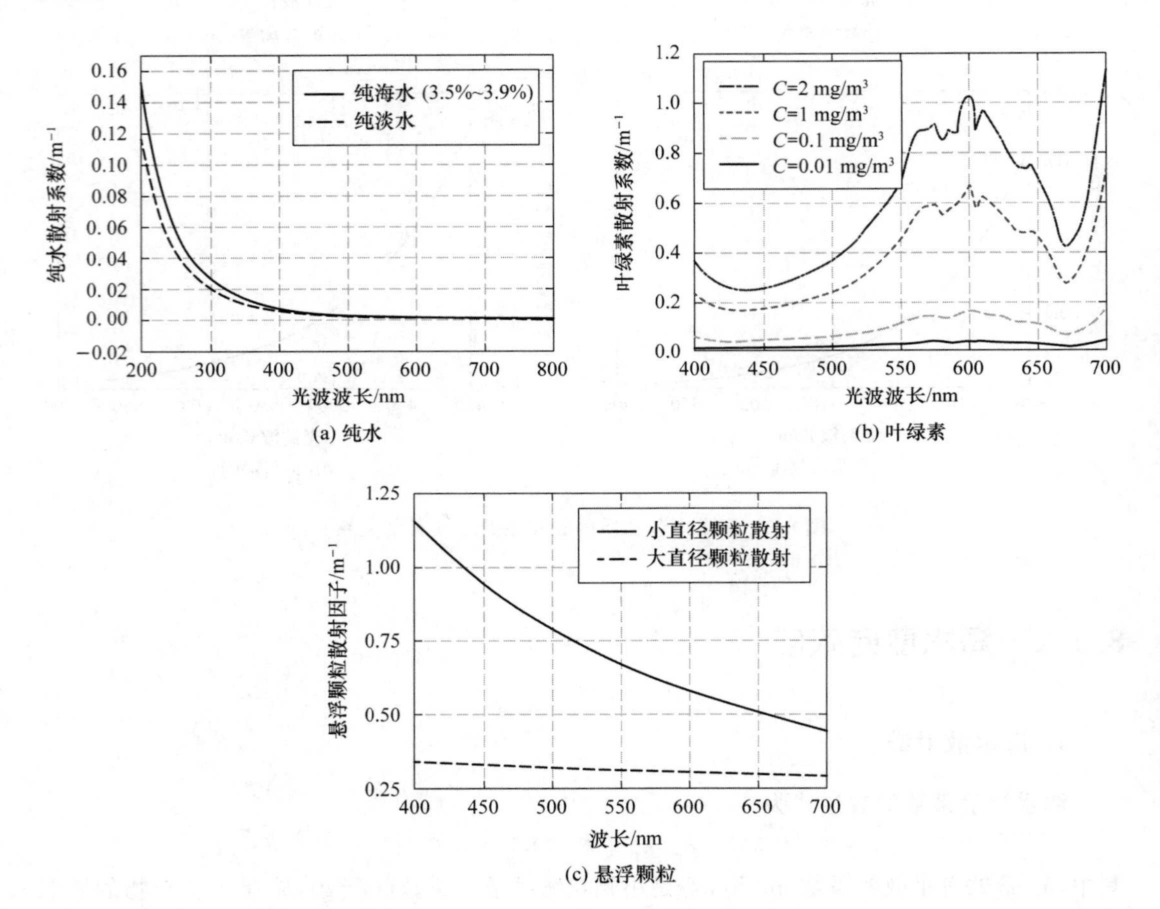

图 8-3 海水中各物质的散射系数与波长的关系

表 8-2 为海水中上述主要成分对光的吸收和散射特征总结，通过分析这些物质对光的吸收和散射作用，将各成分叠加可得到海水对光总的衰减，如图 8-4(a)所示。因为本书主要针对深层海水应用，所以特别将深层海水的总衰减和纯海水的衰减做了对比，由图 8-4(b)可见，海水衰减系数随着叶绿素浓度的增加而增加，且海水在 450～550 nm 波段对光的衰减较小。

表 8-2　海水中主要成分对光的吸收和散射特征

成　分	吸收系数	散射系数
水分子	与波长关系密切，蓝绿光区吸收最小	瑞利散射，与波长四次方成反比
溶解盐	可以忽略	与波长无关，梯度引起很小角度散射
黄色物质(溶解有机物)	随波长单调变化，光吸收比水分子、叶绿素、悬浮粒子大	可以忽略
悬浮粒子	随粒子类型变化，短波处稍有增加	受水质影响大，与波长关系不大
浮游植物(叶绿素)	浮游植物吸收在光谱和大小上均存在很大的变动，吸收系数与叶绿素浓度呈线性关系	与叶绿素浓度成正比，与波长成反比

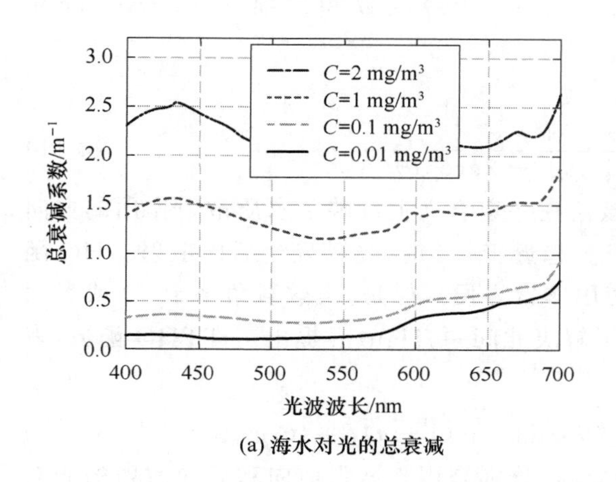

(a) 海水对光的总衰减

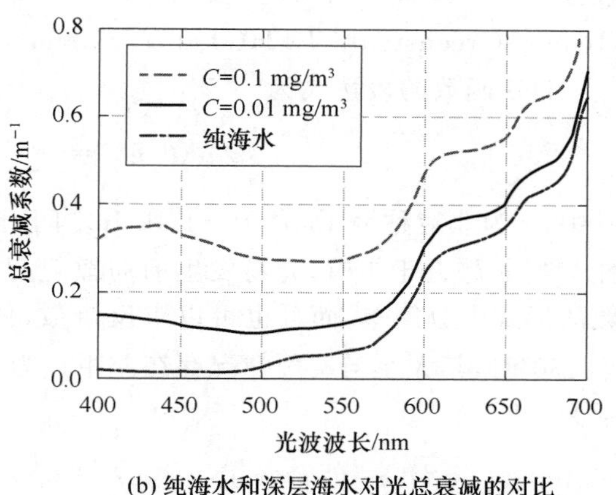

(b) 纯海水和深层海水对光总衰减的对比

图 8-4　不同叶绿素浓度下的总衰减系数

2. 散射相函数

光在经过海水的散射之后会偏离原来的传播方向，新传播方向在空间上的强度分布被称为体散射函数，其定义为[30]

$$\beta(\theta,\lambda)=\lim_{\Delta r\to 0}\lim_{\Delta\Omega\to 0}\frac{P_{\mathrm{s}}(\theta,\lambda)}{P_{\mathrm{i}}(\theta)\Delta r\Delta\Omega}\quad[m^{-1}\cdot \mathrm{sr}^{-1}]\tag{8-8}$$

其中，$\Delta\Omega$ 为散射光立体角，如图 8-5 所示，体散射函数的单位为 $\mathrm{m}^{-1}\cdot\mathrm{sr}^{-1}$，可视为每单位长度单位立体角的散射光功率与入射功率之比。

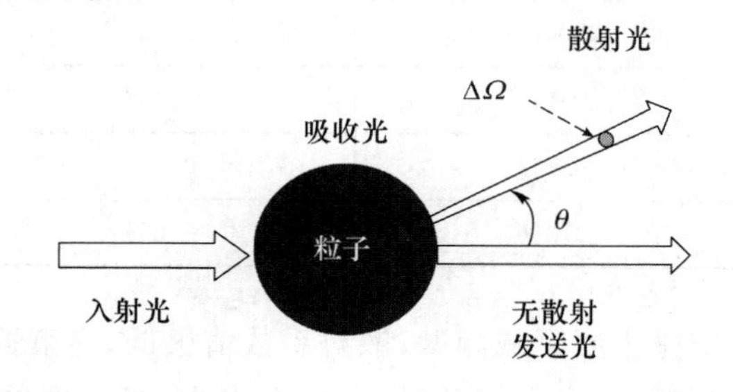

图 8-5　光束吸收散射示意图

对式(8-8)在整个 $\Delta\Omega$ 内进行积分，由于散射方向的分布应该是关于入射方向中心对称的，则可以得出

$$b(\lambda)=\int_{4\pi}\beta(\theta,\lambda)\mathrm{d}\Omega=2\pi\int_0^{\pi}\beta(\theta,\lambda)\sin\theta\mathrm{d}\theta \tag{8-9}$$

根据式(8-9)，可推导出散射相函数，以用来描述散射光强的角度分布，表达式为

$$\widetilde{\beta}(\theta,\lambda)=\frac{\beta(\theta,\lambda)}{b(\lambda)}\quad[\mathrm{sr}^{-1}] \tag{8-10}$$

关于散射相函数实际测量非常困难，因为在前向角度很小时，首先，海水的相函数变化非常快，对仪器的精密度要求高；另外，在不同角度时，海水的相函数变化区间较大，相差好几个数量级，对仪器的动态范围要求高。目前，较为普遍的方法是采用逼近实际的海水相函数分析公式，最常用的主要有 Henyey-Greenstein（HG）函数和二项 HG（Two Term Henyey-Greenstein，TTHG）函数。

HG 函数的表达式为

$$\widetilde{\beta}_{\mathrm{HG}}(\theta,g)=\frac{1-g^2}{4\pi\,(1+g^2-2g\cos\theta)^{3/2}} \tag{8-11}$$

其中，g 为非对称因子，介于−1 到 1 之间，该值在一定意义上反映了水质散射作用的方向性。当 g 趋近于 1 时，光易发生前向散射；当 g 趋近于−1 时，光易发生后向散射。HG 函数的形式十分简单，而且也可以求反函数，使用非常方便。但是，当散射角小于 20°或者大于 130°时，其大小与实际情况存在差距。为了解决此问题，Haltrin 提出了 TTHG 函数，表示为

$$\widetilde{\beta}_{\mathrm{TTHG}}(\theta,\alpha,g_{\mathrm{FWD}},g_{\mathrm{BKWD}})=\alpha\widetilde{\beta}_{\mathrm{HG}}(\theta,g_{\mathrm{FWD}})+(1-\alpha)\widetilde{\beta}_{\mathrm{HG}}(\theta,g_{\mathrm{BKWD}}) \tag{8-12}$$

其中，α 表示前向 HG 相函数的权重，g_{FWD} 和 g_{BKWD} 分别是用来增强前向和后向散射的非对称因子。

8.1.3 海水水体传输特性细分

目前，在水下无线光通信领域，按衰减系数的大小主要将海水分为四类：纯净水、清澈的海洋水、沿海水、浑浊港口水。其各系数典型值如表 8-3 所示[31]。

表 8-3 不同海水类型

水　质	吸收系数	散射系数	衰减系数
纯净水	0.040 5	0.002 5	0.043
清澈的海洋水	0.114	0.037	0.151
沿海水	0.179	0.219	0.398
浑浊港口水	0.366	1.824	2.190

在纯净水中，吸收效应是主要衰减因素，散射系数值很低，光束近似沿直线传播；在清澈的海洋水中，溶解颗粒浓度较高，会引起散射；在沿海水中，高浓度的浮游生物、碎屑和矿物质是吸收和散射的主要来源；而浑浊港口水中溶解物和悬浮物的浓度最高，会严重减弱光的

传播。

海水透明度是海水的另一个重要参数，是自然光入水深度的一个度量，是海水对光吸收和散射特性的一个综合量度，一般可采用塞氏盘法进行测量，虽然具有一定的主观性，但是仍然可以作为本书系统设计时的一个重要参考，尤其是我国领海海水透明度的分布情况，其与季节等多种因素都有关系，而我国近海各海域海水衰减系数分布如表 8-4 所示[32]。由表 8-4 中数据可得，南海海水透明度更高，绝大多数海域都在 10 m 以上，大多数海域在 20 m 以上，而在南海中部和南沙海域附近，衰减系数可低至 0.08 m^{-1}，十分清澈，属于较为理想的水下无线光通信实验环境。

表 8-4 邻近我国大陆若干海区海水衰减系数分布情况

海 区	衰减系数	海 区	衰减系数
黄渤海	0.4～0.3	西沙海域	0.18～0.35
南黄海	0.2～2	南海中部	0.08～0.18
台湾海峡	0.6～5	南沙海域	0.08～0.30
南海东北部	0.1～0.3		

图 8-6 为 2008 年在百慕大针对 470 nm 和 660 nm 波段在海水不同深度下的海水透明度实测数据，其中 e-folding length 指信号衰减到 1/e 的传输距离。通过计算可得，在 100 m、200 m 和 300 m 深度下的水体衰减典型值如表 8-5 所示。

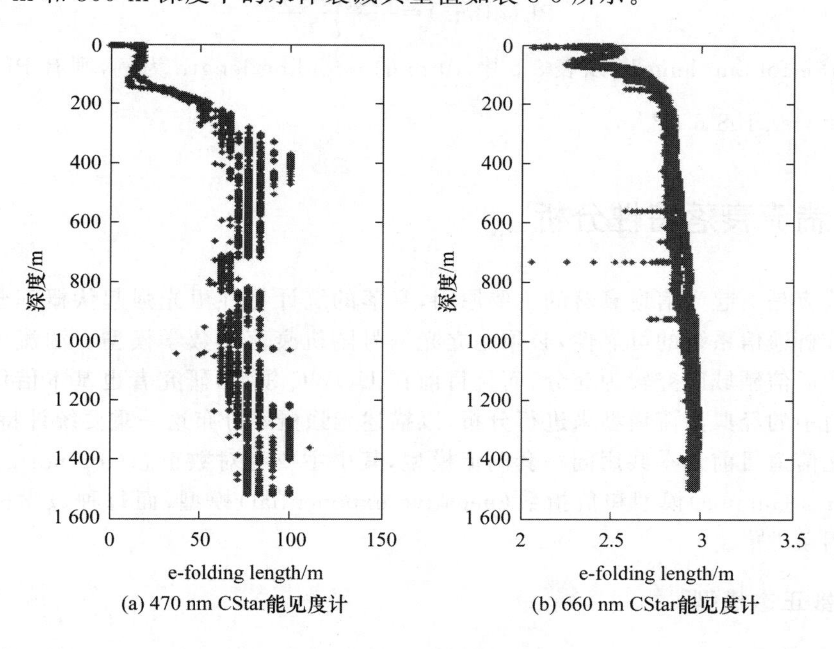

图 8-6 WHOI 百慕大实测数据

表 8-5 中衡量海水对光束衰减的参数有衰减系数（m^{-1}）、损耗（dB）和 e-folding length（m）。三种参考量的详细换算关系如下。

表 8-5　百慕大不同海水深度衰减系数分布

海水深度/m	e-folding length/m	衰减/(dB·m^{-1})
100	10	−0.434 3
200	40	−0.108 6
300	60	−0.072 4

(1) 海水衰减系数与链路损耗的换算

在不考虑散射光重新进入探测器视场的情况下，由朗伯比尔定律可得

$$PL(dB) = 10\lg(e^{-cd})$$

其中，c 为海水衰减系数，单位为 m^{-1}，d 为通信距离，单位为 m，PL 表示链路损耗，单位为 dB。

一般地，假设 $d=1$ m，则有

$$PL(dB/m) = 10\lg(e^{-c}) = -10c\lg(e) \approx -4.343c$$

上式表示光在海水中传播每米的衰减量(dB/m)，以 $c=0.3$ m^{-1}为例，则此时 $PL(dB/m)=10\lg(e^{-0.3})=-1.30$ dB/m。

(2) e-folding length 与链路损耗的换算

e-folding length 的定义为信号衰减到 1/e 的传输距离，单位为 m，用于表示海水透明度，其值越大则表示海水越清澈，反之则表示海水越浑浊。e-folding length 与 dB 的换算关系为

$$PL(dB/m)=\frac{10\lg(e^{-1})}{l}$$

式中，l 表示 e-folding length，以表 8-5 中 40 m 的 e-folding length 为例，则有 $PL(dB/m)=\frac{10\lg(e^{-1})}{40}=-0.108\,6$ dB/m。

8.1.4　湍流衰落特性分析

湍流效应是引起光信道衰落的主要原因，衰落的统计特性由光强起伏概率密度函数确定。为了分析通信系统的可靠性，必须建立光信号随机衰落的数学模型。湍流现象在大气自由空间光通信领域研究较为充分，而且目前在 UOWC 领域，研究者也基本借用大气自由空间光通信中的经典湍流模型来进行分析，以描述光强概率分布这一重要统计特征，因此室外与水下光信道目前几乎共用同一套湍流模型，其中主要有对数正态(log-normal)模型、双伽马(Gamma-Gamma)模型和负指数(negative exponential)模型，而每种数学模型都对应不同的应用条件[2]。

1. 对数正态模型

在弱湍流条件下，通常采用对数正态模型来表征光强分布，其形式相对简单，可较好地建模弱湍流情况($\sigma_I<1$)，此时强度起伏的概率密度函数(PDF)为

$$p(I) = \frac{1}{I\sqrt{2\pi\sigma_l^2}}\exp\left[-\frac{(\ln(I/I_0)-E[l])^2}{2\sigma_l^2}\right], I \geqslant 0 \tag{8-13}$$

其中，$I=I_0 e^l$，l 表示衰落对数幅度，服从均值为 $E[l]$，方差为 σ_l^2 的高斯分布。利用对数正态分布的衰落归一化等式很容易验证对数幅度均值和方差之间的关系 $\mu_l=-\sigma_l^2$。此时，闪烁指数可以表示为

$$\text{S.I.}=\sigma_I^2=\frac{E[I^2]}{E[I]^2}-1=\exp(\sigma_l^2)-1 \tag{8-14}$$

闪烁指数是用来衡量湍流强度大小的参数，越大则表示湍流信道越恶劣。

2. 双伽马模型

双伽马模型较适用于中强湍流条件的统计分布描述，可表示为

$$p(I)=\frac{2(\alpha\beta)^{(\alpha+\beta)/2}}{\Gamma(\alpha)\Gamma(\beta)}I^{\left(\frac{\alpha+\beta}{2}-1\right)}K_{\alpha-\beta}(2\sqrt{\alpha\beta I}) \tag{8-15}$$

式中，$\Gamma(\cdot)$是 Gamma 函数，α 和 β 分别表示大小尺度涡流相关参数，$K_n(\cdot)$表示 n 阶第二类修正贝塞尔函数。其中 α 和 β 可由下式给出：

$$\begin{aligned}\alpha&=\left(\exp\left[\frac{0.49\sigma_l^2}{(1+1.11\sigma_l^{12/5})^{7/6}}\right]-1\right)^{-1}\\ \beta&=\left(\exp\left[\frac{0.51\sigma_l^2}{(1+0.69\sigma_l^{12/5})^{5/6}}\right]-1\right)^{-1}\end{aligned} \tag{8-16}$$

此时，闪烁系数为

$$\sigma_{\mathrm{N}}^2=\exp\left[\frac{0.49\sigma_l^2}{(1+1.11\sigma_l^{12/5})^{7/6}}+\frac{0.51\sigma_l^2}{(1+0.69\sigma_l^{12/5})^{5/6}}\right]-1 \tag{8-17}$$

图 8-7 为 α 和 β 在不同强度湍流下的取值，由图可得，在非常弱的湍流状态下，$\alpha\gg1$，$\beta\gg1$，这意味着小型和大型涡流的有效数量非常大。但是，随着辐照度波动的增加并接近中到强湍流状态时，α 和 β 的值会大幅下降，超出中到强状态并接近饱和状态，$\beta\to1$。此外，α 随着湍流的增加而再次增加，并最终在饱和状态下变得不受限制。

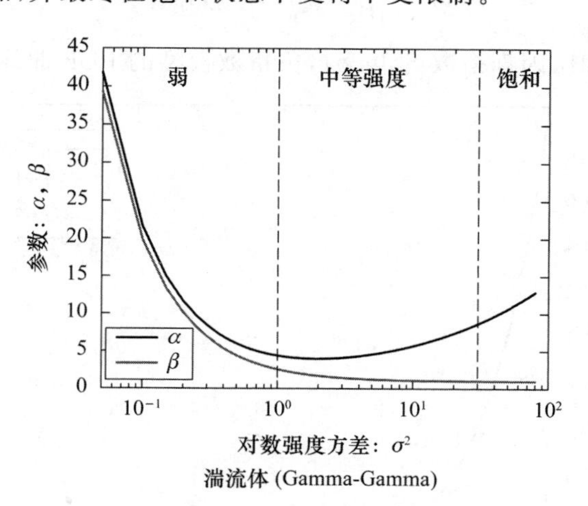

图 8-7　Gamma-Gamma 模型湍流强度划分

图 8-8 为上述两种湍流模型的 PDF 曲线图，其中 log-normal 模型用于建模弱湍流情况，而 Gamma-Gamma 模型可通过调整 α 和 β 值建模从弱湍流、中等湍流到强湍流的情况。在 log-normal 模型中，随着对数辐照度方差的增大，PDF 分布向左侧倾斜，且有扁平化趋

势,拖尾更长,这表示随着湍流信道不均匀性的增加,辐照度的波动程度增强,且接收端光强减小。而在 Gamma-Gamma 模型中,随着湍流从弱态到强态,可以看出 PDF 分布会扩展更多,并且辐照度的可能值范围也会增加,波动更剧烈。另外,当方差值都为 0.2 时,可以看出两种模型的 PDF 曲线基本一致,这也说明了 Gamma-Gamma 模型可以用在弱湍流情况。

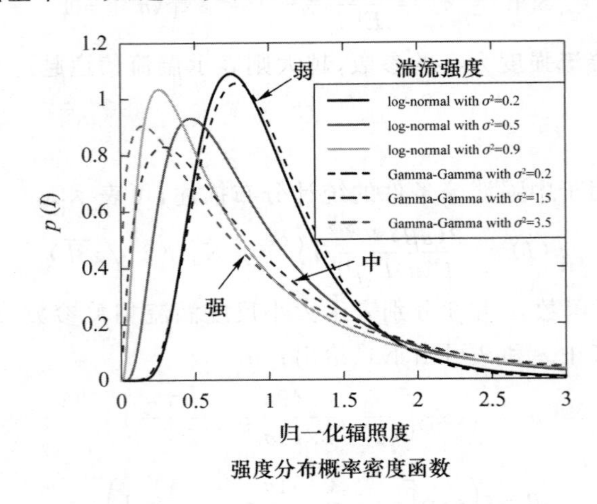

图 8-8　对数正态和双伽马湍流模型 PDF

3. 负指数模型

在湍流强度达到饱和甚至更高的状态下(链路长度为 km 级),散射因素增强使得辐照度波动更为剧烈,这种饱和状态也称为完全散斑状态。在这种情况下,穿过湍流介质的场的振幅波动遵循 Rayleigh 分布,并经实验验证,在湍流强度较大时可以建模为负指数分布,表示为

$$p(I)=\frac{1}{I_0}\exp\left(-\frac{I}{I_0}\right),I_0>0 \tag{8-18}$$

其中,$E[I]=I_0$,在饱和区闪烁指数 S. I. →1,负指数模型的 PDF 曲线如图 8-9 所示[34]。

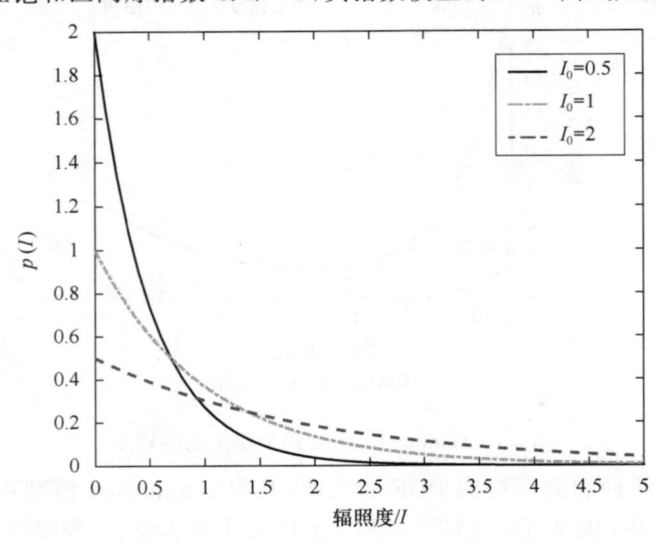

图 8-9　负指数模型的 PDF 曲线

8.2 水下光信道模型研究

8.2.1 水下光信道模型研究概述

受海水的影响，水下的光传输信道是比较复杂的。吸收和散射都会造成光信号能量的损失，导致信噪比降低，限制通信距离，而且散射还会使得光源发出的光传输至探测器时存在多条路径，同一时刻的信号不能同时到达，造成信号波形失真以及码间串扰。因此，为了追求高的通信质量以及尽可能地利用系统的性能就必须对海水中的光传输信道进行研究。

美国的海军航空系统司令部对光在海水中的传输信道进行了大量研究，2008 年 Frank Hanson 和 Cochenour 等人将蒙特卡洛仿真方法用于水下无线光通信的信道仿真之中，对水下的传播光束进行了分析，得到了光束在水下信道的径向扩展，并且分析了接收机的位置对于通信系统的影响[14]，在 2010 年又通过实验测定了水的散射率对水下光信道的影响[15]。

2011 年，法国艾克斯马赛大学的 Gabriel 等人使用蒙特卡洛方法对不同类型的海水信道进行了仿真，得到了海水信道对光的衰减以及信道的时域展宽，系统地分析了水质、通信距离以及接收机直径等参数对水下光信道的影响[16]。2013 年，该研究团队又使用改进的 TTHG 相函数进行了模拟仿真，并且分析了不同情况下的误码率[17]。

2013 年，清华大学的研究团队采用蒙特卡洛方法对水下光信道进行了模拟仿真，提出了使用二项 Gamma 函数表示脉冲响应曲线，结果表明在衰减长度较大时二项 Gamma 函数模型是有效的[18]。

2014—2015 年，中国科学技术大学无线光通信与网络研究中心的 Liu Weihao 等人，采用蒙特卡洛方法对传输窗口中波长为 400～600 nm 的水下 LED 光无线通信的散射信道进行了建模。用单参数叶绿素浓度来表示海水固有光学特性，并仿真模拟了不同水域和不同范围的路径损耗，研究了系统参数(例如光束发散角 FOV)对路径损耗的影响，并评估了通信误码率的性能[19-20]。

2016 年，清华大学的 Zhang Huihui 等人提出了一种通用的随机信道模型来建模水下吸收散射效应，且该模型在沿海和港口水等浑浊水环境中与蒙特卡洛方法的模拟结果十分吻合，基于提出的信道模型，评估了 UWOC 链路的路径损耗、散射丰富度和衰减性能。数值结果表明，多次散射可以补偿传统方法高估的路径损耗[21]。

2017 年，土耳其 Özyeğin 大学的研究团队利用 Zemax 仿真软件，基于高级光线跟踪来准确描述水下环境中从光源发出的光线与海水物质的相互作用，并针对不同发射器/接收器规格(即视角、孔径大小)和海水深度等各种水下场景进行了研究，最终得到了各场景下的直流增益、路径损耗和延迟扩展等信道特性[22]。

2018 年，该研究团队的 Mohammed 等人根据收发器参数和水类型提出了水下 UWOC 路径损耗的闭式解表达式，并与蒙特卡洛结果进行了对比，据此研究了水下可见光通信系统的性能极限，确定了纯净海水、清澈海洋、沿海水域和港口水中系统的最大可实现链接距离[23]。

表 8-6 为较有代表性的水下信道建模研究成果汇总，显然，基于蒙特卡洛仿真的数值模拟方法是主流。

表 8-6 UOWC 信道模型统计

年 份	建模方法	水的类型	场 景	信道特性	工作波长
2005	Beer Lambert	Pure sea, turbid, clear ocean and gulf	DLoS	PL	LD (532 nm)
2011	Monte Carlo	Clear sea	NDLoS	$h(t)$, $H(0)$, D_{rms}	LD (470 nm & 660 nm)
2013	Monte Carlo	Pure sea, clear ocean, coastal ocean, turbid harbor and estuary	NDLoS	$h(t)$, D_{rms}	Green LED (532 nm)
2014	Monte Carlo	Clear sea, Coastal, harbor	DLoS	$h(t)$, PL	LED (400～600 nm)
2015	Monte Carlo	Coastal and harbor	Diffuse	$h(t)$, $H(f)$, PL	LD (400～600 nm)
2016	Stochastic Model	Coastal	NDLoS and diffuse	$h(t)$, PL	LD (532 nm)
2017	Zemax	Coastal	NDLoS	$H(0)$, PL, D_{rms}	Blue LED (450～480 nm)
2018	Analytical+MC	Pure sea, clear ocean, catle and harbor	LOS	PL	LD (532 nm)

8.2.2 解析方法

1. 辐射传输方程

辐射传输方程(RTE)是研究光在海水中传输特性的经典理论，用于表征穿过散射介质的光场，定义为

$$\left[\frac{1}{c}\frac{\partial}{\partial t}+\boldsymbol{n}\cdot\nabla\right]I(t,\boldsymbol{r},\boldsymbol{n})=\int_{4\pi}\xi(\boldsymbol{r},\boldsymbol{n},\boldsymbol{n}')I(\boldsymbol{r},\boldsymbol{n},\boldsymbol{n}')\mathrm{d}\boldsymbol{n}'-\kappa(\lambda)I(t,\boldsymbol{r},\boldsymbol{n})+E(t,\boldsymbol{r},\boldsymbol{n}) \tag{8-19}$$

其中，$\boldsymbol{n}$ 和 $\boldsymbol{r}$ 分别代表方向和位置向量，∇ 表示散度算子，I 为辐照度(单位为 $\mathrm{W/m^2}$)，E 代表一个内辐射源(如太阳光，单位为 $\mathrm{W/m^2}$)，ξ 是体散射函数(VSF)。RTE 涉及时间和空间多个变量的复杂积分微分方程，因此数学计算相当困难。目前有少量解析方法被提出以求解 RTE，其中之一是不变嵌入法，它考虑了 IOP 的变化以及底部和水-空气表面的边界条件，另一种方法是离散坐标法，其仅适用于均质水体的本征矩阵解，另外还有基于无矩阵高斯-赛德尔迭代法对 RTE 进行数值评估，计算 UWOC 系统的接收功率。但这些方法都通过大量的假设和近似来简化结果，很难获得精确的解析解。

2. 朗伯比尔定律

朗伯比尔定律是对辐射传输方程的简化,根据朗伯比尔定律,光束在海水传播一段距离之后的损耗可以表示为[33]

$$PL_{BL}(\text{optical dB}) = 10\lg(e^{-cd}) \tag{8-20}$$

朗伯比尔定律提供了一种最为简单且应用广泛的计算光束衰减的方法,但是该定律中海水的衰减系数仅体现在其指数系数上,其计算的信号衰减会偏大,尤其在散射效应占主要地位的情况下。这是由于朗伯比尔定律的成立遵循两个隐性的假设:①接收机和发射机之间的光束是完全准直的,即没有考虑光束的发散角;②虽然经过多次散射的光子可能再次抵达接收机,但是该定律假设所有经历散射的光子都“湮灭”了。

8.2.3 数值模拟方法

数值模拟方法是目前学术界解决 RTE 问题普遍采用的一种方法,主要基于蒙特卡洛原理,将整个光束在海水中的传输问题转化为海水中光子的传输问题,通过模拟发射机发出大量光子并记录其光程及相关参数的变化来模拟水下光束传输的运动轨迹,如图 8-10 所示。

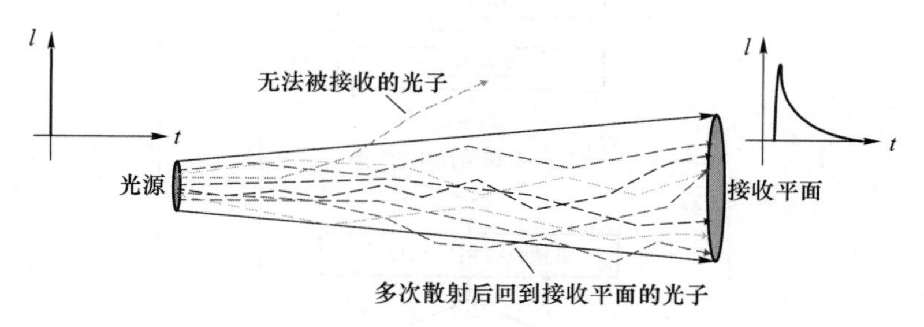

图 8-10 光子散射影响示意图

追踪的结果可能是该光子被海水吸收了,可能是该光子被海水散射偏离了原来的方向,而没有进入探测器,也可能是这个光子在多次散射之后仍然进入探测器,每个光子由于随机性可能会有以上任意一种结局,最终通过统计被探测器探测到的光子数量与发射光子数量就能够得到探测到的功率占发射功率的比以及信道冲激响应。

8.2.4 信道模型对比及选择

朗伯比尔定律模型计算简单,可以快速地评估水下光束的传输过程,但忽略了多次散射在光束传输过程中的影响,尤其是在长距离传输的过程中,可能存在经过多次散射的光子再次回到接收平面内的情形,且无法分析时延扩展特性。蒙特卡洛方法的信道模型可很好地研究光束传输过程中时间上和空间上的变化,同时,也能针对接收机视角和多次散射的情形进行考量,唯一的缺点是复杂度高和计算量大,牺牲大量计算时间,以获取较为准确的结果。

然而,在水下长距离无线光通信系统的研究过程中,多次散射、时间扩展、空间扩展和接收视角等都是必须考虑的因素。因此本书选取基于蒙特卡洛方法的信道模型来分析水下信道特性，尤其是时间扩展。另外，考虑基于蒙特卡洛方法的信道模型将光束发散角、接收孔径大小和接收视角等参数整合成了一个整体，且计算时间较长，不便于进行理论分析，因此采用朗伯比尔定律对系统的参数和水下环境进行初步的判断与快速分析。

8.2.5 蒙特卡洛光子追踪算法

蒙特卡洛方法最基本的步骤是模拟光子在海水中的轨迹，所需参数包括海水的吸收系数、散射系数和散射相函数等海水固有光学性质参数，以及光源的类型和探测器的尺寸等光通信系统的参数[34]。

图 8-11 为蒙特卡洛仿真计算的流程图，首先随机产生光子，设定其初始参数，初始参数包括光子的位置、方向以及代表光子能量的权重，之后光子被发射出去，光子在海水中会随机走出一定的距离并到达新的位置，根据新的位置可以判断出光子是否到达探测器所在的

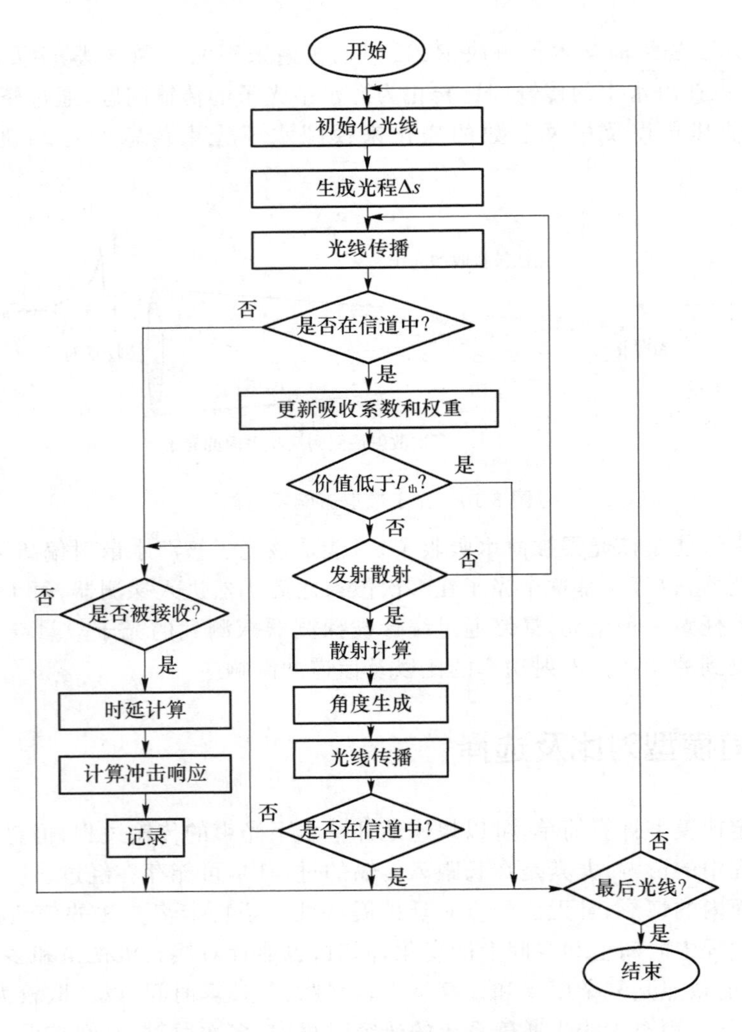

图 8-11 蒙特卡洛仿真计算的流程图

平面或者是否已经超出边界。如果没有上述情况则光子会经历吸收引起的衰减,导致权重减小并且其传播方向会由于散射而发生改变,而如果到达边界则需要判断光子是否被探测器接收。当光子的权重低于阈值或者光子超出边界时停止对当前光子的追踪,进入下一个光子轨迹的追踪。在预设的所有光子最终结束之后仿真计算结束。

下面对该仿真算法过程进行详细的论述。

1. 光子状态初始化

光子的初始状态由权重、位置和方向表示。光子的初始权重被设置为 1。位置用坐标来表示,方向用方向余弦来表示。一般地,光源所在的平面与接收机所在的平面平行,假设光源和接收机之间的连线作为 z 轴,则光源处在 x-y 平面。在三维直角坐标系中,光子的初始位置表示为$(x, y, 0)$,光子的初始方向余弦表示为

$$\begin{aligned} \mu_x &= \cos(\theta_x) \\ \mu_y &= \cos(\theta_y) \\ \mu_z &= \cos(\theta_z) \end{aligned} \tag{8-21}$$

其中,μ_x,μ_y 和 μ_z 应满足归一化关系,即 $\mu_x^2+\mu_y^2+\mu_z^2=1$,$\theta_x$,$\theta_y$ 和 θ_z 表示出射方向与 x,y,z 轴的夹角,如图 8-12 所示。

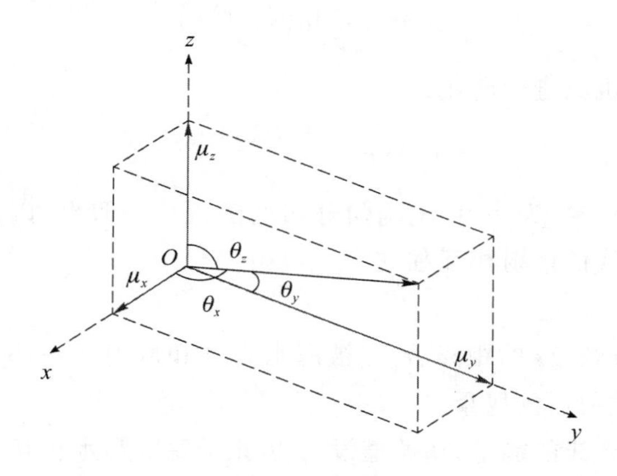

图 8-12 方向余弦示意图

在实际中,光子的方向通常用极坐标表示,包括两个参数:极角 θ 和方位角 ϕ。其中极角表示光子方向与 z 轴的夹角;方位角表示光子的方向在 x-y 平面的投影与 x 轴的夹角。

极角 θ 需根据仿真光源的光强分布特性来确定,设 $\psi(\theta,\phi)$ 表示光源在不同方向上的强度分布,由于大部分光源的强度在方位角 ϕ 上是对称的,因此可以简化为 $\psi(\theta)$,归一化可得

$$2\pi\int_0^{\pi/2}\psi(\theta)\sin(\theta)\mathrm{d}\theta = 1 \tag{8-22}$$

上式中左边是 θ 的累积分布函数,因此可以通过以下方法随机产生极角:

$$P(\theta) = 2\pi\int_0^{\theta_0}\psi(\theta)\sin(\theta)\mathrm{d}\theta = \mathbb{R}_1 \tag{8-23}$$

其中,$\mathbb{R}_1$ 为在[0,1]内均匀分布的随机数。值得注意的是,不同的光源 $\psi(\theta,\phi)$ 不同,如 LED 可采用朗伯分布模型,对于激光器高斯光束可采用高斯分布。

而方位角 ϕ 由于其对称性,所以在$[0,2\pi]$内均匀分布:

$$\phi = 2\pi \mathbb{R}_2 \tag{8-24}$$

其中,$\mathbb{R}_2$为在[0,1]内的随机数,与$\mathbb{R}_1$相互独立,并不相等。

光子初始的传播方向矢量表达式为

$$\begin{aligned} \mu_x &= \sin\theta_0 \cos\varphi_0 \\ \mu_y &= \sin\theta_0 \sin\varphi_0 \\ \mu_z &= \cos\theta_0 \end{aligned} \tag{8-25}$$

2. 光子的运动

光子在海水中的运动与海水的光学参数有关,包括海水的吸收系数 a、散射系数 b、衰减系数 c 和体散射函数,已在前文论述。

(1) 步长计算

光线在海水传输过程中两次散射间的距离为散射自由程,用 Δs 表示。它的分布遵循朗伯比尔定律,其概率分布表示为

$$P(\Delta s) = c \cdot \exp(-c\Delta s) \tag{8-26}$$

计算可得

$$\Delta s = -\frac{1}{c}\ln\left(\frac{p(\Delta s)}{c}\right) \tag{8-27}$$

在仿真计算中,可用随机数进行简化:

$$\Delta s = -\frac{\ln(\mathbb{R}_3)}{c} \tag{8-28}$$

式中,c 为海水衰减系数,$\mathbb{R}_3$为[0,1]上均匀分布的随机数。假设每经过一个散射自由程都发生散射,并且各个光线的散射相互独立。

(2) 光子权重更新

光在海水中传输步长 Δs 的距离后,会被海水吸收和散射。一部分光子的权重被吸收,剩下的权重为光子被散射后的权重。

用权重 W 来衡量光线的能量,初始值设为 1,光子每次与水相互作用后的权重表示为

$$W_{n+1} = \omega_0 \cdot W_n, \quad \omega_0 = b/c \tag{8-29}$$

其中,ω_0 表示散射反照率,为散射效率与衰减效率的比值。

从图 8-13 可以看出,每次散射光子的权重都会降低,当光子的权重降到很低的时候,对于结果的影响可以忽略了,但是如果继续计算的话会耗费很多的时间,影响计算效率,因此一般设定一个阈值,当光子的权重低于阈值时,视为光子消亡,不再追踪。

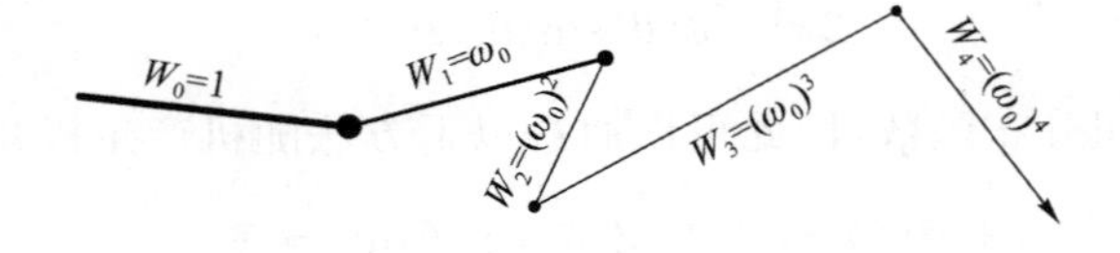

图 8-13　光子权重更新示意图

(3) 确定散射方向

在仿真中需要计算光线被散射后的运动方向,光子散射路径如图 8-14 所示,新的散射

方向可以由散射相函数产生，该函数用于描述散射后新的传播方向的概率分布，由方位角 ϕ' 和极角 θ' 来描述。

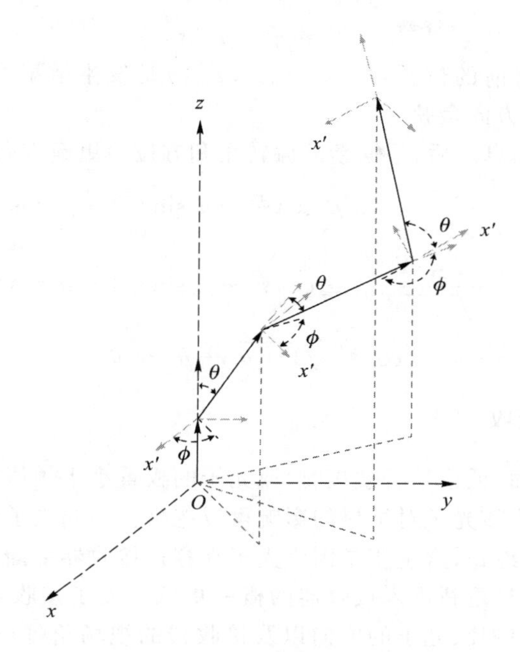

图 8-14 光子散射路径

极角或者散射角是新的散射方向与原方向的夹角，方位角因其对称性在[0,2π]内均匀分布。类似地，散射相函数 $\tilde{\beta}(\theta,\phi)$ 由于关于方位角对称，所以省略了 ϕ'，对于给定的光波长，极角 θ' 可由下式得到：

$$2\pi\int_0^{\theta_1}\tilde{\beta}(\theta)\sin\theta\mathrm{d}\theta=\mathbb{R}_4 \tag{8-30}$$

其中，$\mathbb{R}_4$ 为在[0,1]内的随机数，散射相函数可采用 HG、TTHG 函数，也可采用测量值。最为简单的 HG 函数存在解析形式且具有反函数，可以直接使用，较为方便，且当选取合适的海水特征参量 g 时，拟合函数的匹配度达到 90%以上，其表达式如下：

$$\tilde{\beta}(\theta)=\frac{1-g^2}{4\pi(1+g^2-2g\cos\theta)^{3/2}} \tag{8-31}$$

其中 θ 表示散射角，g 为非对称参量，根据 Petzold 测量的海水平均粒子散射相位函数值，g 在纯净海水、沿岸水和浑浊水三种环境下可分别取 0.870 8，0.947 0 和 0.919 9。由上式可推出

$$\theta=\cos^{-1}\left\{\frac{1+g^2-[(1-g^2)/(1-g+2g\mathbb{R}_4)]^2}{2g}\right\} \tag{8-32}$$

而方位角 ϕ 由于其对称性，所以在[0,2π]内均匀分布：

$$\phi=2\pi\mathbb{R}_5 \tag{8-33}$$

其中，$\mathbb{R}_5$ 为在[0,1]内的随机数。

(4) 光子位置与方向更新

光子经散射后，位置和方向信息会发生变化，新的位置信息可以表示为

$$
\begin{aligned}
x_{n+1} &= x_n + \mu_x \Delta s \\
y_{n+1} &= y_n + \mu_y \Delta s \\
z_{n+1} &= z_n + \mu_z \Delta s
\end{aligned} \tag{8-34}
$$

其中(x_n, y_n, z_n)表示散射前的位置，$(x_{n+1}, y_{n+1}, z_{n+1})$是发生散射后的新位置，$\Delta s$ 表示步长，μ_x，μ_y 和 μ_z 为当前的方向余弦。

在更新得到新位置信息之后，根据新的偏转角和方位角更新方向余弦，可得

$$
\begin{cases}
\mu_x' = \dfrac{\sin\theta'}{\sqrt{1-\mu_z^2}}(\mu_x\mu_z\cos\phi' - \mu_y\sin\phi') + \mu_x\cos\theta' \\
\mu_y' = \dfrac{\sin\theta'}{\sqrt{1-\mu_z^2}}(\mu_y\mu_z\cos\phi' + \mu_x\sin\phi') + \mu_y\cos\theta' \\
\mu_z' = -\sin\theta'\cos\phi'\sqrt{1-\mu_z^2} + \mu_z\cos\theta'
\end{cases} \tag{8-35}
$$

3. 光子的终止和接收

当光子到达接收平面(无论是否被接收)或光子的权重小于阈值时，光子被认定为终止。权重小于阈值时可以认为该光子对结果的影响可以忽略。而当光子到达接收器所在平面时无论是否被接收，均认为终止，这主要是因为光子在穿过接收器平面后被向后散射回接收器平面前面的概率极低，而且重新进入接收器的概率更低。光子接收与否取决于光子在接收器平面的位置、接收器的口径、光子的方向以及接收器的视场角(Field of View，FOV)。只有光子落在了接收器口径以内并且光子的运动方向在接收器视场角以内，才认为光子能够接收。这里接收器并不仅只代表光电探测器，还包括其前面的光学系统，比如用来聚光的透镜，因此接收器的口径是透镜的口径。

对于认定能够接收的光子则可以保存该光子的信息，包括位置、权重、总的路径长度和方向等。仿真所需要的结果就是从保存的信息中提取的。当所有光子追踪完成之后蒙特卡洛仿真结束。

8.2.6 蒙特卡洛海洋信道模拟特性评估

在前文水体分类中已经强调，浑浊水衰减效应过强，不适用于水下无线光通信的实现，因此在仿真中不作考虑。同时为了更好地分析信道时延扩展特性，仿真中侧重于沿海水环境(0.3 $\mathrm{m^{-1}}$)、接收机视场角 FOV=180°，这是因为沿海水环境散射相对前两种水质较强，且接收机视场角越大，经过散射的光子越有可能最终被探测器接收，时延扩展现象就越显著。具体仿真参数如表 8-7 所示。

表 8-7 仿真参数配置

系统配置	参数值	系统配置	参数值
光源波长	532 nm(LED)	水体类型	沿海水
半功率角	5°	衰减系数	0.3 $\mathrm{m^{-1}}$ (吸收:0.05 $\mathrm{m^{-1}}$。散射:0.25 $\mathrm{m^{-1}}$)
通信距离	50 m		
深度	45 m	散射相函数	TTHG

以下为三个主要的信道特性。

1. 信道冲激响应 $h(t)$

信道冲激响应(CIR)为信道特性分析中的核心指标,由于海水散射吸收等作用,并不是所有光线对单位冲击响应都有贡献,因此可以采用该仿真方法统计所有能够到达接收端的光线信息,定义为

$$h(t)=\sum_{i=1}^{N_r}P_i\delta(t-\tau_i) \tag{8-36}$$

其中,P_i 代表第 i 束光线,τ_i 为第 i 束光线的传播时间,$\delta(t)$是狄拉克函数,N_r 代表到达接收机的光线数量。当得到信道的冲激响应时,便可计算由于多径传播而引起的波形失真,并且可以计算系统的响应(假设 LTI 系统)。CIR 仿真结果如图 8-15 所示,这里为了便于观察,将曲线起点移至 0 ns 处。

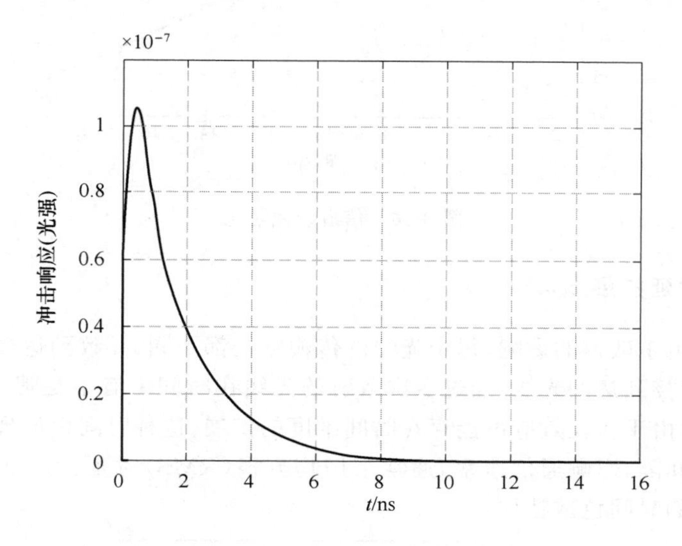

图 8-15 信道冲激响应仿真结果

2. 直流增益 $H(0)$

信道直流增益可由 $h(t)$积分得到,定义为

$$H_0=\int_0^{\infty}h(t)\mathrm{d}t \tag{8-37}$$

通常直流增益可表示为探测器接收到的功率与发射功率之比,可表示为 $P_r=H(0)P_t$,其中 P_r 为平均接收功率,P_t 为平均发送功率。因此,由直流增益可对信道链路损耗情况 PL 进行分析,定义为

$$\mathrm{PL}=10\lg\left(\int_0^{\infty}h(t)\mathrm{d}t\right) \tag{8-38}$$

由于在光束的传输过程中经过多次散射的光子可能再次回到接收孔径中,尤其在较远距离的传输过程中,这种情况更为普遍,而朗伯比尔定律信道模型则无法对多次散射的情形纳入考虑范围,因此由传统朗伯比尔定律计算出的链路损耗通常会偏大。

图 8-16 为通过蒙特卡洛仿真方法与朗伯比尔定律分别计算出的链路损耗与通信距离的变化关系，显然，通过蒙特卡洛方法计算直流增益进而得到的衰减比朗伯比尔定律的计算值要小，且随着距离的增大，两者之间的差异越明显。

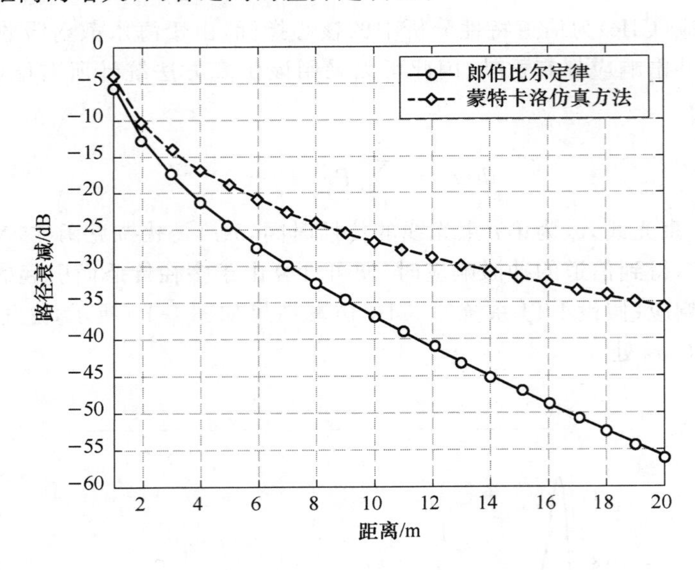

图 8-16　信道衰减对比

3. 均方根时延扩展 τ_{RMS}

海水中光束由于散射的影响，每个光线的传输路径都不同，导致到达接收平面的光线间光程不同，相比直接到达的光线，经过多次散射的光线在时间上有了延迟，尤其在远距离的传输环境中，光束由于多径效应可能存在时间维度的扩展，这种时间色散现象会限制光脉冲信号之间的时间间隔，影响通信速率，通常采用均方根(RMS)时延扩展 τ_{RMS} 这一指标来表征多径效应引起的时间色散特性：

$$\tau_{RMS} = \sqrt{\int_0^{\infty} (t-\tau_0)^2 h(t)\mathrm{d}t \Big/ \int_0^{\infty} h(t)\mathrm{d}t} \tag{8-39}$$

其中 t 表示传播时间，τ_0 为平均过量时延，可由下式计算：

$$\tau_0 = \int_0^{\infty} th(t)\mathrm{d}t \Big/ \int_0^{\infty} h(t)\mathrm{d}t \tag{8-40}$$

时延扩展的大小可通过上式精确地计算，也可更简单地定义为冲激响应从峰值掉落 20 dB位置所经历的时间，可通过观察 CIR 仿真曲线得到。不同的环境和收发机配置都会影响时延扩展值的大小，τ_{RMS}值越小，则表示时间色散效应越不明显，多径效应越弱，系统传输带宽越大，反之则代表多径效应较强，系统带宽受限。

下面介绍多径效应分析。

通过仿真得到的信道冲激响应可计算时延扩展，来进行多径效应分析，系统最大传输速率 R_b 与时延扩展 τ_{RMS}的关系可表示为

$$\tau_{RMS} \leqslant \frac{1}{10R_b} = \frac{T_b}{10} \tag{8-41}$$

在本书的目标系统中，形成多径效应的主要原因是海水分子及水中颗粒物质对光造成

的散射，考虑经散射路径到达接收机的光功率远小于直射路径(LOS)到达接收机的光功率，而且 LOS 路径距离很短，本书的目标系统通信速率为 $R_b=10$ Mbit/s，单个码元时长较长，由上式可得，当 $\tau_{RMS}\leqslant 10^{-7}$ s 时，该系统可认为是非时间色散受限系统，而由冲激响应计算可得，该信道的时延扩展 τ_{RMS} 为纳秒级(10^{-9} s)，显然满足该条件。综上所述，本书应用场景下的多径效应并不明显，通信系统可认为是非色散受限系统。

8.2.7 不同环境配置对信道特性的影响

海水中的光信道特性受到多种因素的影响，主要有海水环境和通信系统收发端配置。海水环境包括水质、深度等，通信系统收发端配置包括光源、接收器、距离等，每种因素都有非常多的情况，光信道特性也会存在各种形式，因此仿真计算无法囊括所有的情况。本小节将基于多种典型的水下无线光通信配置进行研究，使得结果不会太过于繁杂而又具有广泛的代表性，并从空间强度衰减和时域扩展两个方面进行分析[35]。

1. 水质和距离的影响

图 8-17 为三种水质下的脉冲响应仿真曲线，收发端采用统一配置，海水衰减系数分别为 0.05 m^{-1}(纯净海水)、0.15 m^{-1}(清澈海水)和 0.305 m^{-1}(沿岸水)。

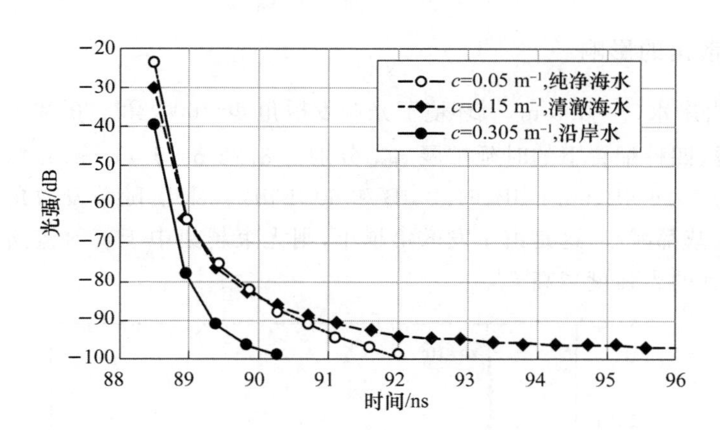

图 8-17 不同水质下的脉冲响应

表 8-8 为根据三种水质的仿真结果计算所得的光脉冲的强度衰减和时延扩展。其中，三种水质的光强衰减分别为 23.5 dB、30.41 dB 和 39.74 dB，时延扩展值分别为 0.21 ns、0.26 ns 和 0.28 ns。因此，随着水质浑浊度的提高，海水对光的衰减更大，时域扩展增强，更易发生多径效应。

表 8-8 不同水质环境下的空间与时间特性

c/m^{-1}	d/m	θ_{div}/(°)	PL/dB	τ_{RMS}/ns
0.056	20	10	−23.5	0.21
0.15	20	10	−30.4	0.26
0.305	20	10	−39.7	0.28

另外，在仿真过程中散射相函数的选择也会对结果造成一定的影响，如前文所述，较为通用的散射相函数主要有 HG 和 TTHG 两种，考虑 TTHG 模型在小角度和大角度中的光子散射更接近实测数据，因此选用 TTHG 散射相函数进行仿真。

图 8-18 为采用 TTHG 散射模型的强度损耗与距离关系仿真曲线。显然，随着海水浑浊度的增大，光传输所经历的强度衰减也变大，且距离越远，衰减越大。

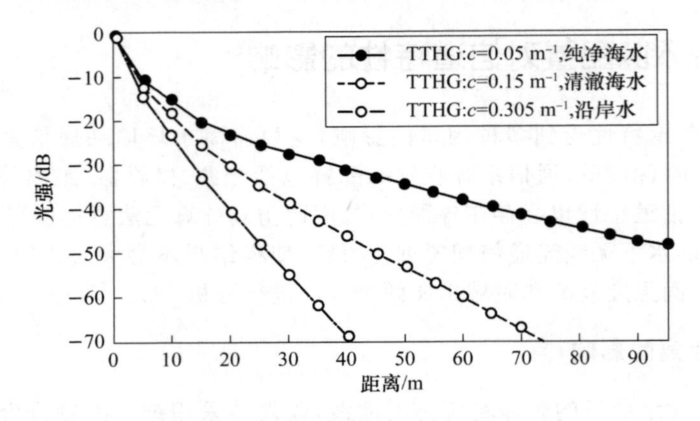

图 8-18　不同水质下接收光强与距离的关系

2. 光源发散角的影响

图 8-19 为沿岸水($c=0.3\ \mathrm{m}^{-1}$)环境下光源发散角 $\Phi=60°$，$40°$，$20°$和 $10°$情况下的 CIR 曲线。经计算得，四种配置下的时延扩展 τ_{RMS}分别为 8.22 ns、5.71 ns、3.44 ns 和 2.26 ns，强度衰减分别为 65.6 dB、63.1 dB、61.2 dB 和 60.1 dB。因此，随着发散角的减小，时延展宽效应和强度衰减都减小，这是由于发散角越小，则光束越集中于直射链路，散射的光子越少，接收机接收到的光强度越高[23]。

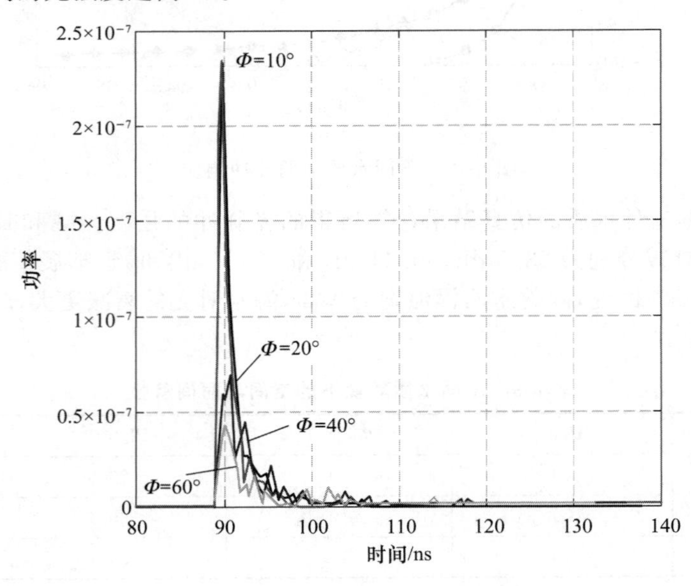

图 8-19　不同发散角下的 CIR 曲线

3. 接收机尺寸的影响

图 8-20 为沿岸水($c=0.3\ \mathrm{m}^{-1}$)环境下接收机尺寸 DR=5 cm、10 cm 和 20 cm 情况下的冲激响应曲线。根据 CIR 计算可得,三种尺寸下的强度衰减分别为 65.6 dB、58.7 dB 和 53.1 dB,且时域响应的拖尾增大,展宽更严重,这是由于接收机的尺寸越大,接收到散射光子的概率越大[23]。

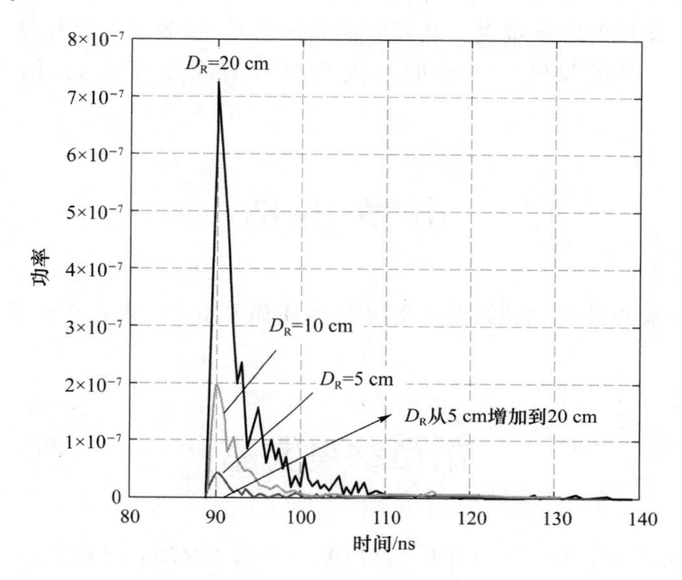

图 8-20 不同接收机尺寸的 CIR 曲线

4. 接收机视场角的影响

图 8-21 为沿岸水($c=0.3\ \mathrm{m}^{-1}$)环境下接收机视场角(FOV)分别为 20°,40°和 180°情况下的 CIR 曲线。

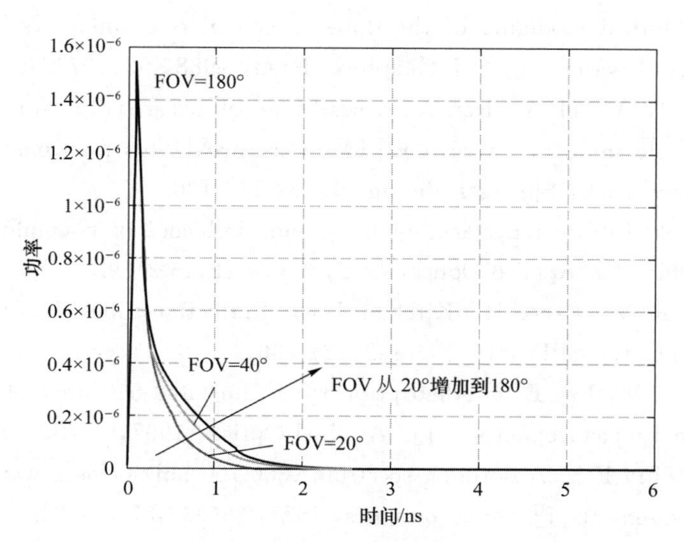

图 8-21 不同视场角的 CIR 曲线

经计算三种配置对应的 τ_{RMS} 分别为 1.23 ns、1.65 ns 和 1.9 ns，同时直观地观察脉冲响应曲线，也可以发现视场角越大，展宽也越大。这种结果很好解释，脉冲展宽是由散射引起的，而视场角越大越能够接收偏离光轴方向的光，而偏离光轴的光正是被散射多次的光，因此展宽也越严重了，而 FOV 的大小对链路损耗基本没有影响。

结合以上强度特性和时域响应可得，水质越浑浊，距离越远，信道的强度特性和时域特性都会越差。从发送端角度来看，光源的发散角越小，则接受强度越大，脉冲展宽效应越小，但同时也增加了收发端的对准难度。从接收端角度来看，接收器的直径越大，则接收强度越大，同时展宽越大。而接收机视场角的增大会导致时域展宽变大，但对接收强度影响较小[36]。

本章小结

本章首先对海水的吸收、散射、湍流等光学性质做了介绍，然后介绍了水下可见光通信的建模方法。

本章参考文献

[1] Duntley S Q. Light in the sea[J]. JOSA, 1963, 53(2): 214-233.

[2] Gilbert G D, Stoner T R, Jernigan J L. Underwater experiments on the polarization, coherence, and scattering properties of a pulsed blue-green laser[C]//International Society for Optics and Photonics. 1966.

[3] Jerlov N G. Marine Optics[M]. 2rd. Amsterdam: Elsevier Science, 1976.

[4] 杰尔洛夫. 海洋光学[M]. 赵俊生，吴曙初，译. 北京：科学出版社，1981.

[5] Morel A. Optical modeling of the upper ocean in relation to its biogenous matter content (case I waters) [J]. J. Geophys. Res., 1988, 93:10749-10768.

[6] Gordon H R, Morel A. Remote assessment of ocean color for interpretation of satellite visible imagery: a review [M]//Lecture Notes on Coastal and Estuarine Studies. New York: Springer Verlag, 1983: 114-120.

[7] Gordon H R. Diffuse reflectance of the ocean: influence of nonuniform phytoplankton pigment profile [J]. Applied Optics, 1992, 31(12):2116-2129.

[8] Zaneveld J R V, Bartz R, Kitchen J C. Reflective-tube absorption meter [J]. Proceedings of the SPIT, 1990, 1302:124-136.

[9] Sogandares F M, Fry E S. Absorption spectrum (340-640 nm) of pure water. Ⅰ. Photothermal measurements. [J]. Applied Optics, 1997, 36(33):8699-8709.

[10] Pope R M, Fry E S. Absorption spectrum (380-700 nm) of pure water. Ⅱ. Integrating cavity measurements[J]. Applied Optics, 1997, 36(33):8710-8723.

[11] 朱建华，李铜基. 黄东海非色素颗粒与黄色物质的吸收系数光谱模型研究[J]. 海洋

技术学报，2004，23(2):7-13.

[12] 许晓强，曹文熙，杨跃忠. 珠江口颗粒物吸收系数与盐度及叶绿素 a 浓度的关系[J]. 热带海洋学报，2004，23(5):63-71.

[13] 曹文熙，杨跃忠，许晓强，等. 珠江口悬浮颗粒物的吸收光谱及其区域模式[J]. 科学通报，2003，48(17):1876-1882.

[14] Cochenour B M, Mullen L J, Laux A E. Characterization of the beam-spread function for underwater wireless optical communications links [J]. IEEE Journal of Oceanic Engineering, 2008, 33(4): 513-521.

[15] Cochenour B, Mullen L, Muth J. Effect of scattering albedo on attenuation and polarization of light underwater[J]. Optics Letters, 2010, 35(12): 2088-2090.

[16] Gabriel C, Khalighi M A, Bourennane S, et al. Channel modeling for underwater optical communication[C]//Globecom Workshops. 2011: 833-837.

[17] Gabriel C, Khalighi M A, Bourennane S, et al. Monte-Carlo-based channel characterization for underwater optical communication systems[J]. Journal of Optical Communications and Networking, 2013, 5(1): 1-12.

[18] Tang S, Dong Y, Zhang X. Impulse response modeling for underwater wireless optical communication links[J]. IEEE Transactions on Communications, 2013, 62 (1): 226-234.

[19] Liu W H, Zou D F, Wang P L, et al. Wavelength dependent channel characterization for underwater optical wireless communications[C]//2014 IEEE International Conference on Signal Processing, Communications and Computing (ICSPCC). Guilin: IEEE, 2014: 895-899.

[20] Liu W H, Zou D F, Xu Z Y, et al. Non-line-of-sight scattering channel modeling for underwater optical wireless communication [C]//2015 IEEE International Conference on Cyber Technology in Automation, Control, and Intelligent Systems (CYBER). Shenyang: IEEE, 2015: 1265-1268.

[21] Zhang H, Dong Y. General stochastic channel model and performance evaluation for underwater wireless optical links [J]. IEEE Transactions on Wireless Communications, 2016, 15(2): 1162-1173.

[22] Miramirkhani F, Uysal M. Visible light communication channel modeling for underwater environments with blocking and shadowing[J]. IEEE Access, 2017, 6: 1082-1090.

[23] Elamassie M, Miramirkhani F, Uysal M. Performance characterization of underwater visible light communication[J]. IEEE Transactions on Communications, 2018, 67(1): 543-552.

[24] Kirk J T O. Light and photosynthesis in aquatic ecosystems [J]. Journal of Ecology, 1994, 45(3).

[25] Prieur L, Sathyendranath S. An optical classification of coastal and oceanic waters based on the specific spectral absorption curves of phytoplankton pigments, dissolved organic matter, and other particulate materials 1 [J]. Limnology and Oceanography, 1981, 26(4): 671-689.

[26] Smith R C, Baker K S. Optical properties of the clearest natural waters (200 - 800 nm) [J]. Applied Optics, 1981, 20(2): 177-184.

[27] Sathyendranath S, Lazzara L, Prieur L. Variations in the spectral values of specific absorption of phytoplankton[J]. Limnology and Oceanography, 1987, 32(2): 403-415.

[28] 吴永森,张士魁,张绪琴,等. 海水黄色物质光吸收特性实验研究[J]. 海洋与湖沼, 2002, 33(4): 402-406.

[29] Gordon H R, Morel A Y. Remote assessment of ocean color for interpretation of satellite visible imagery: a review[M]. Springer Science & Business Media, 2012.

[30] Mobley C D. Light and water: radiative transfer in natural waters[M]. Academic Press, 1994.

[31] Kaushal H, Kaddoum G. Underwater optical wireless communication[J]. IEEE Access, 2016, 4: 1518-1547.

[32] 王英俭,范承玉,魏合理. 激光在大气和海水中传输及应用 [M]. 北京: 国防工业出版社, 2015: 12.

[33] Smart J H. Underwater optical communications systems part 1: variability of water optical parameters [C]//MILCOM 2005 IEEE Military Communications Conference. Atlantic City: IEEE, 2005: 1140-1146.

[34] Leathers R A, Downes T V, Davis C O, et al. Monte Carlo radiative transfer simulations for ocean optics: a practical guide[R]. Naval Research Lab Washington Dc Applied Optics Branch, 2004.

[35] Zeng Z, Fu S, Zhang H, et al. A survey of underwater optical wireless communications [J]. IEEE Communications Surveys & Tutorials, 2016, 19(1): 204-238.

[36] 王潇正. 多场景可见光通信信道损伤与系统设计研究[D]. 北京: 北京邮电大学,2021.